京津冀区域
首都“两区”建设与
低碳农业协调发展机制

丁玎 孙芳 著

中国农业出版社
北 京

图书在版编目（CIP）数据

京津冀区域首都“两区”建设与低碳农业协调发展机制 / 丁玎，孙芳著. -- 北京 ：中国农业出版社，2024. 10. -- ISBN 978-7-109-32135-9

Ⅰ. X321.222.3；F327.223

中国国家版本馆 CIP 数据核字第 2024VZ1423 号

京津冀区域首都“两区”建设与低碳农业协调发展机制

JINGJINJI QUYU SHOUDU “LIANGQU” JIANSHE YU DITAN NONGYE XIETIAO FAZHAN JIZHI

中国农业出版社出版

地址：北京市朝阳区麦子店街 18 号楼

邮编：100125

责任编辑：郑　君　　　文字编辑：张斗艳

版式设计：小荷博睿　　责任校对：张雯婷

印刷：北京中兴印刷有限公司

版次：2024 年 10 月第 1 版

印次：2024 年 10 月北京第 1 次印刷

发行：新华书店北京发行所

开本：700mm×1000mm　1/16

印张：14.75

字数：240 千字

定价：78.00 元

基金项目：

河北省社会科学基金重点项目："双碳"目标下首都"两区"建设与农业产业协调发展研究（HB21GL001）

前　言

• FOREWORD •

本书研究区域是京津冀区域首都生态环境支撑区和水源涵养功能区，简称首都“两区”，首都“两区”建设区即河北省张家口市。2015年《京津冀协同发展规划纲要》的实施推动京津冀协同发展成为一个重大国家战略。2019年国家发展改革委、河北省人民政府正式公布的《张家口首都水源涵养功能区和生态环境支撑区建设规划》指出：到2035年张家口全面建成首都水源涵养功能区和生态环境支撑区，全面建成京津冀绿色发展示范区。基于京津冀协同发展战略与乡村振兴战略指导，研究区张家口市生态建设与农业产业发展产生了新矛盾，如何振兴农业产业、怎样实现农业经济发展与生态建设协调统一成为新问题。

为了达到寻找首都“两区”建设与低碳农业协调发展机制的研究目的，本书基于2015年习近平总书记提出的创新、协调、绿色、开放、共享的新发展理念，设置了八大部分研究内容。通过应用点面结合、问卷与访谈结合、理论分析与实证分析结合、定性分析与定量分析结合、统计资料与查阅文献结合的综合研究方法对相关问题进行研究。研究结论显示：研究区生态建设与农业产业发展现状表现为五大特征、五大优势与五大问题，基于此现状，发展绿色低碳农业需要以生态优先、绿色发展为指导原则，但是由于农业产业具有多功能特征与公共品特性，农业经营主体的行为产生正外部性，需要通过生态补偿机制解决外部效应问题。

根据测算分析与研究结论，本书提出首都“两区”生态建设与低碳农业绿色发展模式、构建区域绿色低碳农业产业综合经营体系、选择京津冀农业协同发展创新模式的建议，以及提出研究区生态建设与低碳农业产业重点发展方向的对策，进而提出构建调优农业产业结构机制、农业产业纵横结合经营体系与体制建设等现代绿色低碳农业产业体系发展机制体系，生态农业产业经营体系激励机制、农田生态系统生态价值实现的制度体系、农业碳排放与经济协调发展机制等农田生态建设与低碳农业协调发展机制体系，以及京津冀区域特色农业合作机制、研究区特色农产品优势区建设路径机制等京津冀区域生态农业协作共享机制。

这些对策建议为实现京津冀区域首都“两区”生态建设与低碳农业协调发展提供了发展方向、创新模式与制度保障。

丁　玎

2024年1月

目　录

CONTENTS

第一章
生态建设与低碳农业协调发展研究背景与特色

本书研究区域是京津冀区域首都生态环境支撑区和水源涵养功能区，简称首都“两区”。首都“两区”建设区为河北省张家口市。首都“两区”建设主要是生态环境支撑区和水源涵养功能区建设，简称为生态建设。本章主要介绍京津冀区域首都“两区”（以下可简称为研究区）生态建设与低碳农业协调发展机制的研究背景、研究意义、研究方法、研究思路框架与著作的研究特色等内容。

第一节　首都“两区”建设与低碳农业协调发展研究背景

本节主要论述京津冀区域首都“两区”建设区张家口市生态建设与绿色低碳农业协调发展研究的生态建设背景，低碳农业发展战略机遇，农业产业绿色、低碳发展研究背景等。

一、京津冀区域首都“两区”生态建设背景

京津冀区域首都“两区”建设区生态建设背景包含京津冀协同发展国家重大战略机遇、区域特殊的区位优势，以及首都“两区”建设特殊功能定位等。

（一）京津冀区域面临国家重大战略机遇

京津冀区域协同发展国家重大战略机遇包括京津冀协同发展战略、河北新“两翼”建设与举办冬奥会机遇、张家口首都生态环境支撑区和水源涵养功能区建设规划实施机遇等。

1. 京津冀协同发展是国家区域重大发展战略

2004年国家正式把京津冀地区作为“十一五”期间中央政府区域规划试点，2015年中共中央政治局审议通过《京津冀协同发展规划纲要》。《京津冀协同发展规划纲要》指出，推动京津冀协同发展是一个国家重大发展战略，核心是有序疏解北京非首都功能，要在京津冀区域交通一体化、生态环境保护、产业升级与转移等重点领域率先取得突破。京津冀协同发展的核心是京津冀三地作为一个整体协同发展，努力形成京津冀区域目标同向、措施一体、优势互补、互利共赢的协同发展新格局。

在《京津冀协同发展规划纲要》中，京津冀三省市的具体功能定位分别为，北京市的定位是全国政治中心、文化中心、国际交往中心、科技创新中心；天津市的定位是全国先进制造研发基地、北方国际航运核心区、金融创新运营示范区、改革开放先行区；河北省的定位是全国现代商贸物流重要基地、产业转型升级试验区、新型城镇化与城乡统筹示范区、京津冀生态环境支撑区。

河北省内有环京津核心功能区、沿海率先发展区、冀中南功能拓展区和冀西北生态涵养区（张家口、承德市和燕山、太行山区）四大不同功能区定位。河北省张家口市既承担着河北省西北部的生态涵养功能，又承担着首都“两区”建设区的重任，因此，在农业产业发展过程中要重视生态建设，以发展绿色低碳农业与生态农业为重点。

在生态建设重点区域应该以“生态优先，绿色发展”原则为指导，在产业发展重点区域应当以“产业兴旺、兼顾生态”原则为指导。面临着生态建设与农业产业发展的新矛盾，张家口市农业产业发展首先要重视首都“两区”生态建设，其次是满足京津冀协同发展、京津及其周边地区对张家口市农牧产品的需求。所以研究区张家口市发展绿色低碳农业成为满足京津冀协同发展战略需求、乡村振兴的产业兴旺需求的主要发展方向。

2. 河北新“两翼”建设与北京举办冬奥会机遇

2016年习近平总书记提出并强调建设京津冀区域协同发展新的增长极，即河北新的“两翼”建设。“两翼”中的一翼是以北京冬奥会为契机的张北地区建设，另一翼是雄安新区建设。“两翼”建设既有利于促进京津冀协同发展，又有利于促进河北省与张家口市的发展。2017年习近平总书记视察张家口市时强调要加强生态建设，树立生态优先意识，建成首都水源涵养功能区和生态环境支撑区，探索一条经济欠发达地区生态兴市、生态强市的路子。

2022年北京携手张家口市举办冬奥会，这也为张家口市的社会经济发展提供了有利条件。2023年5月习近平总书记在视察河北省时又强调推动京津冀协同发展不断迈上新台阶，努力使京津冀成为中国式现代化建设的先行区、示范区。所以，京津冀协同发展战略、河北省新“两翼”建设和冬奥会举办的机遇，为张家口市的经济结构调整、乡村振兴战略实施、农业产业兴旺、生态环境保护和水源涵养功能价值提升等提供了有利条件。

3. 首都“两区”建设规划实施机遇

基于京津冀协同发展国家重大战略，2019年国家发展改革委、河北省人民政府正式公布了《张家口首都水源涵养功能区和生态环境支撑区建设规划（2019—2035年）》（简称首都“两区”建设规划），首都“两区”建设规划中提出：到2035年，张家口全面建成首都水源涵养功能区和生态环境支撑区，全面建成京津冀绿色发展示范区、国际冰雪运动与休闲旅游胜地，居民生活水平全面提高。

在此背景下，张家口市的农业产业需要转型升级，发展低碳、绿色农业，通过构建生态建设与现代绿色低碳农业协调发展的机制，充分发挥和增强农业产业的水源涵养功能和生态环境支撑功能。

（二）首都“两区”建设区产业发展具有特殊性

首都“两区”建设区张家口市作为可再生能源示范区建设与大数据产业发展基地，加之京张两地体育文化旅游带建设规划实施，以及该区域具有独特的区位、资源、产业特征与人文历史传承，其产业布局具有特殊性。

1. 研究区是可再生能源示范区建设与大数据产业发展基地

2015年国务院批复《河北省张家口市可再生能源示范区发展规划》，张家口市被国务院确定为全国第一个可再生能源示范区，要求建设成为可再生能源电力市场化改革试验区、可再生能源国际先进技术应用引领产业发展先导区、绿色转型发展示范区、京津冀协同发展可再生能源创新区。同时，张家口市大数据产业发展已经具有一定基础：以张北云计算产业基地为核心，建设国内一流大数据产业基地——“中国数坝”，建设公共服务和互联网应用服务平台、重点行业和企业等云计算数据中心，并已在政务民生、特色产业等各领域实现深入应用。这为现代农业绿色低碳发展提供了环境条件与基

础条件。

2. 研究区是京张体育文化旅游带重点建设区

2022年中共河北省委、河北省人民政府印发了《京张体育文化旅游带（张家口）建设规划》，明确了四个发展定位，即奥运场馆赛后利用国际典范、国际冰雪运动与休闲旅游胜地、全民健身公共服务体系建设示范区、体育文化旅游融合发展样板。

同时，《京张体育文化旅游带（张家口）建设规划》提出：推动张家口奥运场馆赛后利用，包括打造赛事会展集聚地、全民健身引领地、创新发展新场景等；共筑文化发展高地，包括塑造优秀文化品牌、加强文化遗产保护传承利用和推进文化创新发展等；推动旅游业高质量发展，包括实施旅游精品建设工程、加快发展特色旅游、加强旅游要素支撑等；消化区域协同发展，包括构建快旅慢游交通体系、共建优美生态环境、推动产业分工协作、完善公共服务等。

以上这些国家重大发展战略成为京津冀区域首都“两区”生态建设与区域特色农业、现代休闲农业、绿色低碳农业协调发展极大的历史机遇。

3. 研究区具有环京津农牧交错区的特征

在京津冀区域，首都“两区”建设区张家口市为河北省北部的环京津西北部农牧交错区，是内蒙古高原南缘的一部分。研究区大部分地区在历史上为纯牧区，受人类长期农耕活动影响，形成了农田与草地交错分布、种植业和草地畜牧业并存的，具有生态脆弱特征的复合生态经济系统。该区作为“环京津生态圈”，是阻止荒漠化向京津扩展的天然生态屏障。

该农牧交错区在我国生态农业建设、环境保护、社会和经济发展中起着举足轻重的作用。该区域特殊的地理位置，使其不具有像江南、西部、东部地区发展工业的优势，因而，农牧业成为该区的支柱产业，且农牧结合经营具有产业优势。因此，研究区将生态环境改善与发展农牧业紧密结合，才能既起到应有的生态屏障作用，又提高经济效益。

4. 研究区农业产业发展与生态建设产生新矛盾

在优先考虑生态建设的原则下，欠发达的张家口市面临生态建设与农业产业发展的新矛盾。传统农业产业经营方式需要转型升级，构建生态环境支撑功能价值和经济效益双赢的综合经营体系，以及建立区域协同发展、生态建设与农业产业经济协调发展机制。

张家口市作为首都“两区”建设区将来的发展目标是既要保护生态环境，又要发展当地经济，因此，处理好生态建设与产业经济发展的关系问题对于京津冀区域协同发展至关重要。在这些背景下研究区域产业生态经济的发展，就是把产业经济发展建立在生态环境可承受的基础之上，实现经济发展和生态保护的“双赢”。京津冀区域首都“两区”建设与低碳农业协调发展机制的研究顺应了京津冀区域协同发展、首都“两区”建设与产业经济协调发展的需求。

二、低碳农业发展战略机遇

京津冀区域首都“两区”建设区在追求经济效益目标时，需要优先考虑生态建设，这既是国家发展的需求，也是国际减碳目标的要求。

1. 低碳农业发展理念的树立

2020年第七十五届联合国大会宣布了碳达峰、碳中和等国家自主贡献新目标，习近平主席提出我国努力在2030年前碳排放达到峰值，2060年前实现碳中和，即实现碳达峰、碳中和——“双碳”目标。2021年政府工作报告中明确强调扎实做好碳达峰、碳中和各项工作，优化产业结构和能源结构。

“双碳”目标成为经济可持续发展目标的保障，农业产业发展与“双碳”目标应当发挥互促作用。农业产业既具有碳汇的功能，也会在生产过程中进行碳排放。京津冀区域首都“两区”建设区传统农业经营模式面临的资源透支、环境污染、生态系统退化等问题，成为制约绿色低碳农业发展的因素。因此，需要优化农业产业结构，转变农业经营方式，减少农业碳排放，增强农业碳汇功能，使农业为实现“双碳”目标发挥更大作用。

本书顺应了京津冀区域协同发展、张家口首都“两区”建设、“双碳”目标实现的要求，围绕发展低碳农业、提高农业生态环境功能价值，加快转变农业发展方式，深入推进农业结构调整，构建现代绿色低碳农业产业综合经营体系，建立区域生态建设与农业产业协调发展机制，探索经济欠发达地区生态优先的农业发展途径。

2. 生态优先、绿色发展理念的树立

生态优先发展理念是区域经济发展的指导原则。我国一直是生态文明的

践行者，2005年时任浙江省委书记的习近平同志提出“绿水青山就是金山银山”的科学论断，2016年习近平总书记提出“生态优先、绿色发展”理念。习近平总书记在2023年召开的全国生态环境保护大会上强调，全面推进美丽中国建设，加快推进人与自然和谐共生的现代化。这些理念的树立有利于研究区生态建设与低碳农业协调发展目标的实现。

生态优先发展也是经济行为的指导原则。人类经济行为应当注重生态环保，不能突破生态环境能够承受的能力边界。首都“两区”建设应遵循生态优先、绿色发展理念，构建绿色低碳农业产业体系。

3. 生态优先原则下农业与其他产业融合发展理念

党的十八大以来一系列文件提出推进农业现代化，推动粮经饲统筹、农林牧渔结合、种养加一体、一二三产业融合发展，深入推进农业供给侧结构性改革，加快培育农业农村发展新动能，加强农业面源污染治理，开展秸秆、畜禽粪便资源化利用，大力推动农业循环经济发展，建立资源节约型、环境友好型社会。作为农牧交错区的张家口市农牧业经济发展与生态建设息息相关，要充分发挥两者协调的整体功能才能真正提高农牧业综合生产能力。但是该区域长期依赖过度利用耕草地来实现农牧业数量的增加，以及不合理地处理农牧业副产品秸秆和牲畜粪便，造成资源配置缺乏效率、生态脆弱、环境污染、经济效益低下等问题。这些问题一直是研究自然与社会科学的学者与专家们不断探索与研究的重要课题。

首都“两区”建设区不仅是农牧交错带也是生态农牧区，应当合理利用耕地、修复草地生态、继续推行退耕还林还草工程，并建立生态保护型、资源节约型的农牧业发展新模式，构建农牧业结合、种养加联合、一二三产业融合的现代绿色农牧业产业体系。

三、首都“两区”建设与低碳农业协调发展研究意义

京津冀区域首都“两区”建设与低碳农业协调发展机制研究具有战略意义、历史意义、理论意义、学术参考价值，以及实践指导意义。

（一）本研究战略意义与历史意义

由于京津冀区域首都“两区”建设区张家口市是首都北京的生态屏障和水源地，生态经济发展不仅对地方社会经济发展有重大意义，而且对区域建设、国家发展具有重要意义，主要表现在：

1. 本研究对区域与地方发展的战略意义

首都“两区”建设区张家口市“十四五”规划中提出：到2025年，森林覆盖率要达到50%，粮食综合生产能力要达到160万吨。这些目标的实现既是京津冀协同发展的重要布局和绿色发展的重要保障，也有利于提升京津冀协同发展的质量与层次，还有利于促进京津冀地区可持续发展，更有利于提高京津冀区域综合竞争实力。

同时，首都“两区”建设区的生态建设与产业协调发展实践既是京津冀区域首都“两区”建设区张家口市贯彻落实科学发展观和可持续发展的重要实践，又是实现张家口地区加快崛起、赶超进位的有效途径，也是争取张家口市在全国区域发展和全省发展模式战略转型格局中有利地位的战略抉择，同时还是保障张家口市经济又好又快发展，切实提高人民生活质量和幸福度的重要举措。

2. 本研究对国家社会经济发展的战略意义

京津冀区域协调发展规划的实施，使得京津冀区域首都“两区”建设区承担起首都生态环境支撑区与水源涵养功能区的重任。首都“两区”建设不仅有利于探索生态与经济协调发展的新路子，而且有利于探索干旱、农牧交错地区综合开发的新模式，还有利于加快构建国家促进中西部地区生态发展的新支点，同时有利于牢固树立我国坚持走可持续发展道路的形象。因此，京津冀区域首都“两区”建设区生态建设与农业产业经济协调发展具有国家战略意义。

3. 本研究具有历史意义

该研究以寻求适合于环京津区域的生态建设与现代低碳农牧业协调发展的机制为目标，所研究的问题顺应了农业经济发展的客观需要，具有重大而深远的历史意义。中央有关文件强调：通过种养结合等调结构、转方式的策略推进规模化、集约化、标准化养殖业；通过一二三产业融合等措施扩大增收空间。对河北省张家口市而言，农牧业是其支柱产业，因此，张家口市不仅担负着满足本区域居民农畜产品需求的责任，还担负供给京津两大城市农畜产品市场的重任。

同时，首都“两区”建设区张家口市作为京津冀区域的生态屏障，还担负着生态环境支撑区和水源涵养区的建设功能，其现代低碳农业的发展方向对于国家重大战略的实施至关重要。所以，应用理论与实证分析方法深入分析与研究在京津冀协同背景下如何转变农牧业经营方式、构建生态建设与低碳农业产业协调发展机制等问题具有重要的历史意义。

（二）本研究的学术参考价值

本书所研究的问题既具有研究区域协同发展的学术价值，又具有研究区域农业产业融合发展的学术价值，同时具有研究区域生态建设与低碳农业协调发展的理论价值。

1. 京津冀区域协同发展研究的学术参考价值

多年来学者们对京津冀区域协同发展、区域现代农业发展发表了真知灼见，但是已有研究成果对京津冀区域与研究区张家口市究竟建立什么样的低碳农业经营体系问题没有系统的研究，尤其是在京津冀协同发展背景下，对冀北地区应当如何选择农牧业经营方式，构建什么样的生态建设与低碳农业协调发展体系的研究几乎没有。

本研究方向以生态学、经济学、区域经济学、发展经济学、管理学等学科理论为依据，通过实地调研和比较，分析研究区生态建设和经济协调发展问题，该研究所依据的各学科理论依据本身具有理论意义与学术价值，研究结论与对策建议对于张家口市作为首都生态环境支撑区的经济发展具有学术参考价值。

本研究通过深入探讨以生态优先理念为指导原则的农业产业转型升级的价值观，寻求将生态效益与经济效益高度统一，解决区域资源与生态环境的刚性约束问题，提高农业生态产品供应能力的路径；将生态优先作为农业产业经济发展的基础，守住生态建设和经济发展两条底线，使其成为研究区农业经济发展的新机遇和新动力，深入研究充分改善京津冀区域的生态环境，增强区域农业生态系统服务功能的路径；将生态优先作为发展条件，形成经济、环境、社会可持续的全面发展观，构建区域农业与其他产业纵横结合的综合经营体系，寻求区域农业高质量发展的新增长点，建立生态环境建设与农业产业区域协同发展的创新机制，提出充分利用农业的多功能性与公共品特征、发挥其生态环境保护功能、提高经济效益的具体措施。本研究的研究视角、切入点与研究目的特殊，研究思路、框架设计、理论分析、形成的概念与观点具有学术参考价值。

2. 区域农业产业融合发展的学术参考价值

本书应用比较优势理论分析京津冀特色农业的区域专业化分工与优势；

应用区域均衡发展理论与非均衡发展理论分析资源与要素流动到发达的中心地区并实现其最高边际报酬率，之后通过扩散效应向外围流动，使区域发展差异缩小的过程；应用交易成本、规模经济理论分析特色农业产业融合经营行为目标，特色农业产加游三产融合经营节约交易成本、实现规模效益的问题。研究总结区域特色农业均衡发展、协同发展与产业转型升级规律具有学术参考价值。

通过深入研究构建农牧业产业集生产、加工、销售、休闲旅游等一二三产业纵向融合体系，农牧业、可再生能源、大数据等产业横向联合体系，充分利用农业产业的多功能性与公共品特征，发挥研究区水源涵养和生态环境保护功能，并实现农业产业绿色低碳发展。通过研究找到解决问题的思路，并提出对策建议，为将张家口市建成首都“两区”、产业经济与生态环境协调发展提供具体措施，该研究思路、理论分析具有学术参考价值。

本研究基于“双碳”目标，通过深入研究相关问题，寻求解决张家口首都“两区”建设过程中资源的刚性约束问题、提高农业综合效益的思路；将碳汇与碳排放核算方法扩展应用，通过核算农业产业的碳汇与碳排放，提出将低碳作为经济发展基础的策略；通过计算农业生态价值，量化比较生态建设与产业经营的机会成本，提出构建区域农业与其他产业纵横结合经营体系，建立生态建设与农业产业经济协调发展的创新机制。研究视角、切入点与研究目的、量化方法拓展等方面具有学术参考价值。

3. 区域生态建设与低碳农业协调发展的学术参考价值

基于国家重大战略背景、河北省与张家口市经济社会发展的重大历史机遇，在首都水源涵养功能区和生态环境支撑区建设视域下，选择首都“两区”生态建设与绿色低碳农业产业体系构建与协调发展机制问题进行研究，基于效用最大化与机会成本最小化原理分析该区域农牧系统退耕还草、粮改饲结构调整的资源有效配置问题；应用规模经济理论分析农牧业结构调整的规模经营模式与效益问题；应用外部性理论分析耕草地生态保护、农田污染治理、畜牧业垃圾处理绩效等问题；应用帕累托最优理论分析生态补偿机制的建立等。所涉及的理论对于研究农牧系统生态与经济协调发展问题探讨具有理论意义。

本书基于京津冀协同发展的重大战略，冀北地区区位、资源与产业优势尚未充分利用，产业组织层次低，综合生产潜力远未发挥，经营方式不适应现代农业发展需要，京津两市交通便利条件与强大的农产品市场没有充分利用等问题，综合研究“双碳”目标下首都“两区”生态建设与低碳农业协调发展问题，其结论不仅对揭示区域生态建设与现代低碳农牧业协调发展规律具有重要的学术参考价值，而且对京津冀一体化发展乃至国家其他区域一体化生态建设和与低碳农业经营体系构建具有学术参考意义。

（三）本研究的现实意义

本研究既对区域协同发展具有现实意义，又对特殊区域资源有效配置具有现实意义，同时对生态建设和低碳农业产业发展具有现实意义。

1. 本研究对于区域协同发展具有现实意义

张家口市作为首都“两区”建设区，是我国生态环境最为脆弱的地区之一，易破坏，难恢复。大力发展生态经济，积极推进环保产业发展首先是生态文明建设的要求；搞好生态建设营造良好生态环境，也是张家口市经济发展的必然选择。产业生态经济是张家口市实现经济腾飞与环境保护、物质文明与精神文明、自然生态与人类生态的高度统一和可持续发展的要求。

本书基于上述背景，深入分析如何在京津冀区域首都“两区”建设区促进产业、科技、人才、经济等方面的要素流动、资源配置、产业布局、区域内协同发展，构建京津冀区域首都“两区”建设区现代农业经营体系，建立使生态建设与农业产业协调发展的有效机制。深入研究京津冀区域首都“两区”建设区现代低碳农业的协调发展，便于找到加快京津冀区域实现现代农业协同发展的策略，以及建立和完善现代低碳农业相互促进的创新机制。研究结论不仅对于张家口地区的生态保护、产业合理布局、地方经济发展具有现实意义，而且对于京津冀区域协同发展、加快现代农业的发展具有现实意义。

2. 本研究对于生态建设具有现实意义

本研究围绕提高农业生态环境功能价值，研究如何加快转变农业发展方式，深入推进农业结构调整，构建现代低碳农业产业综合经营体系，建立农业生态与经济协调发展、区域协同发展机制，探索经济欠发达地区生态兴市、生态强市的发展途径，研究结论与提出对策建议具有现实意义；为张家口市区域生态经济发展提供决策参考，包括以生态资源为基础的农林牧产业、生态资源旅游产业和生态环境建设领域；为建立产业布局合理、结构优化、功能完善的生态环境体系和规范有序、集约经营、高产高效的特色经济产业体系，全面推进区域生态经济的快速、协调和跨越式发展，逐步把张家口市建设成为京津冀具有较强影响力、辐射力和竞争力的区域生态经济发展区域提供有利的措施参考；对特殊研究区域“环京津带”生态建设与发展现代农业具有现实意义。

3. 本研究对于农业产业发展具有现实意义

本研究通过实地调查，以农牧业实际经营数据为依据，应用定性与定量相结合的方法分析现代低碳农业经营模式的问题；对农业经营范围进行扩展，综合分析资源优化配置与现代低碳农业发展问题，为该区域选择绿色低碳现代农业经营模式提供科学依据。具体而言：一是通过分析农业经营模式的最优化问题，得到研究区资源合理利用、要素合理配置的现代低碳农业发展模式的实证依据；二是对该区域选择或创新现代农业结合经营模式的客观条件进行分析与研究，由研究区的现代农业发展方向与特征抽象出规律与共性，找出构建低碳型、资源节约型、高效型现代农业产业体系的客观条件，为国家制定合理的农业生产、资金投放以及生态治理等政策提供实证依据；三是通过研究现代绿色低碳农业经营模式，提出对于研究区及周边地区，乃至整个国家充分发挥资源优势、提高综合生产能力、发展现代农业、增加农民收入、改善生态环境具有参考意义的结论与对策，这对于我国构建资源节约型、环境友好型现代低碳农业产业体系具有重要的现实意义。

4. 本研究在特色农产品优势充分发挥方面具有现实意义

本书在理论分析的基础上，分析区域特色农业资源、产业优势、市场优势与发展不足，应用实证分析方法确定特色农业专业化程度，为实现京津冀区域优势互补和寻找区域特色农业资源充分利用、产业融合发展、特色农产品优势区建设路径提供对策。本研究顺应了区域发展与特色农业发展战略的思路，顺应了张家口市探索经济欠发达地区生态兴市、生态强市的发展与建设需求。研究得出的结论与提出的对策建议具有实践指导作用。本研究拟解决的实现区域特色农业产业兴旺与协调发展、京津冀区域首都“两区”建设区生态建设与特色农产品优势区建设的关键问题，研究结论与对策建议具有现实意义。

（四）本研究的实践指导作用

1. 本研究对解决区域发展的不均衡问题具有实践指导作用

从京津冀三省市自身利益最大化的目标出发，从发展各自优势、生态建设、农村发展、经济发展水平、农民生活水平来看，京津冀三地发展是不均衡的。但是从整个区域的经济最大化目标出发，京津冀区域最终必然形成合作与协调发展的结果。这就需要京津冀三省市在生态建设与现代农业发展方面的协同一致，在促进京津冀区域产业、科技、人才、经济等方面的建设的同时，构建京津冀协同发展的现代绿色低碳农业经营体系和综合社会服务体系，并建立使两者协调发展的有效机制。本研究提出问题、分析问题、解决问题，且提出的对策建议可以解决区域存在不均衡矛盾的问题。

2. 本研究对研究区农业发挥多功能作用具有实践指导作用

基于区域国家重大战略背景与区域生态建设和农业产业发展存在的问题，首先，本研究符合京津冀区域协同发展功能布局定位要求；其次，张家口首都“两区”建设规划进一步说明了本研究的必要性。本研究顺应了京津冀区域协同发展、张家口首都“两区”建设、“双碳”目标实现的要求。围绕发展低碳农业、提高农业生态环境功能价值，加快转变农业发展方式，深入推进农业结构调整，构建现代农业产业综合经营体系，建立区域生态建设与农业产业协调发展机制，探索经济欠发达地区生态兴市、生态强市的绿色低碳农业发展途径。研究结论与提出的对策建议具有实践指导作用。

第二节　首都“两区”建设与低碳农业协调发展研究特色

本书以京津冀区域首都“两区”建设区生态建设与低碳农业产业协调发展为研究对象，在研究目的、研究思路、研究内容设置、研究方法等方面具有特色。

一、生态建设与低碳农业协调发展研究目标

京津冀区域首都“两区”建设与低碳农业产业协调发展的研究，在区域农业产业协同发展，以及区域生态建设与低碳农业协调发展等方面提出明确研究目标。

（一）区域生态与经济建设协同发展目标

1. 寻找生态与经济效益实现“双赢”措施的目标

本研究的目的之一是通过充分调研和深入分析首都“两区”建设区生态

建设与经济发展现有基础和国家宏观发展环境，客观地评价以生态资源为基础的产业经济发展优势与机遇，发现不足和挑战，确定生态经济协调发展的总体思路，规划生态经济产业布局，明确主导产业发展模式，制定低碳农业产业体系构建的基本框架，提出生态经济协调发展的政策措施体系，为促进生态经济协调发展提供决策依据。最终目的是将生态环境保护与产业经济发展相结合，建立经济、社会、自然良性循环的复合型农业生态系统，实现农业产业生态建设与经济发展双赢的目的。

2. 建立首都“两区”建设区生态建设与产业经济协调发展机制的目标

本研究以京津冀区域首都“两区”建设区的生态建设与低碳农业协调发展为研究对象，区域农牧系统生态建设与产业经济耦合协调发展问题是研究内容之一。通过理论分析资源配置效率、生态环境改善问题，通过调查与分析京津冀区域首都“两区”建设区生态建设与低碳农业协调发展现状，总结存在的问题。应用综合评价模型，设置综合评价指标评价生态建设与产业经济发展水平，以及生态建设与产业经济耦合协调关系。通过测算生态建设与产业经济绩效，评价生态与经济耦合协调发展程度，为推进农牧系统生态环境改善，促进农牧业现代化，建立生态建设与经济协调发展机制提供对策建议。

3. 制定首都“两区”建设区生态建设与低碳农业协调发展政策的目标

基于“双碳”目标、京津冀协同发展国家重大战略、首都“两区”建设背景，以生态优先发展为指导原则，研究探索如何实现生态建设与农业经济协调运行，怎样解决农业生态功能外部性问题，怎么构建农业综合经营体系与协调发展机制等；提出构建生态建设与低碳农业产业协调发展综合经营体系，解决农业资源利用不充分、产业链条短的产业发展短板问题，以及解决资源配置低效、农业生态环境脆弱等问题；提出建立创新机制，引导生态建设行为、农业结构调整行为、农业副产品资源化再利用行为、农业与其他产业融合经营行为等，为解决消除生态建设的外部效应、维护生态红利的持续性、实现主体经营行为利益最大化目标等问题出台相关的政策提供依据。

对京津冀区域首都“两区”建设区生态建设与低碳农业协调发展关系进行分析，为构建两者协调发展的有效机制提供了理论与实证依据。

（二）区域农业产业协同发展目标

1. 显现京津冀区域协同发展政策含义的目标

首先，本研究通过应用区域经济理论分析京津冀区域协同发展问题，目的是阐明在京津冀协同发展战略背景下，无论是遵循区域均衡发展理论还是区域非均衡发展理论，北京市与张家口市两地的现代农业要素与产品在区域市场上自由流动，最终均能达到经济均衡发展的目的。其次，通过充分调研和深入分析张家口市与北京市生态建设与农业产业发展环境，应用区位熵模型客观地评价张家口市与北京市生态建设与低碳农业协调发展的优势与机遇，发现不足和挑战。再次，应用综合评价方法对张家口市生态建设与农业发展绩效进行综合评价，并评价张家口市生态建设与农牧业协调发展的协调度。最后，寻找两地生态建设与低碳农业协调发展的途径，达到提出京张生态建设与低碳农业协调发展政策措施的目的。

2. 选择首都“两区”建设区现代农业经营模式的目标

基于研究区环京津区位、资源、产业优势和特色尚未充分发挥与利用等问题，该研究通过调查分析京津冀农业产业发展的特征，找出发展优势与不足之处，进而把握区域低碳农业产业发展方向与趋势；通过分析区域农牧业横向一体化的经营模式与区域农业产业纵向一体化的经营模式，提出延长农业产业经营链条的建议；通过分析农牧业纵横一体化、区域协作化、主体多元化、社会服务全程化的新型综合农牧业经营体系构建的条件与措施，进而提出转变农业产业经营方式、发展现代农业产业的策略。研究结论为提出协作化、规模化、组织化和社会化现代农业产业经营模式提供了依据。

3. 构建首都“两区”建设区绿色低碳农业经营体系的目标

基于京津冀协同发展的国家重大战略、首都“两区”建设规划，通过研究构建张家口市绿色农业生产、加工、销售与服务纵向融合的产业体系，以及农业、畜牧业、可再生能源、大数据等横向联合产业体系，并分析总结以涵养水源、保护生态环境、实现绿色农业产业发展为目的的退耕还林还草、结构调整、畜禽垃圾处理等行为规律。通过研究，提出构建现代绿色农业产业与其他产业纵横结合经营体系，达到构建一二三产业融合发展的绿色农业产业综合体系的目的，一方面解决农业资源利用不充分、产业链条短、区域发展不均衡的区域与产业发展短板，另一方面，解决水资源浪费与超采、农业生态环境脆弱的资源与生态劣势等问题。通过研究，提出各级政府应当激励与引导农业经营主体采取退耕还林还草、调整农牧业结构、合理处理畜禽垃圾、农业与其他产业融合经营、建设特色农产品优势区等行为，达到构建水源涵养与生态环境保护体系的目的，解决主体经营行为利益最大化的目标单一问题。通过研究整合京津冀区域优势特色农业资源，实现生态建设与低碳农业协调发展的目的。

二、研究框架与研究内容

本书围绕京津冀区域首都“两区”建设与低碳农业产业协调发展问题，以创新、协调、绿色、开放、共享的新发展理念为指导原则展开研究。

1. 研究背景与研究基础

本书研究框架包括八章内容，其中第一章、第二章和第三章是区域生态建设与绿色低碳农业产业“创新、协调、绿色、开放、共享”发展问题研究的背景、相关研究概述和区域生态建设与农业产业发展现状的实证依据。

第一章为生态建设与低碳农业协调发展研究背景与特色，包括首都“两区”建设区生态建设与低碳农业协调发展的研究背景和研究特色等内容。

第二章为生态建设与低碳农业协调发展相关研究概述，主要包括区域协同发展相关研究、研究区生态建设相关研究、低碳农业产业发展相关研究内容。

第三章为研究区生态建设与农业产业发展现状，该部分内容是京津冀区域首都“两区”建设区生态建设与低碳农业“创新、协调、绿色、开放、共享”发展问题研究的实证基础。主要内容包括生态建设与农业产业发展特征、生态建设与农业产业发展优势和生态建设与农业产业发展存在的问题等。

2. 以创新、协调、绿色、开放、共享的新发展理念为指导

以创新、协调、绿色、开放、共享的新发展理念指导研究区生态建设与低碳农业协调发展机制的研究，研究内容包括第四到第八章。

第四章为生态建设与低碳农业创新发展理论依据。本章内容以“创新”发展为主题，主要包括京津冀区域协同发展理论、生态建设创新发展理论、低碳农业创新发展理论三节内容。本章围绕创新、协调、绿色、开放、共享的新发展理念的第一个理念，为区域生态建设与现代农业协调发展、绿色发展、开放发展、共享发展提供了理论依据。

第五章为生态建设与低碳农业产业协调发展关系。该部分内容以“协调”发展为主题，主要包括生态建设与产业经济耦合协调发展关系、农业碳排放与农业经济协调发展关系和农业生态建设与农业经济协调发展关系三节内容。该部分内容是在创新、协调、绿色、开放、共享的新发展理念中的“协调”发展理念指导下分析区域生态建设与低碳农业产业协调发展关系。

第六章为生态优先原则下区域绿色低碳农业发展模式，该部分内容以“绿色”发展为主题，主要包括绿色低碳农业经营行为影响因素定性分析、绿色低碳农业发展模式国际经验、生态建设与绿色低碳农业发展模式三节内容。该部分内容是在创新、协调、绿色、开放、共享的新发展理念中的“绿色”发展理念指导下研究区域在生态优先原则下选择的低碳农业绿色发展模式。

第七章为农业生态产品价值实现区域开放发展途径，该部分内容以“开放”发展为主题，主要包括农业产业生态产品外部效应分析、农业产业多功能价值评价和农业生态产品外部效应内部化区域开放发展途径三节内容。该部分内容是在创新、协调、绿色、开放、共享的新发展理念中的“开放”发展理念指导下寻求区域农业生态经济系统开放发展的途径。

第八章为生态建设与低碳农业协调发展区域共享机制，该部分内容以“共享”发展为主题，主要包括国外生态建设与低碳农业协调发展策略借鉴、生态建设与低碳农业产业重点发展方向和生态建设与低碳农业协调发展区域共享机制构建三节内容。该部分内容是在创新、协调、绿色、开放、共享的新发展理念中的“共享”发展理念指导下探索生态建设与低碳农业产业区域共享发展的创新机制。

在京津冀区域首都“两区”生态建设与低碳农业产业协调发展机制研究主题中，区域生态建设与低碳农业产业相关内容设置具有新意，所包含的内容中除第一章研究背景与研究特色、第二章相关问题研究概述、第三章研究区生态建设与农业产业发展现状外，从第四章到第八章是在创新、协调、绿色、开放、共享的新发展理念指导下，研究区域生态建设与低碳农业产业创新发展、协调发展、绿色发展、开放发展、共享发展的机制，该研究框架具有特色。

三、研究思路与基本观点

（一）研究思路

本书基本思路与研究框架如图 1－1 所示。本研究围绕着京津冀区域首都“两区”建设区生态建设与低碳农业发展的新矛盾和新问题，为实现首都“两区”建设区生态建设与低碳农业协调发展、生态与经济综合效益提高的目标，深入研究在生态优先原则指导下，依据区域生态建设与现代农业创新发展理论，通过研究区域生态建设与农业产业耦合协调发展关系、生态优先原则下低碳农业绿色发展模式、区域农业公共产品外部效应与区域开放发展途径、生态建设与农业产业区域共享协调发展机制，提出对策建议。

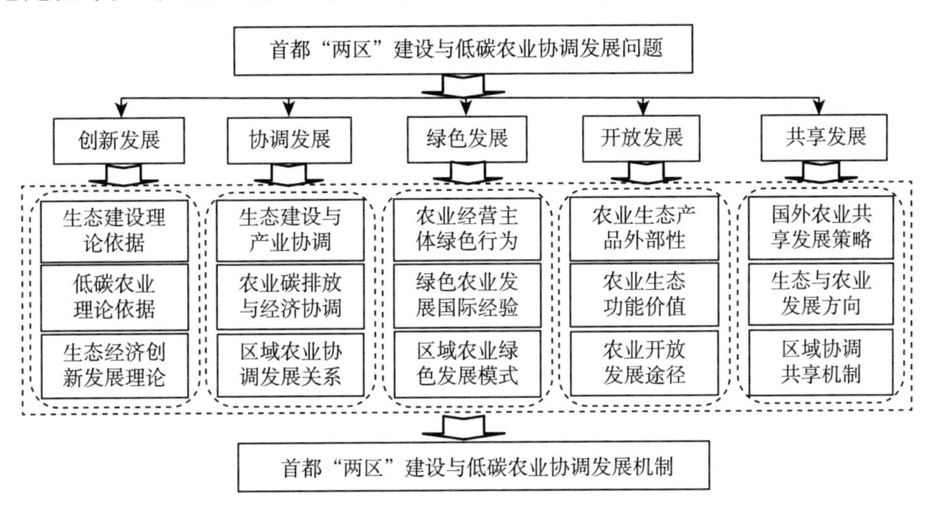

图1-1　基本思路与研究框架图

（二）基本观点

首都“两区”生态建设与低碳农业协调发展机制构建的研究思路与观点较新。本书从宏观层面、微观层面形成基本观点。

1. 宏观层面

（1）区域协同发展与均衡发展

通过应用区域均衡发展理论与区域非均衡发展理论分析，以及对相关问题的实证研究，发现在极化效应、涓滴效应与扩散效应影响下，区域农业资源与要素先流向经济发达的京津两市，再辐射带动河北省特色农业发展，最终达到区域协调发展与均衡发展的目的。依据绝对比较优势与相对比较优势理论，分析区域特色农业资源与要素自由流动、均衡发展和协调运行的规律，以及区域农业专业化程度，再应用区位熵核算分析区域农业专业化优势，提出北京市、天津市的农业对外依赖性较强，河北省的农业专业化程度较高，尤其是张家口市的畜牧业专业化程度较高，所以，北京市、天津市农产品的消费依靠河北省供给，尤其是张家口市为满足北京市巨大的消费需求提供了大量的畜产品。

（2）京津冀区域农业产业应当横向联合发展

通过理论与实证分析得出结论，在京津冀区域延长与拓宽区域农牧业产业链条，即发展农牧业纵横一体化经营。在京津冀区域资源、产业和区位优势互补的条件下，冀北地区可以利用京津两市的技术、资金和社会服务，延长农产品产前和产后链条，做大做强农业产业。

同时通过注重冀北特色产业品牌化经营，发挥冀北区位、产业和资源优势，借助于得天独厚的京津绿色通道，充分利用京津市场优势，发展特色农作物与坝上生态畜牧业，打造农畜产品品牌，提高农牧业附加值。

（3）生态建设正外部性问题需要建立区域开放机制进行解决

本书以生态优先、绿色发展为指导原则，遵循创新、协调、绿色、开放、共享的新发展理念，基于研究区存在的生态建设与农业产业协调发展的新问题，以及农业生态建设或低碳发展产生的外部效应问题，研究了研究区生态建设与低碳农业产业创新发展理论、绿色发展模式、协调发展关系、开放发展途径和共享发展机制，并提出选择生态建设与低碳农业绿色发展模式、构建区域绿色低碳农业产业综合经营体系、选择京津冀区域农业协同发展创新模式的建议，提出研究区生态建设与低碳农业产业重点发展方向的对策，进而提出构建调优农业产业结构机制、农业产业纵横结合经营体系与体制建设等现代绿色低碳农业产业体系发展机制体系，以及生态农业产业经营体系激励机制、农田生态系统生态价值实现的制度体系、农业碳排放与经济协调发展机制等农田生态建设与低碳农业协调发展机制体系，同时提出构建京津冀区域特色农业合作机制、研究区特色农产品优势区建设路径机制等京津冀区域生态农业协作共享机制。这些观点与建议具有一定的创新性。

2. 微观层面

（1）区域农牧业纵横一体化新型经营主体培育

研究提出在京津冀区域通过发展开放的人才市场等方式培育农牧业经营主体，为区域农牧业产业形成规模化、集约化与专业化经营提供人才保障。通过挖掘区域资源循环利用、产品互补的综合生产潜力，以及通过各种形式的土地流转，培育京津冀区域种养业大户与家庭农牧场、规范合作社，形成规模化、集约化与专业化的现代农业经营模式。通过建立京津冀地区之间农牧业、加工业、销售、旅游业等纵横一体化经营机制，跨区域培育多元化经营主体，健全京津冀区域生产资料与产品市场体系，构建产前、产中和产后社会化综合服务体系。

（2）整合区域特色农业资源

整合区域特色农产品资源，促进区域一二三产业融合发展。应用效用理论、交易成本理论、规模经济理论分析并总结了区域特色农业产业融合行为最大化目标、降低交易成本、提高规模效益的规律。建立农牧业纵向一体化经营体制，延长农畜产品生产、加工与销售、旅游产业链条，引导合作社发展加工业，改进一二三产业融合机制，创新区域农牧业纵向一体化经营体制，提高农牧业组织化程度。

四、研究方法

（一）研究方法的特点

基于研究目标与内容，著作采用点面结合、问卷与访谈结合、定性分析与量化分析结合、理论分析与实证分析、统计资料与查阅文献结合的方法展开研究，具体的研究方法体系见图 1－2。

1. 点面结合

以首都“两区”建设区为“点”，以京津冀区域为“面”，在把握京津冀区域一般特征的基础上，选择具有代表性的地区分析研究区生态建设与低碳农业运行机制，进而揭示大范围的普遍的生态建设与低碳农业协调发展的运行规律。本研究选择位于京津冀区域的河北省北部张家口市作为调查地进行典型调查研究，通过比较地区特征，了解行政区划对生态建设与低碳农业协调发展的影响，再抽象出整个京津冀区域的一般性规律。

2. 访谈与问卷调查相结合

问卷调查与访谈本身就是一个研究过程。本书在微观经济学理论的基础上，将对研究区的生态建设主体与农业产业经营主体的问卷调查与走访相结合，在农户调查问卷的基础上对不同类型的主体进行访谈。通过该调查方法可以得到更多的问卷中无法显示的相关信息、经验、知识和结论，为生态建设主体与低碳农业产业协调发展研究提供参考。

3. 定性与定量分析相结合

本研究应用定性和定量相结合的分析方法，定性描述分析研究区存在的现象与运行规律，同时对一些指标量化进行数量经济分析，为研究区生态建设与低碳农业协调发展提供了理论与量化依据。

4. 理论与实证分析相结合

本研究内容专门设置一部分内容为研究区生态建设与低碳农业协调发展创新理论依据，该部分内容应用区域经济理论、机会成本理论、外部性理论、规模经济理论、效用理论等分析研究区生态建设与低碳农业协调发展问题，为实证研究提供理论依据。

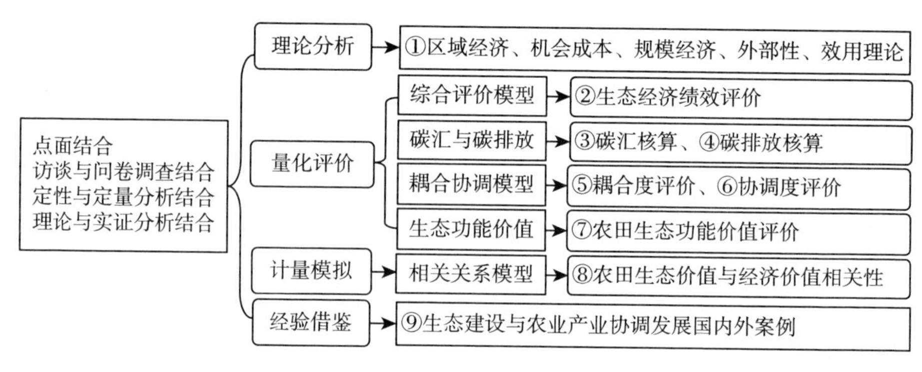

图 1-2　研究方法体系图

同时，本研究应用相关的测算模型实证分析了研究区生态环境绩效与价值、产业经济绩效与农业产业经济价值，以及生态建设与低碳农业产业经济之间的协调关系与相关关系，为研究区生态建设与低碳农业协调发展机制的构建提供了充足的实证依据。

（二）相关理论分析方法为问题研究提供了充分的理论依据

1. 区域经济理论分析

相关问题研究的主要理论依据有区域均衡理论、区域非均衡理论、比较优势理论与经济一体化理论。应用区域经济理论的涓滴效应理论与扩散效应分析区域协调发展问题，并分析与判断京津冀区域各方面协同发展的条件、影响因素；应用相对比较优势理论与绝对比较优势理论分析区域农业产业相对发展优势，分析京张农牧业产品要素市场的自由流动遵循的规律，即现代要素资金、人才和技术首先流向经济发达的北京市，然后辐射带动经济不发达的张家口市。

2. 低碳现代农业经营管理理论分析

（1）效用理论——资源有效配置与生态、产业发展模式分析

对效用模型进行扩展，将可以互相替代的农业产值（$X_{农}$）与牧业产值

（$X_{牧}$）作为内生变量，得出效用（U）最大化模型为 $\max U=U(X_{农}，X_{牧})$，以此分析农牧业结合经营达到最大效用时的农牧业产值最佳组合。

扩展应用主体行为效用（U）模型，将农业产业经济价值（$X_{经}$）与生态价值（$X_{生}$）作为内生变量，应用模型 $\max U=U(X_{经}，X_{生})$ 分析“两区”建设与农业产业发展适度规模与效用问题。

应用效用论分析退耕还草、粮改饲结构调整的资源有效配置问题，农牧业规模经营模式问题，种养业资源循环利用、产品互补的生态良性循环模式问题。

（2）区域生态建设与农业产业协调发展理论分析

基于生态优先、绿色发展理念，应用区域均衡发展理论、区域非均衡发展理论、经济一体化理论分析区域农业资源与要素自由流动、均衡发展和协调运行的规律；应用比较优势理论分析农业专业化程度；应用机会成本理论、生产的外部性理论、帕累托最优理论分析张家口市首都“两区”建设产生机会成本较小、产生正外部性内部化策略，“两区”建设生态补偿机制，以及实施“两区”建设策略实现帕累托改进问题；应用交易成本理论、规模经济理论分析农业产业融合行为最大化目标、生态农业与经济协调发展、降低交易成本、提高规模效益的规律。这些理论分析方法的应用为建立京津冀生态环境支撑区农业生态经济协同发展机制提供了理论依据。

（三）调查研究方法为相关问题研究提供了充足的论据

本研究选择研究区不同生态功能区与不同产业以及相关部门，调查了解生态建设与环境保护现状、产业经济发展现状，并应用所调查的数据资料与信息评价经济、社会和生态效益，为评价生态环境质量、产业发展水平提供依据。

在京津冀生态环境支撑区选择典型市县随机抽样进行实地调查，为分析研究区生态建设与低碳绿色农业产业协调发展研究提供实证数据。

（四）耦合协调法为生态建设与低碳农业协调分析提供了科学的论证方法

1. 加权平均求和模型——生态建设水平综合评价方法

本书应用多目标加权平均求和模型对生态建设绩效进行评价。

对熵权 TOPSIS 模型的扩展应用如下：$E=\sum_{i=1}^{m}w_{ui}S_{ui}+\sum_{j=1}^{n}w_{vj}T_{vj}$ 。其

中，E 为生态建设综合评价值；v 为年份；w_i 为第 i 个生态保护指标权重，w_j 为第 j 个环境治理指标权重；S_{vi} 为第 v 年第 i 个生态保护指标值，T_{vj} 为第 v 年第 j 个环境治理指标值；m 为生态保护指标数（4 个），n 为环境治理指标数（3 个）。指标评价中应用熵值法进行权重的确定。

2. 加权平均求和模型——产业经济水平综合评价方法

农牧业产业经营绩效的综合评价模型为 $D=\sum_{i=1}^{m} w_i S_{vi}+\sum_{j=1}^{n} w_j T_{vj}+\sum_{l=1}^{p} w_l R_{vl}+\sum_{k=1}^{q} w_k Q_{vk}$ 。其中，D 为农业产业经济发展绩效综合评价值；评价指标包括产业规模（S_i）、产业技术应用（T_j）、产业经济效益（R_l）、产业消耗（Q_k）四个方面的指标；w 为各个指标的权重；m、n、p、q 为各个指标数目。

3. 耦合模型——生态建设与产业经济的耦合度分析法

将物理学容量耦合系数模型扩展应用到农牧系统生态与经济耦合度分析，模型为 $X=\left[\frac{E\times D}{\left(\frac{E+D}{2}\right)}\right]^{\frac{1}{2}}$ 。其中，X 为生态与经济耦合度，且 $0\leqslant X\leqslant 1$；E 为生态建设综合评价值，D 为现代农牧业综合评价值。X 值越大，E 与 D 间离散程度越小，耦合度越高。

4. 协调模型——生态与经济协调程度分析法

（1）生态与经济综合评价模型

生态与经济的综合评价模型为 $Y=\alpha E+\beta D$。其中，Y 为农牧系统生态与经济的综合评价值；α 与 β 分别为生态绩效评价值和经济绩效评价值的贡献率，$\alpha+\beta=1$，假设生态与经济相互促进、相互依赖、协调发展，$\alpha=\beta=0.5$；E 与 D 分别为生态绩效和经济绩效综合评价值。

（2）生态建设与产业经济协调发展模型

生态建设与产业经济发展协调度模型为 $M=\sqrt{X\times Y}$。其中，M 为生态与经济协调发展度，$0\leqslant M\leqslant 1$，M 越接近于 1，说明协调程度越大，M 越接近于 0，说明协调程度越小；X 为两者耦合度，Y 为两者综合评价值。

5. 生态价值测算与碳汇测算方法

（1）生态价值模型分析

本书应用生态价值量模型评价农业经营体系的生态价值。

理论生态价值量模型为 $E_t = \sum_{j=1}^{n} A_j C_j E_a$ ，现实生态价值量 E_r 测算模型为 $E_r = E_t \times l$。其中，E_t 为理论生态价值量（元）；A_j 为土地面积（公顷）；C_j 为土地单位价值当量因子；E_a 为单位当量因子的价值量（元/公顷）；E_r 为现实生态价值量（元）；l 为社会发展阶段系数。

（2）碳汇与碳排放测算

本书应用农田生态系统农作物碳吸收率模型测算农田的碳汇；应用农业经营碳排放量模型计算农田生态系统的碳排放总量。

碳汇模型为 $C_t = \sum C_d = \sum C_f D_w = \sum C_f \times Y_w / H_i$ ，其中，i、C_t、C_d、C_f、D_w、Y_w、H_i 分别代表 i 农作物、农田碳吸收总量、i 作物碳吸收量、i 作物光合作用合成单位质量干物质所吸收的碳、i 作物的生物产量、i 作物的经济产量、i 作物的经济系数。

碳排放模型为 $E_t = E_f + E_m + E_s + E_i + E_e + E_p + E_\mu$，其中，$E_t$、$E_f$、$E_m$、$E_s$、$E_i$、$E_e$、$E_p$、$E_\mu$ 分别代表农田碳排放总量、化肥使用碳排放量、农膜使用碳排放量、机械使用碳排放量、农业灌溉碳排放量、农业用电碳排放量、农药使用碳排放量、农业生产其他相关指标碳排放量。这些碳排放量等于各指标值乘上各自的转换系数。

（五）计量经济相关关系分析为该研究提供了量化依据

本书采用计量经济学相关关系分析方法分析农田生态系统功能价值与农业产业经济的相关关系。

利用农田生态系统功能价值核算结果（计算所得）与历年农业总产值（统计数据），应用 Eviews7.2 软件的相关性分析方法进行农田生态系统功能价值与农业产业经济相关系数的模拟分析，便于得出农田生态系统功能价值与农业产业经济相关性结果，依此判断两者的协调发展程度。

（六）案例研究法为生态建设与低碳农业协调发展策略的提出提供了经验

本书选择生态建设与农业协调发展较优的典型案例进行分析，便于京津冀区域首都“两区”建设区借鉴国内外生态环境保护与产业经济协调发展的先进经验，归纳适合于冀北各地区发展的农业生态经济模式。

此外，本书对国内外生态建设与农业协调发展的研究成果进行定性分析；借鉴国内外发展生态型现代低碳农业的先进管理经验与政策制度，进一步归纳或创新适合于研究区的生态建设与现代低碳绿色农业协调发展的经营模式。

上述所列研究方法既有理论分析方法，又有实践调研方法；既采用定性描述方法，也利用量化分析方法。因此研究方法既具有综合性，也具有拓展应用的创新之处。

本章小结：本章通过分析京津冀区域协同发展重大战略机遇、京津冀区域首都“两区”建设具有特殊性的背景、“双碳”目标与生态建设理念的背景、首都“两区”建设区农业产业具有区域优势地位的背景，提出研究区生态建设与农业产业发展存在的新矛盾与亟待解决的新问题，总结了京津冀区域首都“两区”建设与低碳农业协调发展机制研究的理论意义、学术价值、现实意义、实践指导作用和历史意义。

为了达到寻找区域生态建设与经济发展协同发展目标、区域农业产业协同发展目标，最终达到京津冀区域首都“两区”建设与低碳农业协调发展机制构建的目标，本书设置了八章研究内容，其中，第一章为研究背景与研究意义，第二章为相关文献研究，第三章为生态建设与农业产业发展现状分析，这三章是第四到第八章的研究基础。第四到第八章是以创新、协调、绿色、开放、共享的新发展理念为主题的区域生态建设与低碳绿色农业产业协调发展理论、关系、模式、途径和机制等五大部分内容。同时，对点面结合、问卷与访谈结合、定性与定量结合、理论与实证结合的综合研究方法进行了梳理，并凝练了本书的研究特色。这些基础研究工作为京津冀区域首都“两区”生态建设与低碳农业协调发展机制研究提供了依据。

第二章
生态建设与低碳农业协调发展相关研究概述

区域生态建设与低碳农业协调发展机制相关研究文献的梳理可以为京津冀区域首都“两区”建设与低碳农业协调发展机制研究提供学术参考。本章内容主要包括生态建设、区域协调发展、区域低碳农业产业发展和京津冀区域首都“两区”生态建设与低碳农业协调发展机制构建的相关研究概述等。

第一节　研究区生态建设相关研究

研究区生态建设相关研究包括京津冀区域协同发展的相关研究、区域生态建设的相关研究，以及水源涵养、生态环境支撑功能的相关研究等。

一、关于京津冀区域协同发展的研究

《京津冀协同发展规划纲要》对三省市的功能划分明确，因此该区域协同发展的相关研究涉及首都“两区”建设区张家口市成为京津冀区域生态环境支撑区的绿色生态屏障与京津冀三省市的协同发展等。

1. 首都“两区”建设区是京津冀区域的生态屏障

在京津冀区域，河北省担负着京津冀生态环境支撑区的功能，京津冀生态环境支撑区是指在《河北省建设京津冀生态环境支撑区“十四五”规划》中提出的构建环京津生态过渡带、坝上高原生态防护区、燕山—太行山生态涵养区、低平原生态修复区、沿海生态防护区 5 个支撑区。2015 年通过的《京津冀协同发展规划纲要》和 2019 年公布的《张家口首都水源涵养功能区和生态环境支撑区建设规划（2019—2035 年）》也就京津冀生态环境支撑区构建绿色生态屏障，实施京津冀协同发展生态环境保护作了具体布局。本书

所研究的首都“两区”建设区要解决京津冀区域生态建设涉及的生态环境协同保护[1]、京津冀协同发展的碳税与碳排放权交易协调[2]等问题。

在生态优先、绿色发展的原则指导下，京津冀生态环境支撑区面临生态建设与农业产业发展之间资源竞争的新矛盾，拓展京津冀区域发展新空间要重点考虑经济增长潜力、区位条件、生态环境状况和国家政策等方面的因素[3]。如何实现区域生态建设与农业产业发展的经营主体行为目标协调一致，怎样构建生态农业产业经营体系，建立什么样的生态建设与农业产业经济协调发展机制成为亟待解决的新问题。因此，基于生态优先、绿色发展理念，研究充分发挥区位、资源、产业优势条件，建立实现农业经营主体行为目标的生态农业发展有效机制，构建生态农业产业经营体系，寻找生态农业发展途径，有助于达到研究区提高农业综合生产能力，减少负外部性、增加正外部性，实现生态效益和经济效益双赢的目的。

2. 京津冀区域各地区应当呈现协同发展关系

目前对于京津冀协同发展的研究成果较少，而且大多数的成果集中于京津冀人才培养研究、经济一体化研究、金融支持研究、生态环境建设研究，以及政府协作治理研究等方面，如京津冀一体化的人才区域分布[4]的研究、区域人才一体化[5]的研究、京津冀区域的高校人才培养模式[6]的相关研究、交通一体化发展[7]的研究成果较多。随着《京张体育文化旅游带建设规划》的实施，京津冀区域旅游经济一体化[8]的相关研究成果逐渐增加。在京津冀区域金融支持方面的研究有对京津冀区域财政支持与金融协作[9]的研究、金融支持京津冀协同发展产业升级转移[10]的研究、京津冀区域金融集聚的空间溢出效应及影响路径[11]的研究；关于京津冀农业协同发展研究表现在生态建设层面[12]，关于生态建设的研究有对京津冀地区水生态系统服务演变规律[13]等的研究，以及循环产业协同发展[14]、公共服务协同发展[15]、都市圈城乡复合型农业[16]、京津冀区域农业协调发展的必然性[17]等方面的研究。

京津冀区域各省市是在不断的博弈过程中实现协调发展的。京津冀区域各地区之间的经济活动在博弈过程中，如果能够进行相互之间的协调，比如共享市场，共同承担起经济活动的分工职责，充分发挥各自的绝对优势与相对优势，这将有利于区域经济的发展[18]。而各地区政府之间竞争与合作并存，合作将是最终的趋势[19]。协调博弈的研究和发展使得经济的互补性得到了实践上的指导和应用[20]。最小努力博弈模型认为每个参与者为降低自己的协调成本，都选择最小的努力。因为努力需要成本，而这将会导致协调难以实现，通过设计适当的竞争机制可以使得这种不确定性程度大大下降，并最终得出竞争性协调机制的内涵[21]。因此，京津冀区域各地区之间在实施协调发展时也遵循协调博弈的规律，在进行多次博弈后，最终实现京津冀区域均衡发展与协调发展。

关于区域协调发展的研究，大多数是基于区域经济理论开展区域之间要素资源的配置、产业发展布局、交通一体化、生态环境保护等，区域内部地区之间的博弈与合作，以及区域均衡发展的策略与结果等方面的研究。京津冀协同发展战略实施以来，区域相关问题的研究逐渐增多，但是区域生态建设与低碳农业协调发展相关问题的研究较少见。

二、关于区域生态建设的研究

区域生态建设相关研究包含了各领域、各产业的生态优先、绿色发展理念与行为、低碳绿色发展理念与实践等方面的相关研究。

1. 特殊区域生态建设理论基础

马克思主义生态观倡导人与自然和谐共生，在马克思主义生态观指导下，生态环境改善产生的作用显著[22]。20 世纪 50 年代，西方国家发生的影响较大的生态危机使得越来越多的国外专家学者开始思考社会结构问题，尤其是生态问题得到社会各界越来越多的人关注[23]，生态环境保护法治体系建立的实践与学术研究也逐渐受到重视。

我国的生态环境保护法治实践与理论以长期以来生态环境与自然资源保护的实践与理论为基础。特别是习近平同志在中央和地方工作实践中形成的习近平生态文明思想对于全面推进生态文明建设，把生态文明建设有机地融入法治建设之中具有非常重要的理论意义和实践意义，并成为新时代生态法治建设的思想源泉和行动指南[24]。同时，习近平生态文明思想有着非常深厚的马克思主义生态理论或生态学基础，继承发展了马克思主义哲学视域下的人与自然辩证关系的思想[25]。

在马克思主义生态观指导下形成的生态保护与绿色发展理念的相关研究成果是特殊区域生态建设理论基础研究的重要依据。

2. 特殊区域生态系统绿色发展观

马克思和恩格斯在辩证唯物主义自然观和唯物史观中，深刻阐述了包括

“两个和解”的绿色发展内核、集约内涵的绿色发展意旨、循环利用的绿色发展方式、推动科学技术生态作用的绿色发展途径等一系列绿色发展意涵[26]。这些都为绿色发展和人类生态文明建设指明了方向，为形成绿色发展观与相关学术研究奠定了理论基础。山水林田湖草生态系统是一个生命共同体的生态伦理观、绿水青山就是金山银山的协同发展观、保护生态环境就是保护生产力的科学政绩观、良好的生态环境是最普惠的民生福祉的公平正义观[27]，便是对生态系统方法论的一种比较通俗的表达，反映了自然生态规律和生态学的方法、理论和原则[28]。这些研究成果对京津冀区域生态系统绿色发展具有指导作用。

绿色发展观的相关研究为特殊区域生态建设与现代低碳绿色农业产业经济协调发展研究提供了学术参考。

3. 生态优先发展理念指导人类的经济活动

生态优先发展成为经济行为的指导原则。人类经济活动就应置于生态本位论的基本框架中[29]，其自身的经济行为具有生态边界[30]。生态优先原则与经济优先原则相比，会通过绿色、循环和低碳发展等手段带来长远的生态红利[31]。

首都“两区”建设遵循生态优先、绿色发展理念。京津冀生态环境支撑区应构造绿色发展格局，获得预期稳定可持续的支撑力[32]，并建设全面改善环境的生态环境管理体系、构建绿色经济指向的生态产业体系、完善基于生态建设新活力的生态补偿机制三大促进体系[33]。张家口市承担首都“两区”建设重任，应遵循绿色奥运的理念，推进低碳经济示范区建设，实施最严格的环境治理，推行生态建设的“零碳”措施[34]。

生态优先、绿色发展原则指导人类各种活动的经济行为，这方面的研究也成为生态建设与现代低碳农牧业经营行为研究的基础。

4. “双碳”目标的实现促使农业产业经济可持续发展

碳达峰和碳中和即“双碳”目标的确立成为经济可持续发展目标的保障。碳达峰是二氧化碳排放轨迹由快到慢不断攀升、到达年增长率为零的拐点后持续下降的过程[35]。碳达峰目标不仅在一定程度上决定了排放轨迹和实现路径，也直接影响了碳中和实现的时间和困难程度[36]。中国二氧化碳排放增长与经济增长整体呈现从相关到脱钩的趋势[37]。碳达峰需同时满足碳生产率年提高率大于 GDP 的年增长率、单位能耗二氧化碳强度年下降率大于能源消费年增长率两个必要条件[38]。这些研究思路对本书所研究问题起到了启示作用。

农业产业发展与“双碳”目标的实现应当发挥互促作用。农业产业既具有碳汇的功能，在生产过程中也进行碳排放，张家口市传统农业增长模式面临的资源透支、环境污染、生态系统退化、质量安全风险等问题日益突出，成为制约农业可持续发展的关键因素[39]。通过优化结构，转变经营方式，减少农业碳排放[40]，增加农业碳汇功能，为实现“双碳”目标发挥更大作用。可以根据农作物产量、碳吸收率和经济系数计算碳汇[41]，同时，应用生态功能价值核算模型测算农业生态功能价值[42]。在综合分析农业生态功能价值与碳汇功能的基础上，通过比较为农业发挥生态功能价值、增强农业产业碳汇功能、降低碳排放策略提供依据。

关于生态建设、生态环保、低碳发展理念的理论与实证研究方法与研究思路为本书相关问题的研究提供了理论基础与实证论据，前人相关的研究结论与观点对相关问题的研究起到参考与启示作用。

三、关于区域水源涵养、生态环境支撑功能的研究

区域水源涵养功能与生态环境支撑功能是生态建设与生态环境保护的主要内容，而且区域水源涵养与生态环境支撑功能价值可以测算、能够计量。

1. 首都“两区”建设区承担着水源涵养功能

首都“两区”建设区张家口市承担着首都的水源涵养功能。专家对于特殊区域水源涵养功能的研究较多，如长江流域[43]水源涵养问题研究，其他特殊区域水源涵养问题的对策[44-46]探讨，以及区域或地区水源涵养功能价值测算[47]。关于京津冀区域的水源涵养问题，早在2008年就有专家从京津水源涵养区存在的环境问题出发，估算了不同类型生态系统的生态需水量[48]，从植被系统、湿地系统、河流系统和城市系统来看，京津地区的水资源压力越来越大，水资源短缺已经成为制约京津地区发展的重要因素，对优化京津水源涵养功能区建设策略的探讨[49]成为研究重点。有专家从机构建设、专项基金建立、特殊财政支持和统一规划制定等方面提出了环首都水源涵养区水资源协调发展对策与建议[50]。这些研究视角和结论为本研究提供了参考。

2. 首都“两区”建设区承担着生态环境支撑功能

首都“两区”建设区承担着首都的生态环境支撑功能。对于京津冀生态环境支撑区建设问题，有专家从宏观、中观和微观不同层面提出建议[51]，有专家研究认为京津冀生态环境支撑区应构造“一城四带”绿色发展格局，便于获得预期稳定可持续的支撑力[32]。

河北省生态支撑区应该建设全面改善环境的生态环境管理体系、构建绿色经济指向的生态产业体系、完善基于生态建设新活力的生态补偿机制三大促进体系[33]。针对京津冀区域生态环境保护问题的研究结论均使本研究得到启发。专家们对水源涵养功能价值和生态功能价值的核算方法为本书的农田生态功能价值的核算和水源涵养功能价值的核算提供了参考。

四、关于生态环境保护的研究

习近平总书记在 2016 年提出长江经济带要走“生态优先、绿色发展”之路，这既为特殊区域社会经济发展树立了发展理念，又为区域生态与经济协调发展指明了路径。因此生态环境保护方面的研究较多。

1. 生态环境保护是人类经济可持续发展的保障

在发展经济的过程中，人类经济活动就应置于生态本位论的基本框架中[29]，生态优先应该作为发展原则，人类经济活动的生态合理性优先于经济和技术的合理性，加快转变经济发展方式必须肯定生态保护的优先位置[52]。生态优先原则与经济优先原则相对，体现为生态规律优先、生态资本优先和生态效益优先，其中优先保护长远的生态效益，通过绿色、循环和低碳发展等手段带来“经济结构优化、生态环境改善、民生建设提升”等长远的生态红利，实现对短期经济效益和社会效益损失的抵补[31]更重要。生态系统要求人们从整体性视角认识生态系统及人与自然的关系，意识到自身的经济行为具有生态边界并加以自我约束，按照生态伦理的要求选择行为模式[30]。生态环境保护与农业生态建设是区域产业发展的环境保障，也是促进农业绿色发展的理论依据。

2. 生态功能价值可以用量化模型进行评价

首都“两区”建设区承担着生态环境支撑功能和水源涵养功能。生态环境支撑功能可以用生态环境服务功能价值来衡量。生态环境的经济价值是物化在生态经济系统某种物质中社会必要劳动的表现[53]，生态环境的价值可以用生态系统服务功能价值进行核算，生态系统服务是指人类通过生态系统的各种功能直接或间接得到的产品和服务[54]，生态系统服务功能价值常用当量因子核算方法[55]进行核算。专家们对一些地区的生态系统价值的具体核算[56-57]为本书的相关研究提供了参考。

首都“两区”建设区承担水源涵养功能可以用水源涵养功能价值来衡量，水源涵养功能价值也可以测算[47]。京津水源涵养区不同类型生态系统的生态需水量[48]不同，环首都水源涵养区应当从机构建设、专项基金建立、特殊财政支持和统一规划制定等方面保持水资源协调发展[50]。同时，在一个特殊区域可以用生态位来表示自然生态系统的多功能关系[58]，此外，在生态产品价值核算的基础上，生态产品的价值实现需要通过运用市场和政府的手段进行制度安排[59]。这些研究结论为本研究提供了参考。本书对京津冀区域首都“两区”建设区的生态功能价值进行了测算与评价。

依据上述研究成果分析，冀北地区张家口市的生态建设成为京津冀区域的重点工程，传统农业增长模式面临的资源透支、环境污染、生态系统退化、质量安全风险等问题日益突出，成为制约农业可持续发展的关键因素[49]。要解决这些矛盾，可以通过财政资金主导作用与配套政策支持，对重点水利、水源工程、森林工程、土地整治等生态补偿项目进行投资，结合项目管理模式、资源禀赋、监督机制等要素建立政府—企业—环保协会—农户在生态环境保护中的协作机制[60]。对于受资源约束区域的农业发展还需要强化科技支撑，培育绿色产业链，并建立生态经济补偿机制协调区域关系[61]。这些研究结论为本研究提供了参考。

第二节　低碳农业发展相关研究

区域低碳农业发展的相关研究包含的内容较多，有特色农业、绿色农业、生态农业、低碳农业等经营模式的相关研究，还有农业结构调整、新型农业经营主体、农业一二三产业融合、现代农业创新方面的相关研究等。

一、关于区域特色农业发展的研究

基于本书研究对象为首都“两区”建设区生态建设与低碳农业协调发展机制，研究区的低碳农业发展离不开区域的特色农业。特色农业发展主要依赖于区域自然条件等的特殊性，相关研究涉及特色农业产业、区域特色农产品与特色农产品优势区建设等。

1. 区域农业产业发展要将传统农业转变为现代特色农业

特殊区域农业产业发展要将传统农业转变为现代特色农业。21 世纪初就有专家提出发展特色农业是地区优势选择的结果[62]。特色农业发展问题研究多集中于地区品牌农业建设[63]、国外品牌农业营销[64]等问题研究，个别专家对河北省沿海地区特色农业产业集群类型和形成机制[65]、冀南地区特色农业产业融合[66]等问题进行了研究。党的十九大提出促进农村一二三产业融合发展。农业产业融合问题研究多见于国外经验借鉴[67-69]，以及基于乡村振兴角度的产业融合等问题的研究。在一个区域内特色农业集群在向产业高端转型升级的过程中，只有加强集群内部企业、政府与高校三方面的协作创新，才能带动集群突破高碳锁定，向农业现代化、低碳化转型升级[70]，而农业产业特色挖掘不够、农产品附加值低等问题影响农业绿色低碳发展的行为决策[71]。

2. 特色农产品优势区建设促进区域特色农业发展

特色农产品优势区建设可以促进区域现代特色农业发展。特色农业一般都具有区域特色，其农产品均具有区域优势，不同的农产品具有相应的特色农产品优势区。对特色农产品优势区的研究较早的有农产品优势区的类别划分，如有依据农产品区域优势、资源优势、产品优势和市场优势等宏观条件来确定优势农产品的优势种类和区域的[72]；有根据资源禀赋比较优势理论将农业区域细分为农产品优势产业区、特色区和专业区的[73]；还有采用分层聚类分析法进行聚类分析划分土地利用类型区的[74]。目前特色农产品优势区主要是基于资源禀赋、产业规模、品牌价值、市场号召力、生产传统等要素综合考虑的特定区域[75]。区域特色农业的发展符合绿色低碳农业产业体系构建的需求。

二、关于绿色低碳农业的研究

绿色低碳农业的相关研究包括生态优先、绿色发展的农业产业相关研究，绿色低碳农业发展还涉及农业结构调整的相关研究等。

1. 低碳农业首先应该呈现现代绿色农业的特征

低碳农业首先应该呈现现代绿色农业的特征。绿色农业含义有不同的表述，但是大多注重科学技术，联合国环境署推荐的绿色农业技术是通过产前增加资源可持续利用的投入、产中提高资源利用效率、产后产品存储和加工减少食物变质和损失等技术。现代绿色农业在我国起步较晚、发展较快，2011年绿色农业倡导者和企业共同发起成立了中国绿色农业联盟。农产品生产与加工企业联合，通过建设产业的绿色农业生产模式，提高农产品质量安全的自我发展、自我约束机制的水平，推动绿色农业研究、示范、推广工作的发展[76]。

本书研究的现代绿色农业遵循生态优先、发展绿色经济理念。绿色经济是一种提高人类福祉和社会公平，同时显著减少环境风险和生态稀缺性的经济[77]。在优先考虑生态建设的原则下，京津冀区域面临生态建设与农业产业发展竞争资源的新矛盾，构建怎样的现代绿色农业产业经营体系，如何建立区域协同发展、政企农行为目标协调一致、生态建设与农业产业经济协调发展的机制，以及选择哪些途径实现协调发展成为亟待解决的新问题。因此，现代绿色农业政企农协调发展机制是基于生态优先理念，充分发挥区位、资源、产业优势条件，协调各类主体的行为目标，构建现代绿色农业产业经营体系，建立现代绿色农业协调发展有效机制，寻找现代绿色农业发展途径，以便达到提高农业综合生产能力，减少负外部性、增加正外部性，实现生态效益和经济效益双赢的目的。相关问题的研究具有现实意义。

伴随着经济的发展，环境污染与资源耗竭问题越来越突出[78]，一般将化肥、农药和农膜的碳排放量作为衡量农业绿色发展的指标[79]。美国、欧盟和日本等国家通过制定绿色经济发展战略，将“绿色”发展纳入政策考虑范围[80]，绿色产业发展要通过政策干预在内化环境外部性成本的同时实现经济的可持续性增长[81]，如政府实行的农业补贴对农户增加化肥、农药和农膜投入有显著的激励效应[82]，除此之外，政府还应该为绿色农业发展提供公共服务[83]。同时，绿色农业企业是绿色农业生产中的主力军，它统领全局，一只手连接着生产基地及农户，另一只手连接市场，企业通过多种方式与种植户对接，还为农民提供技术服务[84]。从市场需求来看，有越来越多的消费者愿意用较高的溢价支持农户从事绿色低碳生产[85]。绿色农业发展较好的国家普遍采取以宏观农业政策和完善的法律制度为先导，通过政府财政投入的杠杆性引导带动作用，将政策性、合作性、商业性投融资机构有机融合，发挥政府和市场的协同效应[86]。

此外，通过种养结合的循环经济模式确保农业生态平衡[87]成为农业绿色发展很好的经验。京津冀协同发展包括产业转移对接协作是京津冀协同发展的实体内容和关键支撑[2]，拓展京津冀区域发展新空间要重点考虑经济增长潜力、区位条件、生态环境状况和国家政策等方面的因素[3]，“十四五”时期京津冀协同发展要坚持新发展理念，通过深化体制机制改革、实施区域治理模式创新等途径促进区域一体化发展取得更大的进展[88]。区域农牧业结合经营、发展生态农业都符合绿色发展的原则。

2. 绿色低碳农业发展需要优化农业结构

区域绿色低碳农业发展需要优化农业结构。京津冀区域首都“两区”建设区张家口市属于内蒙古高原南缘的农牧交错区域，也是北方农牧交错区的一部分。早在20世纪初，学者们就提出并界定农牧交错带的概念[89]，随后对其地理区位、农业区划、农牧业生产等问题进行了研究，认为研究区为典型的“生态环境脆弱带”[90]。首都“两区”建设区张家口市作为特殊的生态经济复合系统，由于水资源短缺，大规模发展粮食与蔬菜等耗水型作物栽培受限，适宜牧草生长发育，粮食（小麦与莜麦）产量在1 500千克/公顷左右，牧草（草木樨和沙打旺）产量在8 250～15 750千克/公顷[91]。因其资源与产业优势，应当发展增收型、资源节约型和生态保护型的“农牧业纵横一体化”经营模式[92]，在农耕地实施“粮＋经＋饲＋草”结构[93]，通过优化农业结构、发展绿色农业，达到减少农业碳排放的目的。

绿色低碳农业与农业结构调整的相关研究成果为京津冀区域发展低碳农业与生态农业结构调整的研究提供了参考资料。

三、关于农业经营主体与经营模式的研究

农业经营主体与经营模式的相关研究包括农业经营主体的类型相关研究、农业经营模式类型与现代农业模式相关研究，以及现代农业评价相关研究等。

1. 绿色低碳农业发展离不开农业经营主体的行为选择

绿色低碳农业发展离不开农业经营主体。目前农业经营主体与组织呈现多样化特征，大多数学者认为培育专业大户、家庭农场、农民专业合作社、农业企业等新型主体[94]对提高专业化、标准化、规模化、集约化经营水平

起重要作用[95]，也是现代农业的必然选择。通过比较现代农业与传统农业经营方式，其差异主要表现在专业化、规模化、区域化、标准化、社会化、组织化程度等方面[96]。所以，发展现代农业，需要注入现代生产要素，创新农业经营组织[97]，创新农业社会化服务体系[98]，进而推进农业专业化、市场化和社会化发展。

2. 低碳绿色农业经营主体对农业经营模式的选择是理性行为

低碳绿色农业经营主体对农业经营模式的选择是理性行为。现代农业是相对于传统农业而言的，现代农业是在功能与结构、经营方式、产业体系等方面与传统农业之间存在区别[99]。发达国家的现代农业发展较早，表现为以提高土地单位面积产量和种植高附加值农产品发展现代农业、以大量使用农业机械来提高农业生产率和农产品总产量发展现代农业、以农业制度变革和技术变革发展现代农业等形式[100]。要实现传统农业向现代农业转变的目标，必须由传统第一产业观念向大农业观念转变；由单一功能形式向多元化功能形式转变；由单一农户向合作组织形态转变[101]。农业经营主体对低碳农业、绿色农业的选择行为都是理性的，因而其行为目标要实现利益最大化。

四、关于生态农业的研究

生态农业相关研究包括生态优先、绿色发展是生态农业发展相关研究，生态农业经营行为与制度的相关研究等。

1. 生态优先是农业产业发展的指导原则

生态优先、绿色发展是生态农业发展的指导原则。伴随着经济的发展，环境污染与资源耗竭问题越来越突出[78]，农业环境污染是“三农”问题的突出短板[102]，因此，农业产业应将生态优先、绿色发展作为指导原则。一般将化肥、农药和农膜的碳排放量作为衡量农业绿色发展的指标[79]，因此，减少碳排放，发展绿色经济，能够减少环境风险和解决生态稀缺性问题[77]。

生态农业是农业产业发展的必然趋势。生态农业是一个农业生态经济复合系统，是将农林牧副渔各业、种养加销游各环节综合起来的大农业，并使传统农业生产向生态绿色发展的方向进行转变[103]，通过种养结合的循环经济模式确保农业生态平衡[87]成为生态农业发展很好的经验。从市

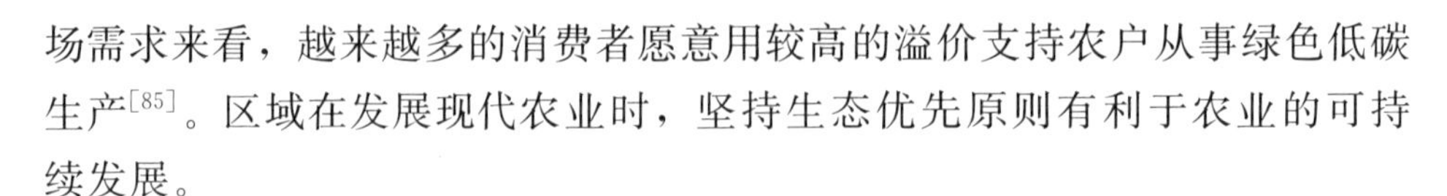

场需求来看，越来越多的消费者愿意用较高的溢价支持农户从事绿色低碳生产[85]。区域在发展现代农业时，坚持生态优先原则有利于农业的可持续发展。

2. 生态农业经营行为选择与制度

经营主体对生态农业模式的选择基于增收目标。经营主体选择农业经营形式基于经营收益最大化目标，而生态农业模式采纳对提高农业收入有显著的影响，如生态种养模式的采纳建立在较高的经济效应和易用性认知基础上，其在农村的推广和应用符合当前农民增收的宏观政策目标[104]；又如休耕政策能实现改善农业生态环境与促进农户增收的双赢目标，休耕使当地农业生态环境综合水平提升了4.40%，使农户总收入提高了18.10%[105]。

制度、政策是经营主体决策的主要影响因素。绿色农业和生态农业发展较好的国家普遍采取以宏观农业政策和完善的法律制度为先导，将政策性、合作性、商业性投融资机构有机融合，发挥政府和市场的协同效应[86]，如美国、欧盟和日本等国家通过制定绿色经济发展战略，将绿色发展纳入政策考虑范围[80]。因此，绿色产业发展要通过政策干预在内化环境外部性成本的同时实现经济的可持续性增长[81]。这些研究成果与文献资料都为本研究提供了参考。

第三节　生态建设与产业经济协调发展相关研究

区域生态建设与产业经济协调发展相关文献包括关于生态经济与低碳经济的相关研究、生态建设与农业产业经济协调发展相关研究和区域生态建设与产业经济协调发展相关研究等。

一、关于生态经济与低碳经济的研究

1. 生态经济与低碳经济发展的理论基础

生态经济、循环经济、绿色经济和低碳经济本质内涵相同、理论基础相同、追求目标相同，其理论涉及多个学科领域，包括生态学、系统学等自然学科以及经济学、管理学、伦理学等社会学科，其中最主要的指导原理是生态学和经济学。四类经济都是从结构和机制入手，针对的问题均是相对于传

统的落后经济发展模式，强调的经济形态以环境友好、资源节约、生态平衡为特征，主张减少资源消耗，保护环境，实现人与自然和谐的可持续发展[106]。由于自然资源是经济系统进行生产的物质基础，供给不足必将成为经济增长的制约因素[107]。因此，生态优先、绿色发展成为经济增长必须遵循的原则。

2. “双碳”目标成为农业可持续发展目标的保障

“双碳”目标包括碳达峰与碳中和两个目标。碳达峰目标不仅在一定程度上决定了排放轨迹和实现路径，也直接影响了碳中和实现的时间和困难程度[36]。

中国二氧化碳排放增长与经济增长整体呈现从相关到脱钩的趋势[37]。碳达峰需同时满足碳生产率年提高率大于 GDP 年增长率、单位能耗二氧化碳强度年下降率大于能源消费年增长率两个必要条件[38]。

张家口市传统农业增长模式面临的资源透支、环境污染、生态系统退化、质量安全风险等问题日益突出，成为制约农业可持续发展的关键因素[39]。通过优化结构，转变经营方式，减少农业碳排放[40]，增加农业碳汇功能，使农业产业为实现“双碳”目标发挥更大作用。可以根据农作物产量、碳吸收率和经济系数计算碳汇[41]，通过核算，对农业生态环境功能价值进行比较，为找到农业发挥生态功能价值、降低碳排放路径提供依据。

这些研究成果为本书对京津冀区域首都“两区”建设区绿色低碳农业、生态农业的相关研究提供了借鉴与学术参考。

二、关于生态建设与农业产业经济协调发展的研究

生态建设与农业产业经济协调发展相关研究包含生态建设与经济建设协调发展关系相关研究、生态农业是农业产业的发展趋势相关研究和生态建设与产业经济协调发展问题相关研究等。

1. 在自然生态系统中生态与经济应当协调发展

在自然生态系统中生态建设与经济建设应当协调发展。20 世纪初随着生产力迅速提高、世界经济快速发展，环境和生态危机也加剧，“生态经济学”的概念相继被提出。1987 年世界环境与发展委员会出版了《我们共同的未来》，1992 年联合国环境与发展大会通过了《里约环境与发展宣言》

《21世纪行动议程》等强调经济发展和环境保护协调发展的报告。

1994年中国发布的《中国21世纪议程》确立了可持续发展主题，自此生态经济学倡导的生态与经济协调发展成为国家发展战略与方针的指导原则。该类问题是一个值得永久探索和研究的问题。所以，本研究选题在京津冀协同发展背景下，研究首都“两区”建设区生态建设与产业经济协调发展问题，在国家生态环境治理与保护层面具有典型性，对于解决生态环境保护与产业经济发展的矛盾，并将生态建设与经济发展放在同等地位进行研究较具前沿性。政府监管行为和企业投资行为对发展生态经济有重要影响，发展生态经济离不开政府的宏观调控和企业的具体行为选择[108]，也离不开相关法律制度的规制。

“生态”与“经济”协调发展是区域可持续发展的永恒命题。关于生态文明的定量研究，目前仍然处于非常薄弱的阶段，因此，如何从定量角度入手，建立具有区域特色的可操作的评价指标体系，进而纳入地方发展的绩效考核中，应该是未来一段时期内的研究重点和攻关方向[109]。生态经济系统整合模型的研究将生态的、经济的、社会的以及生物物理模型整合在可持续发展框架中，考查生态系统与经济系统之间的相互作用和反馈关系[110]。农业经营主体是农业生产的基本单元，开展农业经营主体的农业生态经济效率评价是控制农业面源污染、实现农业科学经营的关键[111]。但是农业生态产品的供给具有正外部性，需要生态补偿机制来调控。生态补偿是为了达到保护生态的目的，国家通过制度安排，对生态产品提供者给予的经济补偿[112]，并建立生态产品价值实现专项基金，为生态产品生态补偿提供资金保障[113]，该补偿手段或补偿机制需要配套制度体系加以保障。

2. 生态农业是农业产业的发展趋势

社会发展进入产业经济发展高级阶段以后，依赖于传统能源消费的经济增长往往带来巨大的碳排放[114]，生态文明将全面渗透到人类社会的各个领域[115]。如沙产业理论的发展经历了农业型沙产业理论、生态型沙产业理论、生态经济型沙产业理论和知识密集型沙产业理论四个阶段[116]。同时，林业经济发展的同时，也带来生态效益的提高，如合适的林下经济模式不仅可以有效地带来可观的经济效益，而且可以提高林下土壤肥力以及改良土壤物理性质，从而实现生态经济学的核心内涵——生态效益与经济效益双丰收[117]。

类似于首都“两区”建设区的半干旱地区脆弱的生态条件，在理论和实践上都不允许进行反复的耕翻种植，从资源特征和生态安全的要求出发调整其产业结构，协调生态、经济和社会效益的关系，获得农业资源耦合效益的最大化和可持续发展，农林牧复合经营的高效生态农业模式是半干旱地区农业和农村经济可持续发展的主导战略[118]。有些地区由于农业产业发展结构不合理等，农业存在严重的生态赤字，生态经济发展不协调，供需矛盾突出，供需结构呈明显不对称性。农业产业发展经历了生态农业、化学农业到生态农业的变迁，生态农业是起点也是终点[119]。而农业循环经济就是把循环经济理论应用于农业系统，以生态学、生态经济学和生态技术学原理及其基本规律作为指导，在农业生产过程中和产品生命周期中减少自然资源、物质的投入量和废弃物的排放量，实现“投入品—产出物—废弃物”的循环综合利用，最终采用农业经济和生态环境效益相统一的新型农业发展模式[120]，实现生态效益和经济效益双赢的目的。

3. 生态建设与产业经济应当协调发展

生态建设与产业经济协调发展程度可以量化分析。生态建设综合评价也各有侧重，如对草原生态系统应用频度分析法、专家咨询法、层次分析法有机结合建立8项元素指标体系进行评价[121]，对农业生态环境质量采用层次分析法，有的专家将指标设置为4层28个指标[122]进行评价，也有对农业经营主体生态经济效率运用数据包络分析方法构建指标体系[109]进行评价，还有对区域资源环境承载力应用熵权TOPSIS模型进行评价的[123]。这些方法为该研究涉及的农业生态功能价值核算、产业经营绩效核算评价方法提供了参考。

三、关于区域生态建设与产业经济协调发展关系的研究

区域生态建设与产业经济协调发展关系的相关研究包括区域生态与经济协同发展关系相关研究、生态与经济协调发展问题相关研究等。

1. 京津冀区域生态与经济应当协同发展

基于京津冀协同发展战略机遇，研究区必须做好主导产业遴选，确定本区域内产业布局，同时与乡村振兴战略实施等共相融合，便于在京津冀经济增长极中取得经济增长、生态环境保护等多目标实现[124]。依据区域资源环境承载能力和主体功能定位，以及基于生态经济功能区划的基础理论及原

则，合理确定了区域的生态经济功能分区[125]。通过因地制宜选择适合本地区的农作物种类达到生态与经济的平衡，实现农业产业的升级和结构调整[126]。据京津冀地区现实存在的生态基础薄弱，生态保护利益关系协调机制缺失，以及协调机构不健全等问题[127]，尤其是在京津冀区域首都“两区”建设区应当把握生态建设功能区与农业产业的合理布局与发展重点。

随着生态的日益恶化与自然资源的紧缺，我国欠发达地区正面临着环境保护与加快发展的双重挑战，在严峻的形势下欠发达地区选择正确的经济发展模式显得尤为重要。生态经济发展模式是欠发达地区摆脱“先污染后治理”模式束缚、实现可持续发展的必由之路[128]。因此，首都“两区”建设区低碳农业发展要遵循“生态优先、绿色发展”的原则。

在经济建设中，要想保持经济持续、协调、稳定发展，必须按自然规律和客观经济规律办事，实施可持续发展战略，追求人口、经济、资源和环境相互协调发展。所以，特殊区域必须坚持生态优先、绿色发展的理念，在乡村振兴战略实施大背景下，建设生态示范园区、生态农林场、生态村、生态乡、生态镇[129]等。应该加快产业结构的调整，使低经济效应和低生态效应的产业向高经济效应和高生态效应的产业转变[130]，尤其是农业产业的结构调整要以生态建设与生态保护为指导原则。

2. 农牧业生态与经济应当协调发展

经济与环境冲突成为地区经济增长的制约因素，产业结构调整是实现绿色发展的重要途径，区域农牧业生态经济应当建立草-畜-田的耦合[131]发展体制，草畜业之间生态经济应当耦合协调[132]发展，有专家利用层次分析—熵值组合赋权法和耦合协调度模型[133]进行耦合协调度测算，也有对区域经济—生态环境—旅游产业耦合协调进行评价[134]的。这些文献对首都“两区”建设区生态建设与低碳农业协调发展问题研究具有借鉴价值。

四、关于生态建设与农业产业经济协调关系的研究

京津冀区域首都“两区”建设区生态建设与农业产业经济协调发展关系的相关研究包括生态建设的相关研究、农业产业的相关研究，以及生态建设与产业经济协同关系的相关研究等。

1. 京津冀区域协同发展与区域特色资源和产业相关

从上述京津冀区域生态建设与农业产业经济协调发展关系相关研究文献来看，对于京津冀区域的研究多见于不同领域协同发展问题，近年来，对于京津冀水源涵养区与生态环境支撑区的研究文献在逐渐增多，这些研究成果均为本课题研究提供了理论依据与实证基础。但是对于首都“两区”建设背景下张家口市如何构建现代绿色低碳农业产业体系、实现“两区”建设宏伟目标的具体措施与对策还没有系统的研究成果，因此本书所研究的问题顺应了首都“两区”建设产业与资源节约、生态环境保护兼顾问题亟待解决的需求。

同时，京津冀区域首都“两区”建设区相关文献大多集中于应用生态学、地理学等原理对农业区划、生态、资源和经济协调发展的合理性或必要性进行研究，即使有少数对农牧业结构进行研究的也多见于经营效益测算，很少运用经济学原理对农牧业结构的资源配置、生态效益等问题进行理论分析。本研究在前人提供科学依据与实践资料的基础上，立足于研究区区位、资源与产业特征，基于结构调整背景，应用经济学理论与经济学研究方法深入研究了农牧系统资源合理配置、生态环境良性运行模式、农牧业规模经营体系、生态经济耦合协调发展的有效机制，具有新意。

由于受到行政区划的制约，京津冀三省市的农产品市场、要素市场，以及生态建设的优势互补作用远远没有发挥，这给京津冀区域首都“两区”建设区的生态建设、农业经营体系创新、发展现代绿色低碳农牧业提出了新的课题。

2. 首都“两区”建设区生态建设研究主要涉及生态环境支撑功能

首都“两区”建设区的生态建设相关文献大多集中于生态环境支撑功能、水源涵养功能的定性描述与定量测算，很少有对该特殊区域在首都“两区”建设的同时，如何发展现代农业、如何调整农业结构、如何实现“双碳”目标，以及选择何种绿色低碳农业模式、采取什么策略、构建哪些机制等问题的研究。本研究顺应了京津冀区域协同发展、张家口首都“两区”建设、“双碳”目标实现的要求。本研究围绕发展低碳农业、提高农业生态环境功能价值，加快转变农业发展方式，深入推进农业结构调整，构建现代农业产业综合经营体系，建立区域生态建设与农业产业协调发展机制，探索经济欠发达地区生态优先的农业发展途径。研究结论与对策建议具有实践指导作用。

3. 京津冀区域低碳农业产业研究与绿色发展理念相关

从绿色低碳农业的相关研究文献来看，对京津冀区域不同领域协同发展问题的研究逐渐增多，这些研究成果均为本研究提供了理论依据与实证基础，使本研究得到启发。但是基于生态优先理念的京津冀区域绿色低碳农业协同发展有效机制建立的相关问题还没有较系统的研究成果，近年来也没有相同问题研究的高级别项目立项，因此本研究顺应了生态建设与农业产业兼顾等问题亟待解决的客观需求。

对绿色低碳农业中特色农产品优势区问题的相关研究文献也较少，而且大部分的研究都与特殊区域相关，体现地区的区位、地理环境、资源、气候、土壤，以及其他自然条件。同时，从已有的京津冀区域特色农业相关文献来看，对于京津冀区域特色农业三产融合与特色农业协同发展的研究文献较少，该研究以区域特色农业产加游三产融合经营为切入点进行深入研究，研究选题与角度具有特色。

本章小结：本章对关于京津冀区域协同发展的研究，关于区域生态建设的研究，关于区域水源涵养、生态环境支撑功能的研究，关于生态环境保护的研究等区域生态建设的相关文献进行梳理，以及对关于区域特色农业发展的研究、关于低碳绿色农业的研究、关于农业经营主体与经营模式的研究、关于生态农业的研究等区域低碳绿色农业发展相关文献进行梳理。通过梳理这些文献为本研究提供了参考。

同时，对生态经济与低碳经济的相关研究、生态建设与农业产业经济协调发展相关研究、区域生态建设与产业经济相关研究等生态建设与产业经济协调发展相关文献进行了梳理，并对生态建设与产业经济协调关系相关研究进行了客观评价，通过评价可以了解已有的相关研究成果的研究脉络、对相关问题研究的贡献，以及相关研究领域的不足。此外，相关研究文献梳理为京津冀区域首都“两区”生态建设与低碳农业产业经济协调关系的研究提供了研究视角的选择依据、相关理论基础、相关问题的核算与计量方法，以及实证依据。

参考文献：

[1] 李惠茹，杨丽慧．京津冀生态环境协同保护：进展、效果与对策 [J]. 河北大学学报

（哲学社会科学版）. 2016 (1)：66 - 71.
[2] 刘建梅．基于京津冀协同发展的碳税与碳排放权交易协调应用机制设计［J］．经济体制改革．2020 (6)：73 - 80.
[3] 马燕坤．京津冀拓展区域发展新空间研究［J］．区域经济评论．2020 (6)：80 - 93.
[4] 孔德忠，师蕊．京津冀一体化对河北人才区域分布的影响［J］．社会科学论坛，2011 (4)：234 - 238.
[5] 武星，贾姗姗．京津冀区域人才一体化的协调发展研究［J］．人才资源开发，2017 (11)：19 - 21.
[6] 孙海义，鲁明珠．基于京津冀协同发展的高校人才培养模式探索［J］．产业与科技论坛，2016，15 (14)：173 - 174.
[7] 张耀华，田磊．基于京津冀一体化的天津干线公路网容量配置研究［J］．天津建设科技，2011 (3)：61 - 62.
[8] 王佳，张文杰．"十二五"期间京津冀区域旅游经济一体化增长格局研究［J］．燕山大学学报（哲学社会科学版），2012，13 (2)：88 - 91.
[9] 孙群力，罗艳，陈平．京津冀城市群财政支出效率研究［J］．审计与经济研究，2016，31 (1)：102 - 109.
[10] 王凤娇．金融支持京津冀协同发展产业升级转移分析［J］．河北经贸大学学报（综合版），2015，15 (3)：101 - 104.
[11] 李延军，李海月，史笑迎．京津冀区域金融集聚的空间溢出效应及影响路径［J］．金融论坛，2016，21 (11)：20 - 29.
[12] 王军，李逸波，何玲．基于生态补偿机制的京津冀农业合作模式探讨［J］．河北经贸大学学报，2010 (3)：74 - 78.
[13] 刘梦圆，曾思育，孙傅，等．京津冀地区水生态系统服务演变规律及其驱动力分析［J］．环境影响评价，2016，38 (6)：36 - 40.
[14] 臧学英，王坤岩．京津冀循环产业协同创新体系研究［J］．理论学刊，2018 (2)：69 - 77.
[15] 张贵，薛伊冰．协同论视阈下京津冀区域公共服务协同发展研究［J］．天津行政学院学报，2018，20 (5)：19 - 28.
[16] 刘玉，刘彦随，陈玉福，等．京津冀都市圈城乡复合型农业发展战略［J］．中国农业资源与区划，2010 (4)：1 - 6.
[17] 王俊凤，崔永福，路剑．关于京津冀区域农业协调发展的探讨［J］．农业科技管理，2008 (8)：24 - 27.
[18] Russell Cooper，Andrew John. Coordinating coordination Failures in Keynesian Models［J］. The Quarterly Journal of Economics，1988，102 (3)：441 - 463.
[19] 朱文晖．走向竞合：珠三角与长三角经济发展比较［M］．北京：清华大学出版

社，2003.
[20] 青木昌彦．比较制度分析 [M]. 周黎安，译．上海：上海远东出版社，2001.
[21] Riechmann Thomas, Weimann Joachim. Competition as a coordination device: Experimental evidence from a minimum effort coordination game [J]. European Journal of Political Economy, 2008, 24 (2): 437-454.
[22] 刘子婧．马克思主义生态文明思想探究：评《马克思共同体思想的哲学研究》[J]. 中国教育学刊，2022 (6): 119.
[23] 梁天驰．新时代我国生态文明法治建设问题研究 [D]. 锦州：渤海大学，2019.
[24] 莫纪宏．论习近平新时代中国特色社会主义生态法治思想的特征 [J]. 新疆师范大学学报（哲学社会科学版）：2018, 39 (2): 22-28.
[25] 郇庆治．论习近平生态文明思想的马克思主义生态学基础 [J]. 武汉大学学报（哲学社会科学版），2022, 75 (4): 18-26.
[26] 张帆，王丹．马克思恩格斯绿色发展思想及其当代价值 [J]. 学术探索，2022 (7): 8-15.
[27] 蔡守秋．从综合生态系统到综合调整机制：构建生态文明法治基础理论的一条路径 [J]. 甘肃政法大学学报，2017 (1): 29.
[28] 吕忠梅．习近平新时代中国特色社会主义生态法治思想研究 [J]. 江汉论坛，2018 (1): 18-23.
[29] 刘思华．论以生态为本位的科学依据与理论框架 [J]. 中南财经政法大学学报，2002 (4): 3-9, 142.
[30] 李嵩誉．生态优先理念下的环境法治体系完善 [J]. 中州学刊，2017 (4): 62-65.
[31] 庄贵阳，薄凡．生态优先绿色发展的理论内涵和实现机制 [J]. 城市与理论研究，2017 (1): 13-21.
[32] 牟永福．“京津冀生态环境支撑区”的生态价值及其战略框架 [J]. 治理现代化研究，2019 (1): 90-96.
[33] 王海英，牟永福．河北省生态环境支撑区三大促进体系建设 [J]. 绿色科技，2017 (6): 224-226.
[34] 张迪妮，李磊．冬奥会：“京津冀生态环境支撑区”建设的契机和抓手 [J]. 重庆大学学报（社会科学版），2018 (3): 38-45.
[35] 庄贵阳，窦晓铭．新发展格局下碳排放达峰的政策内涵与实现路径 [J]. 新疆师范大学学报（哲学社会科学版），2021, 42 (6): 124-133.
[36] 王金南，严刚．加快实现碳排放达峰推动经济高质量发展 [N]. 经济日报，2021-01-04 (1).
[37] 刘杰，刘紫薇，焦珊珊，等．中国城市减碳降霾的协同效应分析 [J]. 城市与环境研究，2019 (4): 80-97.

[38] 何建坤，滕飞，齐晔．新气候经济学的研究任务和方向探讨 [J]. 中国人口·资源与环境，2014 (8)：1-8.
[39] 王飞，石祖梁，王久臣，等．生态文明建设视角下推进农业绿色发展的思考 [J]. 中国农业资源与区划，2018，39 (8)：17-22.
[40] 金书秦．实现碳达峰农业要坚持走绿色发展之路 [N]. 中华工商时报，2020-12-29 (3).
[41] 李克让．土地利用变化和温室气体净排放与陆地生态系统碳循环 [M]. 北京：气象出版社，2000.
[42] 王磊，胡韵菲，崔淳熙，等．北京市农业生态价值评价研究 [J]. 中国农业资源与区划，2015，36 (7)：58-62.
[43] 董伟，蒋仲安，苏德，等．长江上游水源涵养区界定及生态安全影响因素分析 [J]. 北京科技大学学报，2010，32 (2)：139-144.
[44] 赵小龙．辽宁省水源涵养区生态环境问题及对策研究 [J]. 水利规划与设计，2016 (9)：16-18.
[45] 王顺彦，周晓雷，陈道军等．祁连山北坡水源涵养区 2012 年生态足迹研究 [J]. 中国人口·资源与环境，2015，25 (5)：628-632.
[46] 郝文渊，杨培涛，卢文杰．生态补偿与黄河水源涵养区可持续生计：以甘南牧区为例 [J]. 绵阳师范学院学报，2009 (2)：100-104.
[47] 陈山山，周忠学．西安都市农业水源涵养功能测评 [J]. 干旱区地理，2014，37 (3)：579-586.
[48] 解立远．京津水源涵养区生态需水量的估算研究 [J]. 地下水，2008 (1)：100-106.
[49] 詹浩菩，于自新，柴健．关于京津水源涵养功能区建设的优化策略分析 [J]. 农业经济与科技，2016 (16)：67-68，75.
[50] 杨邦杰，严以新，高吉喜，等．环首都区域水资源协调发展现状分析与对策 [J]. 中国发展，2012 (4)：1-6.
[51] 罗振洲，赵英博．河北省建设京津冀生态环境支撑区研究：基于京津冀协同发展视角 [J]. 经济论坛，2016 (2)：16-19.
[52] 苑琳，武巧珍．实施生态优先原则、推动经济发展方式转变 [C] //中国《资本论》研究会．全国高等财经院校《资本论》研究会 2010 年学术年第 27 届学术年会论文集，石家庄，2010：208-211.
[53] 刘思华．生态经济价值问题初探 [J]. 学术月刊，1987 (11)：1-7.
[54] 谢高地，鲁春霞，肖玉，等．青藏高原高寒草地生态系统服务价值评估 [J]. 山地学报，2003，21 (1)：50-55.
[55] 谢高地，鲁春霞，冷允法，等．青藏高原生态资源的价值评估 [J]. 自然资源学报，2003，18 (2)：189-196.

[56] 部金凤．中外生态价值发展阶段系数的理论探讨及比较研究 [D]. 北京：北京工商大学，2006.
[57] 孙能利，巩前文，张俊飚．山西省农业生态系统价值测算及其贡献 [J]. 中国人口·资源与环境，2011，21 (7)：128-132.
[58] Avolio M L，Forrestel E J，Chang C C，et al. Demystifying dominant species [J]. New Phytologist，2019，223 (3)：1106-1126.
[59] 丘水林，庞洁，靳乐山．自然资源生态产品价值实现机制：一个机制复合体的分析框架 [J]. 中国土地科学，2021，35 (1)：10-17，25.
[60] 何寿奎，农村生态环境补偿与绿色发展协同推进动力机制及政策研究 [J]. 现代经济探讨，2019 (6)：106-113.
[61] 高明秀，吴姝璇．资源环境约束下黄河三角洲盐碱地农业绿色发展对策 [J]. 中国人口·资源与环境 2018，28 (7)：60-63.
[62] 孔祥智，关付新．特色农业：西部农业的优势选择和发展对策 [J]. 农业技术经济，2003 (3)：34-39.
[63] 张会新，高超．产业链视角下的西部地区特色农业发展研究：以陕西苹果为例 [J]. 生态经济，2012 (7)：145-148.
[64] 张文超．日本“品牌农业”的农产品营销经验及中国特色农业路径选择 [J]. 世界农业，2017 (6)：173-176.
[65] 闫志利，林瑞敏．河北沿海地区特色农业产业集群类型和形成机制及对策研究 [J]. 农业现代化研究，2014，25 (2)：168-172.
[66] 郝庆禄，张瑞霞，胡静燕．冀南地区特色农业产业融合发展问题研究 [J]. 黑龙江畜牧兽医，2017 (2 下)：23-25.
[67] 路征．第六产业：日本实践及其借鉴意义 [J]. 现代日本经济，2016 (4)：16-25.
[68] 程承坪，谢雪珂．日本和韩国发展第六产业的主要做法及启示 [J]. 经济纵横，2016 (8)：114-118.
[69] 赵放，刘雨佳．农村三产融合发展的国际借鉴及对策 [J]. 经济纵横，2018 (9)：122-128.
[70] 周志霞．基于碳锁定的山东省特色农业集群创新模式与优化路径研究 [J]. 宏观经济管理，2017 (S1)：14-15.
[71] 罗莉容．绿色低碳发展理念引领农业农村现代化建设研究 [J]. 智慧农业导刊，2023，3 (21)：72-75.
[72] 翁鸣，陈劲松．中国农业竞争力研究 [M]. 北京：中国农业出版社，2003.
[73] 李静一．济源市优势农产品区域布局研究 [J]. 中国农业资源与区划，2008，29 (3)：60-65.
[74] 焦庆东，杨庆媛，冯应斌，等．基于 Pearson 分层聚类的重庆市土地利用分区研究

[J]. 西南大学学报（自然科学版），2009，31（6）：173-178.
[75] 韩长赋．大力实施乡村振兴战略 [J]. 新华月报，2018（5）：23-25.
[76] 刘连馥．从绿色食品到绿色农业从抓检测到抓生产源头 [J]. 世界农业．2013（4）：2-3，6.
[77] UNEP. Towards a green economy：Pathways to sustainable development and poverty eradication [M]. Nairobi：United Nations Environment Programme，2011.
[78] Fay M，Hallegatte S，Vogt-Schilb A，et al. Decarbonizing development：Three steps to a zero-carbon future [M]. Washington：World Bank Publications，2015.
[79] 展进涛，徐钰娇，葛继红．考虑碳排放成本的中国农业绿色生产率变化 [J]. 资源科学．2019（5）：62-74.
[80] Rodrik D. Green industrial policy [J]. Oxford Review of Economic Policy，2014，30（3）：469-491.
[81] Hallegatte S，Fay M，Vogt-Schilb A. Green industrial policies：When and how [R]. World Bank Policy Research Working Paper WPS6677，2013.
[82] 李江一．农业补贴政策效应评估：激励效应与财富效应 [J]. 中国农村经济，2016（12）：17-32.
[83] 谭秋成．作为一种生产方式的绿色农业 [J]. 中国人口·资源与环境．2015，25（9）：44-51.
[84] 王德胜．绿色农业的发展现状与未来展望 [J]. 中国农业资源与区划．2016，37（2）：226-230.
[85] 高杨，牛子恒．风险厌恶、信息获取能力与农户绿色防控技术采纳行为研究 [J]. 中国农村经济．2019（8）：109-127.
[86] 胡雪萍，董红涛．构建绿色农业投融资机制须破解的难题与路径选择 [J]. 中国人口·资源与环境．2015，25（6）：152-158.
[87] 贾凤伶，赵玉洁，冯友仁．丹麦农业绿色可持续发展对我国的经验借鉴与启示 [J]. 农业科技管理．2020，39（2）：13-16.
[88] 叶振宇，张万春，张天华．“十四五”京津冀协同发展的形势与思路 [J]. 发展研究．2020（11）：40-44.
[89] 赵松乔．察北、察盟及锡盟：一个农牧过渡地区经济地理调查 [J]. 地理学报，1953（1）：43-60.
[90] 牛文元．生态环境脆弱带 Ecotone 的基础判定 [J]. 生态学报，1989（2）：97-105.
[91] 王利文．农牧交错带：亟待突显“优势”[N]. 中国畜牧报，2002-09-29（9）.
[92] 孙芳，陈建新．农牧业一体化影响农户增收的实证分析 [J]. 中国农村经济，2011（12）：44-53.
[93] 王明利．有效破解粮食安全问题的新思路：着力发展牧草产业 [J]. 中国农村经济，

2015 (12): 63-71.

[94] 黄祖辉，俞宁．新型农业经营主体：现状、约束与发展思路：以浙江省为例的分析[J]. 中国农村经济，2010 (10): 16-26.

[95] 孙中华．大力培育新型农业经营主体夯实建设现代农业的微观基础 [J]. 农村经营管理，2012 (1): 1.

[96] 彭建强．论中国农业集约化发展的几个难点问题 [J]. 中国农村经济，1998 (9): 58-60.

[97] 陈晓华．现代农业发展与农业经营体制机制创新 [J]. 农业经济问题，2012 (11): 4-6.

[98] 孔祥智，徐珍源，史冰清．当前我国农业社会化服务体系的现状、问题和对策 [J]. 江汉论坛，2009 (5): 13-18.

[99] 洪绂曾．浅论现代农、牧、草业 [J]. 草地学报，2008 (1): 1-3.

[100] 项仁学．国外现代农业的三种模式 [J]. 农村工作通讯，2008 (1): 59.

[101] 白荣欣．略论传统农业向现代农业的转变及面临的矛盾 [J]，经济问题，2008 (2): 75-76.

[102] 李昊．农业环境污染跨学科治理：冲突与化解 [J]. 农业经济问题，2020 (11): 108-119.

[103] 刘振剑．“一带一路”背景下高端生态农业经济发展研究 [J]. 农业技术经济，2020 (11): 146.

[104] 陈雪婷，黄炜虹，齐振宏，等．生态种养模式认知、采纳强度与收入效应：以长江中下游地区稻虾共作模式为例 [J]. 中国农村经济，2020 (10): 71-90.

[105] 谢先雄，赵敏娟，康健，等．休耕能实现生态改善与农户增收的双赢吗：来自西北生态严重退化休耕试点区的准实验证据 [J]. 农业技术经济，2021 (12): 33-45.

[106] 杨运星，生态经济、循环经济、绿色经济与低碳经济之辨析 [J]. 前沿，2011 (8): 94-97.

[107] 陈六君，毛谭，刘为，等．生态足迹的实证分析：中国经济增长中的生态制约 [J]. 中国人口·资源与环境，2004，14 (5): 53-58.

[108] 郎萍萍．博弈论视角下生态经济发展的理性思考 [J]. 农村经济与科技，2014，25 (6)，9-11.

[109] 薛冰，张伟伟，陈兴鹏，等．关于生态文明的若干基本问题研究 [J]. 生态经济，2012 (11): 24-29.

[110] 高群．国外生态：经济系统整合模型研究进展 [J]. 自然资源学报，2003 (3): 375-384.

[111] 侯林春，丁继国，彭伟，等．基于 DEA 的家庭农场生态经济效率评价：以公安县长江村为例 [J]. 国土与自然资源研究，2014 (5): 35-37.

[112] 郭升选．生态补偿的经济学解释 [J]．西安财经学院学报，2006，19 (6)：43-48.

[113] 丁玎，任亮．基于外部性理论构建草地生态产品价值实现制度体系 [J]．草地学报，2023，31 (5)：1072-1078.

[114] 朱臻，严燕，邱保印，等．产业经济发展对碳排放影响的实证分析 [J]．浙江农林大学学报，2012，29 (4)：606-610.

[115] 郑锋．产业经济发展与人类社会文明：论生态文明的历史必然性 [J]．新东方，2002，11 (5)：62-66.

[116] 李发明，张莹花，贺访印，等．沙产业的发展历程和前景分析 [J]．生态经济，2012，32 (6)：1765-1772.

[117] 田湘．基于生态经济学理论的林下套种模式研究 [J]．宁夏农林科技，2014，55 (8)：20-21，31.

[118] 刘兴元，王锁民，郭正刚．半干旱地区农业资源的复合经营模式及生态经济耦合效应研究 [J]．自然资源学报，2004 (5)：625-632.

[119] 王书华，张义丰，毛汉英．城郊县域生态经济协调状态与发展能力分析：以河北新乐市为例 [J]．地理科学进展，2004，24 (1)：96-104.

[120] 张庸萍，袁冬梅．论我国发展农业循环经济的模式与对策 [J]．农业现代化研究，2008，29 (1)：65-68.

[121] 尹剑慧，卢欣石．中国草原生态功能评价指标体系 [J]．生态学报，2009，29 (5)：2622-2630.

[122] 刘清慧，夏禹，孟繁宇．农业生态环境质量综合评价指标体系构建及适宜度分析 [J]．黑龙江环境通报，2011，35 (1)：11-13.

[123] 雷勋平，邱广华．基于熵权 TOPSIS 模型的区域资源环境承载力评价实证研究 [J]．环境科学学报，2016，36 (1)：314-323.

[124] 韩义民，程振锋．基于京津冀协同发展的产业定位与升级策略研究：以邢台为例 [J]．邢台职业技术学院学报，2014 (2)：47-50.

[125] 吴兵，包丽艳，刘艳君．吉林省西部生态经济功能区划研究 [J]．中国科技信息，2014 (5)：211-213.

[126] 宋明芳．湖南省主要农作物生态经济评价研究 [J]．广东农业科学，2014 (9)：220-222.

[127] 王健，李娟，任喆．论京津冀生态利益协调体系的构建 [J]．北方园艺，2014 (10)：194-197.

[128] 严德强，张晓琴．生态经济视角下我国欠发达地区经济发展模式思考 [J]．江苏经贸职业技术学院学报，2014 (4)：12-14.

[129] 张明生，张玮．建设生态县是围场社会经济发展的必由之路 [J]．科技创新与应用，2014 (27)：40-41.

[130] 姜华德，周林意，于雪娇．生态经济视角下云南产业结构调整研究 [J]. 特区经济，2014 (1)：182-183.

[131] 徐轩，张英俊．农牧交错带草—畜—田耦合的 IRM 模拟分析 [J]. 草地学报，2010，18 (3)：320-326.

[132] 汤青，徐勇．农牧交错带生态经济耦合评价模型及其实证研究 [J]. 中国人口·资源与环境，2011，21 (2)：117-123.

[133] 王静，韩增林，彭飞．北方农牧交错带社会经济与生态环境耦合协调分析 [J]. 资源开发与市场，2014，30 (4)：430-433.

[134] 周成，冯学钢，唐睿．区域经济—生态环境—旅游产业耦合协调发展分析与预测：以长江经济带沿线各省市为例 [J]. 经济地理，2016，36 (3)：186-193.

第三章
研究区生态建设与农业产业发展现状

首都“两区”建设区张家口市生态建设与农业产业发展现状的研究结论为研究区生态建设与低碳农业协调发展机制构建提供实证依据。本章包括区域生态建设与农业产业发展特征、区域生态建设与农业产业发展优势，以及区域生态建设与农业产业协同发展存在的问题等内容。

第一节　生态建设与农业产业发展特征

一、区域特征

京津冀区域首都“两区”建设区不仅仅具有京津冀区域冀北地区高寒半干旱的区域特征，而且其具有北方农牧交错区所具备的资源与产业所表现的特征。

1. 区位特征与地理环境

首都“两区”建设区张家口市地处京、冀、晋、蒙四省份交界处，位于河北省西北部，且张家口市在京津冀区域被北京市、天津市、保定市、承德市等城市环抱，东依河北省承德市，南邻河北省保定市，西南与山西省大同市接壤，西北与内蒙古自治区乌兰察布市和锡林郭勒盟交界。张家口市距北京市中心约 180 千米，距离天津市 350 千米左右。

研究区交通十分便捷，有多条公路贯穿南北、东西，同时有京张、承张、丰张、赤张、张四等多条铁路经过，还有张家口市机场可以提供航空服务。而且张家口市是京津冀的重要城市之一，素有“京畿门户”和首都“北大门”之称，也是历史上兵家必争之地，是重要的地理文化名城。首都“两区”建设区张家口市区位优势与特征明显。

张家口市下辖6个区、10个县和1个国家级开发区，总面积3.7万平方千米。6个区包括桥东区、桥西区、宣化区、下花园区、万全区、崇礼区，10个县包括张北县、康保县、沽源县、尚义县、蔚县、阳原县、怀安县、怀来县、涿鹿县、赤城县，其中坝上4县为张北县、康保县、沽源县、尚义县，坝下6县为蔚县、阳原县、怀安县、怀来县、涿鹿县、赤城县。

2. 地质地貌

首都“两区”建设区张家口市地处内蒙古高原向华北平原过渡的高原、丘陵区域，地势西北高、东南低，阴山山脉横贯中部，将张家口市划分为坝上、坝下两大部分。境内洋河、桑干河横贯张家口市东西，汇入官厅水库。张家口市分为两个截然不同的地貌单元和自然区域，即坝上区域和坝下区域。

研究区坝上地区为内蒙古高原的一部分，大部分为草滩、草坡所覆盖，内陆湖泊众多，包括察北管理区、塞北管理区和康保、沽源、张北3县及尚义县的北部。面积11 656平方千米，占全市面积的31.5%。

研究区坝下地区地势西北高、东南低，东部为燕山山脉，西部位于太行山脉，中部为山间盆地，总面积25 309平方千米。境内山峦起伏，沟壑纵横，较大的山间盆地有洋河盆地、怀涿盆地、蔚县盆地、阳原盆地，盆地内有河流通过，河流两岸分布有肥沃的耕地。

张家口市特殊的地理位置决定了张家口市地理生态环境对整个华北地区，特别是对北京市的生态环境具有生态屏障功能和作用。

3. 地势复杂、海拔高、土壤贫瘠

首都“两区”建设区张家口市地势表现为滩梁相间，土地难以形成规模；海拔高度在1 100～1 800米。坝上地区为内蒙古高原的一部分，海拔1 300～1 800米，地面起伏较小。坝下地区海拔较低。

张家口市土壤质地以栗钙土为主，宜种农作物品种以生长期短、低温喜凉作物为主。滩梁相间的地貌导致两类农田在土壤质地、类型、肥力上的差异，因此区域作物合理布局相当重要。莜麦等适宜生长在坡梁地；蔬菜由于需水量大，适宜生长在滩涂低洼地。

张家口市土地瘠薄，区域土壤以玄武岩、花岗岩及其他岩石风化而成的残积、坡积体为主，有少量风沙土及黄土。由于成土作用弱，土层浅薄，粗骨贫瘠，保蓄能力差，一般土壤在60厘米以下分布有钙积层、粗砂、砾石等妨碍植物根系发育的层次。有限资源储量及容量的土壤库直接约束植被生长。由于土壤本身肥力较差等制约因素对农业产业种植业具有影响作用，所以，张家口市的作物生长受到限制。

二、自然资源条件

京津冀区域首都“两区”建设区张家口市气候呈现高寒半干旱特征，土地资源与生物资源较为丰富。

1. 气候寒冷、少雨、多风

张家口市属于寒温带大陆性季风气候。其气候特点：一年四季分明，冬季寒冷而漫长，春季干燥多风沙，夏季炎热短促降水集中，秋季晴朗冷暖适中。年平均气温 2～5℃。植物生长期为 4—9 月，在这一生长期间，无霜期 120 天左右，表现出冬天寒冷、夏季短促而凉爽的特点。该区降水量少，蒸发量大，旱灾严重。该区属于温带干旱、半干旱大陆性季风气候，年降水量 250～500 毫米，降水变率 25%～50%，而蒸发量可达 2 000～2 500 毫米，为降水量的数倍，气候干燥，春旱概率为 36%～46%，夏旱概率为 46%～56%，大部分地区有十年九旱的特点。旱灾是影响该区牧草返青和作物播种的一大障碍。该区域气候多风，表现为大风日数多、级数大，7～8 级大风日数 30～80 天，以 3—5 月最强。

这些气候条件不利于大多数农作物生长，只适合喜凉抗旱耐寒作物生长，即适宜生长日期较短的作物生长。但是一年四季分明，夏季炎热短促降水集中，坝上地区风光资源丰富，昼夜温差大，雨热同季，农作物病虫害少，污染小，农畜产品品质优良。

2. 土地资源丰富与耕地后备资源充足

2020 年统计数据显示，京津冀区域首都“两区”建设区张家口市土地总面积 3 679 653 公顷。其中农用地为 2 497 233 公顷，占总面积的 67.87%；建设用地为 166 413 公顷，占总面积的 4.52%；未利用土地 1 016 000 公顷，占总面积的 27.61%。

农用地中，耕地为 932 927 公顷，占农地总面积的 37.36%；园地为 142 040 公顷，占农地总面积的 5.69%；林地为 1 099 067 公顷，占农地总面积的 44.01%；牧草地为 240 653 公顷，占农地总面积的 9.64%；其他农用地为 82 546 公顷，占农地总面积的 3.31%。932 927 公顷耕地中灌溉水田

5 647 公顷，水浇地 201 947 公顷，旱地 725 333 公顷。

总体来看，张家口市耕地比重较小，耕地后备资源比较充足，耕地总体质量不高，建设用地增长较慢，比重相对较低。

3. 资源分布与产业结构呈现农牧交错特征

京津冀区域首都“两区”建设区张家口市属于北方农牧交错带的一部分，属于河北北部环京津农牧交错区，是内蒙古高原南缘的一部分。

张家口市所处的农牧交错区地处西部牧区和东部农区之间，农牧复合产业发展具有区位优势。该区域受人类长期农耕活动干预，从历史上的纯牧区演变为农田与草地交错分布、种植业和草地畜牧业并存、生态脆弱特征明显的生态—经济—社会复合生态系统，作为“环京津生态圈”，是阻止荒漠化向京津扩展的天然生态屏障。在我国生态农业建设、环境保护、社会保障、经济发展中起着举足轻重的作用。与纯农业区域和纯牧业区域相比较，冀北农牧交错区发展农牧业复合经营具有区位、资源和产业优势。

由于研究区所处冀北农牧交错区位于西部牧区和东部农区的过渡区域，其地理位置为农牧复合产业发展提供了满足饲料饲草需求的物质条件与产品销售的市场条件，该区发展农牧业具有区域优势。研究区与内蒙古的呼伦贝尔草原、锡林郭勒草原和鄂尔多斯草原等牧区草原连接，牧区为其提供优良畜种和养殖经验，并能够利用牧区廉价且丰富的畜种进行冷季异地育肥。牧区养殖业冬季饲草不足还可以为该区提供饲料饲草销售市场。同时，研究区与北部的吉林、辽宁、山西等地的农区著名玉米产区连接，农区为其提供饲草饲料，农区也可以为畜产品销售提供广阔的市场。可充分利用结实玉米和青贮玉米饲料等农作物资源发展高效畜牧业。

三、社会经济发展特征

京津冀区域首都“两区”建设区张家口市为经济欠发达地区，但是京津冀区域协同发展与京张区域合作基础良好的条件为研究区提供了发展机遇。

1. 经济发展水平较低

张家口市属于经济欠发达地区。张家口市地域较广阔，人口较多，经济文化落后，工业不发达，农民人均纯收入少，生活水平较低。统计数据显示：2022 年全市总户数 1 949 642 户，总人口 4 571 945 人。

2020 年全国国内生产总值为 1 015 986 亿元，人均国内生产总值为 72 447

元。全国一般公共预算收入为 182 895 亿元。全国居民人均可支配收入为 32 189 元，全国农村居民人均可支配收入为 17 131 元。河北省居民人均可支配收入为 27 136 元，农村居民人均可支配收入为 16 467 元。张家口市地区生产总值为 1 600.10 亿元，人均生产总值为 34 769 元，一般公共财政预算收入 175.5 亿元，张家口市居民人均可支配收入 25 674 元，农村居民人均可支配收入 14 166 元，低于全国平均水平和河北省平均水平。

张家口市人均地区生产总值和人均公共财政预算收入均低于全国平均水平。全国人均国内生产总值是张家口市人均生产总值的 2.08 倍。张家口市居民可支配收入比全国平均水平低 6 515 元，比河北省平均水平低 1 464 元；张家口市农村居民人均可支配收入比全国平均水平低 2 965 元，比河北省农村人均可支配收入低 2 301 元。

由于生产方式落后，资源利用不合理，加之自然条件差，该市长期以来存在经济落后与生态环境恶化双重问题，表现为：沙尘暴频繁发生，水土流失严重，自然灾害频繁，农业旱灾频发，经济发展缓慢。2000 年后该市由河北省欠发达地区变为最不发达地区。

2. 生态功能区区划明确

按照自然环境条件基本相似、区域开发与发展水平基本相同、区域生态经济发展方向基本一致、特色产业化与规模化相结合、区域主导产业与生态经济综合发展统筹等五个原则，京津冀区域首都“两区”建设区张家口市作为全国重点生态功能区，生态建设应当发挥多功能性与综合效益的原则，根据国家和河北省的主体功能区规划，张家口市的坝上与坝下有各自的生态功能。研究区坝上涵盖的张北县、沽源县、康保县、尚义县及塞北管理区、察北管理区划为国家浑善达克沙漠化防治生态功能区的一部分，坝下涵盖的赤城县、崇礼区、阳原县、蔚县、涿鹿县、怀来县、怀安县、万全区、宣化区为省级重点生态功能区，被定位为一屏障、“三区”和一基地，即京津和冀东地区生态屏障，地表水源涵养区、河北省林业和生物多样性保护的重点区、文化和生态旅游区，绿色农牧产品和生态产业基地。区域主体功能划分为水源涵养保护区、地貌多样性保护区和动植物保护区三个生态功能区。这些生态功能区划都实施了生态功能区规范化建设与管理。

3. 京张区域合作基础良好

首都“两区”建设区张家口市与北京市有着深厚的人缘、地缘、业缘关系。早在1994年国务院就确定了北京市与张家口市之间的对口支援与合作关系，2003年京张首次提出“建立战略合作伙伴关系”，两地农业和生态协作关系突出，在北京市的农林院校与张家口市相关企业和部门之间开展了长期技术合作，携手实施了“稻改旱”、节水灌溉、湿地保护、生态涵养林建设等工程。京津冀协同发展战略的实施进一步深化了业已存在的京张区域合作。2015年通过的《京津冀协同发展规划纲要》和2019年公布的《张家口首都水源涵养功能区和生态环境支撑区建设规划（2019—2035年）》就在该区域构建绿色生态屏障，实施京津冀协同发展生态保护功能作了布局与定位。

2022年5月11日，中共河北省委、河北省人民政府印发《京张体育文化旅游带（张家口）建设规划》（以下简称《规划》)。《规划》明确了四个发展定位，即奥运场馆赛后利用国际典范、国际冰雪运动与休闲旅游胜地、全民健身公共服务体系建设示范区、体育文化旅游融合发展样板。在此基础上提出了到2025年和到2035年的建设目标。《规划》确定了“两核引领、三廊串联、四区联动”的空间格局。“两核”即“冬奥赛区”全季运动休闲旅游核心、“大好河山”文化生态传承展示核心；“三廊”即体育运动休闲走廊、历史文化体验走廊、生态人文观光走廊；“四区”即长城文化展示片区、民俗文化体验片区、草原户外运动片区、温泉葡萄康养片区。

《规划》提出推动张家口奥运场馆赛后利用，包括打造赛事会展集聚地、全民健身引领地、融合发展新场景等；做好文化保护传承利用，包括塑造优秀文化品牌、加强文化保护利用和推进文化创新发展等。《规划》还提出推动旅游业高质量发展，包括打造知名旅游品牌、加快发展特色旅游、显著提升产业能级、强化服务保障功能和推进多元业态融合等，并促进区域同城化一体化，包括构建便捷交通网络、共建优美旅居环境、推动产业分工协作、完善区域公共服务等。这进一步加强了京津冀区域协同发展框架下的京张深度合作发展。

四、农业产业经营特征

1. 农业产业化水平呈现先升后降的趋势

京津冀区域首都“两区”建设区张家口市的农业产业化水平呈现先升后降的发展趋势，表3-1显示2015年到2020年的农业产业化总量与农业产业化率，变化趋势基本一致。从 2015 年到 2016 年，农业产业化总量增加，农业产业化率从 59.1%降低到 58.3%，降低了 0.8 个百分点。但是，从 2017 年到 2019 年农业产业化总量开始下降，农业产业化率由 55.1%下降到 42.6%，下降了 12.5 个百分点。再到 2020 年，农业产业化总量有所增加，农业产业化率也有所提高，比 2019 年提高了 1 个百分点。

表 3-1 农业产业化经营总量与产业化率

单位：万元、%

指标	2015 年	2016 年	2017 年	2018 年	2019 年	2020 年
产业化总量	3 681 261	4 060 850	3 915 248	2 631 154	2 563 602	2 862 665
产业化率	59.1	58.3	55.1	45.7	42.6	43.6

数据来源：根据《张家口经济年鉴》(2021) 整理得到。

2. 农产品加工业品牌效应不明显

农产品加工产业集群逐渐形成规模，但是品牌建设落后。截至 2022 年，张家口市有市级以上农产品加工龙头企业 117 家，其中 79 家集中分布于察北管理区、塞北管理区、张北县、康保县、怀安县、怀来县和万全区。塞北管理区 1 个全国知名农产品加工产业集群产值已达到 40 亿元，9 个区域性农产品加工产业集群中产值达到 20 亿元的有 2 个，达到 10 亿元的有 4 个。张家口市农产品加工龙头企业拥有的国家驰名商标仅有 1 个，即“泥河湾”商标。

五、生态建设与生态产业发展特征

张家口市与北京市属同一自然生态系统，在保障首都水资源和生态环境安全方面居于特殊的生态区位，发挥着不可替代的作用。

1. 生态农牧业产业基础稳固

研究区生态农业建设成效显著，农牧业产值和产量稳步增长，农业结构日趋合理，规模化、标准化生产方式普及率较高，已经形成了蔬菜、马铃薯、小杂粮、葡萄、杏扁、奶业、肉业、禽蛋等农业主导产业。

研究区培植壮大了一批规模化奶业基地、葡萄酒基地、马铃薯基地和蔬菜基地等农牧产业基地。2022 年，该区域集中打造了 10 个绿色农牧产业集群、60 个现代农业产业示范园、50 个高端精品农产品。

蔬菜标准园、设施蔬菜、食用菌栽培分布于张北、康保、尚义、沽源、蔚县、赤城、怀来、涿鹿、崇礼、宣化、高新、万全、怀安等地。牛奶产量占河北省的26.4%，实现了奶牛规模化养殖；杏扁种植面积占全国的1/3；张家口市是全国3大葡萄酒生产基地之一。

2. 退耕还林后续产业发展较好

研究区张家口市退耕还林重点由大规模退耕转入退耕还林成果巩固和后续产业发展上。从2008年开始实施以基本农田建设、农村新能源建设、退耕地补植补造、退耕还林抚育经营和后续产业发展为主要内容的巩固退耕还林成果行动。2020年全年完成人工造林27 350公顷，2020年全年林木绿化率达到50%。

3. 生态旅游业发展速度加快

研究区生态旅游资源丰富，气候条件独特，昼夜温差大，是生产绿色农产品的“天然工厂”，是“中国葡萄之乡”“中国杏扁之乡”“中国鲜食玉米之乡”“中国欧李之乡”“中国食用菌之乡”，还是华北地区“无公害蔬菜生产基地”。每年供应北京市场的肉、蛋、奶10万多吨，夏秋季张家口蔬菜在北京市场的占有率45%以上。张家口市正在加快推进葡萄、蔬菜、乳业、肉类、马铃薯等农业特色产业，全力建设北京农副产品供应第一市。

研究区四季分明的独特气候，多样的地形地貌，构成了集森林草原、冰雪温泉、高原湖泊、湿地草甸于一体的生态旅游资源群，是春赏花、夏避暑、秋观景、冬滑雪的京西北四季旅游胜地。

同时，研究区旅游产业快速发展，呈现出坝上草原、冰雪温泉、桑洋河谷、始祖文化4大旅游特色，形成了以张家口主城区为主的市区休闲旅游中心，以崇礼万龙滑雪场、赤城温泉度假村为龙头的冰雪温泉旅游区，以张北中都原始草原度假村为龙头的坝上草原旅游区，以怀来、涿鹿葡萄长廊和葡萄酒庄园为主的桑洋河谷旅游区，以涿鹿三祖堂中华合符坛为龙头的历史文化旅游区。同时，该区域旅游企业的集团化、品牌化、网络化建设步伐加快，先后引进了马来西亚卓越集团、意大利莱特纳公司、北京市好利来食品有限公司等企业投资旅游，组建了张家口通泰旅游集团有限责任公司。

第二节　生态建设与农业产业发展优势

京津冀区域首都“两区”建设区张家口市在地理区位、生态环境、资源、特色农业产业等方面具有较大的优势。

一、区位优势

研究区区位优势主要表现为首都“两区”建设区张家口市所处区位优势明显与该区域所表现出的农牧交错特征优势。

1. 所处区位优势明显

研究区地处京、冀、晋、蒙四省市通衢之地，东临首都北京，距北京180千米，距天津港340千米，是沟通中原与北疆、连接环渤海经济圈和西北内陆区的重要节点。交通发达便捷，已建成5条铁路、6条高速公路、9条国道和20条省道，公路总里程1.98万千米，其中高速公路达825.5千米，位于全国地级市前列。

研究区是首都经济圈、冀晋蒙经济圈、环渤海经济圈的重要区域，是华北、东北、西北三大区域的交通、市场等的重要枢纽，具有区位优势。研究区军民合用机场已经通航。京张城际铁路通车后，京张之间车程缩短到40分钟左右，加快融入首都经济圈。

2. 资源与产业方面农牧交错优势

研究区大部分地区是农区与牧区之间的过渡地带，区域内种植业和畜牧业在空间上交错、时间上相互重叠。与纯农业区域和纯牧业区域相比较，该区域的农牧交错特征使得农牧业复合经营具有区位、资源和产业优势。该区依农牧交错区农牧结合的产业优势，与纯农和纯牧区相比，能流、物流、信息流与价值流也更快捷、更畅通。

该区在历史上为纯牧区，受人类长期农耕活动干预，形成了农田与草地交错分布、种植业和草地畜牧业并存的区域。该区作为“环京津生态圈”，是阻止荒漠化向京津扩展的天然生态屏障，在我国生态农业建设、环境保护、社会、经济发展中起着举足轻重的作用。同时，由于该区特殊地理位置，不具有像江南、西部、东部地区发展工业的优势。因而，农牧业成为该区的支柱产业。

二、资源分布优势

1. 农业资源丰富

研究区土地和劳动力资源丰富。研究区土地资源丰富，分为坝上、坝下两个地貌单元，坝上高原海拔在1 300～1 600米，坝下盆地海拔在500～800

米。2020年张家口市土地面积3 679 653公顷，其中耕地932 927公顷，未利用土地1 016 000公顷，土地开发利用潜力很大。张家口市人均土地面积与人均耕地规模均高于全省人均水平。现有林地面积1 099 067公顷，牧草地面积240 653公顷。

研究区有460.20万人口，其中农业人口289.46万人，劳动资源潜力较大。

2. 耕草地资源组合具有优势

研究区耕地和草地资源丰富，且具有农牧交错特征，为农牧业复合经营创造了基础条件。土地资源构成呈独特的耕草地交错特征，为农牧业复合经营创造了生态环境条件。

与纯农区和纯牧区比，研究区自然资源的组合相对适宜，为农牧业兼业发展提供了环境和资源条件。与纯农区比，该区域水资源短缺，限制了大规模发展粮食与蔬菜等耗水型作物的栽培，但是适宜牧草生长发育，农牧交错区牧草的饲料产量比粮食高。而且草地与耕地交错分布，一方面为农田提供生态服务功能，另一方面为大力发展畜牧业提供物质条件。与纯牧区比，该区域光热资源丰富，种植农作物收成高，对牧草具有更强的生态适应性，单位土地面积的生物量较大，有利于牧草与农作物生长。所以，农牧交错区自然资源组合较适宜农牧业产业的横向联结。

同时，该区光能资源丰富、日照充足、太阳辐射强，雨热同季，昼夜温差大，白昼与夜间的温差在10℃左右。这些气候特点又有利于作物干物质的形成与积累，而且形成的农产品品质优良。所以，农牧交错区自然资源组合较适宜种养业结合经营。

三、生态环境保护与建设成效显著

1. 生态建设成效显著

研究区具有优良的生态环境，四季分明，多样的地形地貌，构成了集森林草原、冰雪温泉、高原湖泊、湿地草甸于一体的生态旅游资源群，空气质量位居长江以北前列；日照充足，雨热同季，昼夜温差大，养分积累快，不利于病虫害繁殖，适宜农作物生长，畜禽病害少，农畜产品品质优良。

近年来，张家口市生态工程项目建设卓有成效，积极推进京津风沙源治理和退耕还林还草等生态建设工程，多层次、多功能的生态防护体系框架已基本建成，包括沿冀蒙边界防风阻沙防护林、沿坝水源涵养防护林、沿河沿路防护林、河川滩地防护林、农田牧场防护林以及浅山丘陵水保经济林。土地沙化、退化现象得到有效遏制，生态环境得到明显改善。

2. 水源涵养成果突出

研究区位于首都北京市、天津市两大城市的西北部，是两大城市水源地的上游，是京津冀水源涵养功能区，境内桑干河、洋河、白河、黑河注入密云、官厅两大水库，是北京重要的水源地，是首都的重要水源涵养地。张家口市境内河流分属海河流域和西北诸河流域，分属 4 个二级流域，即：滦河及冀东沿海流域、海河北系流域、海河南系流域和内蒙古高原内陆河东部流域。主要有 5 个水系，即：内陆河水系、滦河水系、海河流域的永定河水系、潮白河水系和大清河水系。京津冀首都“两区”建设区张家口市境内永定河流域面积 17 662 平方千米、潮白河流域面积 5 611 平方千米，分别占全市总面积的 47.7%、15.2%，分别占官厅水库、密云水库上游集水区面积的 41%、13%。入官厅水库水量的 90%、入密云水库水量的 60%来源于张家口市。

以沿坝水源涵养防护林、沿河沿路防护林、河川滩地防护林、浅山丘陵水保经济林、沿冀蒙边界防风阻沙防护林以及农田牧场防护林等 6 大防护林为骨干的多层次、多功能的水源生态防护体系框架已基本建成，生态环境得到明显改善。据国家林草局监测数据，全市荒漠化土地和沙化土地均在减少，工程区林草植被快速恢复，水土流失得到有效控制，风沙危害进一步减轻，空气质量明显改善，生态环境良性化发展。

3. “蓝天保护”与“大地增绿”成效显著

2017 年研究区推进蓝天、绿地、碧水、净土行动，全市退出矿山 90 处，拆除燃煤锅炉 1 645 台，整治“散乱污”企业 431 家，淘汰老旧车 4 292 辆。因此，2018 年空气质量综合指数 4.11，PM2.5 年均浓度 29 微克/立方米，空气质量达标率 81.2%，保持着京津冀地区最好水平。截至 2022 年，新建农村厕所 2.85 万座，新改建污水处理厂 7 座，北部和东部 2 个垃圾焚烧发电项目建成投运。

近年来，研究区生态环境建设成效显著。就 2020 年来看，造林绿化率达到50%，新增及改善节水灌溉面积44万亩*，地下水超采基本得到控制。建立了四级河长制，地表水国省考断面水质优良比例达到87.5%。尚义县察汗淖尔国家湿地公园试点通过验收，蔚县壶流河、阳原和涿鹿桑干河获批国家湿地公园试点，官厅水库国家湿地公园加快建设，尚义大青山国家森林公园通过评审。

2020年全年共造林27 350公顷，林木绿化率达到50%，初步形成了沿界、沿坝、沿路等生态防护林体系。现有草原、湿地生态系统功能不断恢复提升。

4. 防沙保水生态林建设成效显著

2000年以来，研究区开展了大规模的造林绿化，以沿冀蒙边界防风阻沙防护林、沿坝水源涵养防护林、沿河沿路防护林、河川滩地防护林、农田牧场防护林以及浅山丘陵水保经济林等6大防护林为骨干的多层次、多功能的生态防护体系框架已基本建成，全市土地沙化、退化现象得到有效遏制，生态环境得到明显改善。生态环境改善成效明显，成为北方重要的防护林区，空气质量位居长江以北前列，生态环境好于其他环首都经济圈地区。

研究区四季分明，日照充足，雨热同季，昼夜温差大，养分积累快，热交换充分，不利于病虫害繁殖；农药使用量少，适宜农作物生长；畜禽病害少，容易生产品质优良的农牧产品。

四、农业产业发展优势突出

研究区农业产业发展具有农业产业结构合理、农牧业资源组合适宜、农牧业结合产业并重、农产品特色鲜明等优势。

1. 产业结构逐渐趋于合理

研究区通过产业结构调整，经济结构不断优化，产业结构趋于合理，表3-2显示张家口市从2010年到2020年间个别年份三大产业的产值与结构。

第一产业的比重在减少，由2010年的19.5%降低到2015年的17.9%，然后继续下降，徘徊在15%以上；第二产业的占比逐渐降低，由2012年的42.9%下降到2020年的26.9%；第三产业比重逐渐提高，由2012年的

---

* 1亩=1/15公顷。

40.4%上升到2020年的56.3%，上升了15.9个百分点，该结构变化趋势符合生态建设与产业经济协调发展的规律与要求。

表3-2　2010—2020年研究区三大产业产值与结构

单位：亿元、%

年份	总产值	一产产值	占比	二产产值	占比	三产产值	占比
2010	782.85	152.94	19.5	270.74	34.6	359.17	45.9
2012	1 233.67	205.89	16.7	529.05	42.9	498.73	40.4
2015	1 363.54	243.88	17.9	545.53	40.0	574.13	42.1
2018	1 429.29	226.62	15.9	422.43	29.6	780.22	54.6
2019	1 551.06	243.78	15.7	437.04	28.2	870.24	56.1
2020	1 600.10	267.74	16.7	430.93	26.9	901.44	56.3

资料来源：《张家口经济年鉴》(2021)。

2. 农牧业兼业优势

研究区既有农牧业资源规模优势，又具有资源组合优势。资源规模优势表现为：农牧交错区耕地和草地资源丰富，为农牧业复合经营创造了基础条件。该区地广人稀，各种生产要素中土地资源优势突出，与纯农区比，人均草地面积较大，与纯牧区比，人均耕地面积较大。作者走访调查该区域的河北省西北部与内蒙古部分旗县耕地面积在0.47～0.67公顷/人，草地面积在0.2～0.67公顷/人，有的村人均草地面积达2.4公顷。所以，该区域丰富的耕草地资源为发展农牧业一体化经营提供了基础条件。

资源组合优势表现为：土地资源构成呈独特的耕草地交错特征，为农牧业复合经营创造了生态环境条件。与纯农区和纯牧区比，研究区自然资源的组合相对适宜，为农牧业兼业发展提供了环境和资源条件。

此外，该区光能资源丰富、日照充足、太阳辐射强，雨热同季，昼夜温差大，这些气候特点又有利于作物干物质的形成与积累，而且形成的农产品品质优良。

3. 种植业与养殖业产业并重

研究区的农牧业产业具有产品互补、资源循环利用的功能，种养业经营相互促进。随着该区农业结构不断优化，种植业内部结构由“粮经二元”结构逐渐转变为“粮经饲三元”结构，饲料作物播面在种植业内部的比例逐渐增加，粮食、经济与饲料作物的比例趋于合理。除了在耕地上直接种植饲料饲草作物之外，种植业为养殖业提供大量饲料饲草，种植业还为养殖业提供粮食与经济作物秸秆与废籽粒，可充分利用结实玉米、青贮玉米饲料和农作物资源发展高效畜牧业。

而养殖业消耗和充分利用种植业的副产品和籽粒的同时，其粪尿为种植业提供有机肥，既降低成本，又避免污染环境。因而，种养业产品互补不但提高了经济效益，而且节约了资源、改善了生态环境。

4. 现代农牧业产业经济效益稳步增长

研究区形成了一批具有影响力的农牧产品加工企业集群，加工能力和市场竞争力稳步提高，产业链不断完善。拥有蒙牛、伊利、现代牧业等大型乳制品加工企业集群，长城、益利等葡萄酒龙头企业集群，察北雪川、塞北弘基、张北燕北等大型马铃薯深加工企业集群，全国最大的燕麦加工基地。与北京二商、首农集团等大型龙头加工企业深度合作，生猪和肉鸡加工规模不断扩大。马铃薯、奶业、小杂粮等产业形成了从育种、种植养殖、初加工到深加工的完整产业链。初步形成了以涿鹿现代农产品加工产业集聚园区为代表的农产品加工基地多个。截至2022年，根据各县区资源禀赋、发展定位，加快培育壮大特色杂粮、马铃薯、精品蔬菜等10个绿色农牧产业集群，重点培育察北马铃薯、塞北乳业、怀来葡萄酒等10个产值超10亿元的农产品加工集群。

坝上地区形成了以奶业、蔬菜、马铃薯和牛羊肉为重点的优势产业，赤城、宣化等坝下区县依托玉米种植规模优势，成为生猪养殖及加工的重点区域，怀来、万全等区县成为肉鸡、蛋鸡养殖和加工区。蔚县和涿鹿坝下浅山丘陵区适宜林果和小杂粮种植，形成了杏扁加工和小杂粮生产加工区。洋河、桑干河和官厅湖地区成为我国重要的葡萄产区和葡萄酒加工区。

5. 特色农产品质量优良

研究区的农业产业生产与加工业都注重标准化、品牌化和特色化的高质量发展。一是实施标准化生产，按照冬奥食品体系建设规划及实施方案，对标冬奥食品体系标准，推进农业由增产导向向提质导向转变、由规模型向质量型转变。大力推行标准化生产，全市农业标准化生产覆盖率达到80.67%。二是注重发展品牌农业，创建怀来葡萄、张北马铃薯等全国、全省特色农产品优势区，建立燕麦、口蘑、杂粮、杏扁等特色农产品品牌。三是实施农业供给侧结构性改革计划，重视节能降耗农业，发展节水农业，大力压缩耗水作物，推广高效旱作品种，并转变农业生产、经营、流通方式，促进农村一二三产业融合发展。研究区将强化农业标准化建设作为农业增效、农民增收的重要举措，坚持质量兴农、绿色兴农、品牌强农，着力推进标准化生产，不断扩大绿色优质农产品供给，高质量打造京津农产品供应的“菜篮子”，截至2023年9月张家口市设施农业总面积达到20.51万亩。

五、首都“两区”建设区战略地位特殊

京津冀首都“两区”建设区张家口市生态建设与农业产业是一个在有限土地资源约束下，存在生态建设与农业产业经济协调统一发展的农牧业生态经济统一体，在资源配置上既存在互竞关系，又存在互补关系。

1. 生态建设与农业产业对土地资源呈现互竞关系

研究区生态建设与农业产业在资源配置上存在互竞关系，其互竞关系由历史传承、自然条件、资源特征所决定。

研究区最基本的生产要素土地存在稀缺性，生态建设与农业产业对土地利用形成竞争关系。假设土地资源仅在林草地与耕地之间进行分配。当土地规模不变时，林草地规模增大，耕地规模就减少，农业用地生态环境建设产生机会成本。是利用土地种植粮食作物、经济作物发展农业，还是退耕进行生态环境建设，这两种行为选择产生机会成本。依据机会成本原理，土地在农业生产与生态建设之间进行分配，增加任何一种用途多获得的产值的机会成本为减少另一种用途的产值损失。如果该机会成本较小，意味着“两区”建设资源配置策略实施可以获得更大的综合效益。

2. 生态建设与农业产业产品存在互补关系

生态建设与农业产业经济发展之间存在着产品互补关系。在过去很长一段时期，研究区随着生态恢复与治理政策的实施，形成产品互补、产业互促关系。能够规避经营农业因自然、环境等带来的收成减少风险，同时规避农田生态环境恶化。生态建设为农业产业低碳绿色发展提供了基础与环境，现代低碳绿色农业产业提供了净化空气、涵养水源、废物处理、绿化美化、休闲娱乐等多功能服务与生态产品。

3. 区域绿色低碳农业产业发展潜力巨大

农业特色产业优势远未发挥，特色农产品优势区建设还需进一步加强，并积极创建农产品品牌。畜牧业作为特色农业，一方面优势尚未发挥，另一

方面，近年来畜牧业快速发展产生的垃圾还没有成熟的处理技术和完善的机制，由于不能及时妥善处理畜禽垃圾或没有采取资源再利用措施，发展规模越大、速度越快，给生态环境造成的压力越大，这也是农业产业经营的短板。这些农业产业的优缺点、发展机遇与短板问题都不同程度地对首都“两区”建设造成影响。但是这也恰恰说明，农牧业绿色发展、循环发展、低碳发展具有巨大的潜力。

4. 生态建设与经济发展矛盾的解决具有战略作用

研究区农业产值在国民经济总产值中所占比例不大，农村居民人均可支配收入水平不仅低于河北省平均数，而且人均地区生产总值和人均公共财政预算收入分别为北京市的 1/3 和 1/6。农业资源、产业和生态环境还存在资源利用不充分、劳动力素质较低、生态环境脆弱的问题。同时，过去很长一段时间农业产业结构中耗水作物规模增加较大，不利于水源涵养功能发挥。因此，在京津冀区域，解决首都“两区”建设区生态建设与经济发展的突出矛盾具有重要的战略地位。

第三节　生态建设与农业产业发展存在的问题

京津冀首都“两区”建设区张家口市虽然农业资源丰富，农业产业具有特色，生态环境具有优势，但是仍然存在农业资源优势利用不充分、农业产业经营存在不足与短板、生态环境脆弱等问题。

一、农业资源利用存在的问题

农业资源包括土地资源、劳动力资源、草地、林地资源等，这些资源的利用远未充分发挥其优势。

1. 农业劳动力数量偏少

2020 年张家口市具有乡村户数为 1 138 090 户，乡村人口为 2 771 983，户均人数为 2.44 人/户，乡村劳动力总人数为 1 712 776 人，占乡村人口数的 61.8%，平均每户有劳动力为 1.5 人，劳动力的数量偏少。

2. 土地资源利用不充分

2020 年统计数据显示，研究区土地总面积 3 679 653 公顷，其中农用地为 2 497 233 公顷，占总面积的 67.87%，建设用地为 166 413 公顷，占总面积的 4.52%，未利用地 1 016 000 公顷，占总面积的 27.61%。

农用地中，耕地为 932 927 公顷，占农地总面积的 37.36%，园地为 142 040 公顷，占农地总面积的 5.69%，林地为 1 099 067 公顷，占农地总面积的 44.01%，牧草地为 240 653 公顷，占农地总面积的 9.64%，其他农用地为 82 546 公顷，占农地总面积的 3.31%（表 3-3）。

表 3-3　农业用地利用结构与比例情况

单位：万公顷、%

指标	耕地	园地	林地	牧草地	其他	合计
规模	93.29	14.20	109.91	24.07	8.25	249.72
占比	37.36	5.69	44.01	9.64	3.30	—

数据来源：根据《张家口经济年鉴》(2021) 整理得到。

932 927 公顷耕地中，灌溉水田 5 647 公顷，水浇地 201 947 公顷，旱地 725 333 公顷。土地资源利用不充分，优势不突出，土地资源中仍有 27.9% 的土地可以作为潜在资源进行利用。

3. 生态环境恶化、气象灾害频繁

研究区气候条件恶劣，土壤条件较差、土层较薄，经济基础薄弱，生态脆弱而环境敏感。在过去很长一段时期内，粮食不能满足生存需求，草地植被遭到严重破坏，土地生产能力下降，以致生态环境恶化，经济落后，呈现生态脆弱特征。

由于生态环境恶化，各种气象灾害频繁发生，其中危害最大的是干旱、大风、霜冻、洪涝和冰雹。春季大风危害最严重，因为春季植被盖度最低，地表裸露面积大，大风把裸露的地面沙尘刮起，飘浮空中，使空气浑浊，形成风沙天气，强烈风沙形成了沙尘暴。降水多集中在 7—9 月，降水年变率大，旱季相当长。春季大风与干旱同期出现，对开垦后裸露疏松的耕地来说，是土地沙化的重要气候因素。所以，依据该区域的自然资源特征，适合耐旱、耐寒、抗风沙的短季牧草与农作物生产。

二、农业产业结构存在的问题

1. 农业生产力低且不稳定

研究区处于北方农牧交错区特殊的地理位置，使其不具有像江南、西部、东部地区发展工业的优势，因而，农牧业成为该区的支柱产业。但是，农牧业生产管理粗放，生产力水平低下。粮食生产以一季种植为主，主要作物有小麦、莜麦、玉米、高粱、马铃薯等，油料作物有胡麻、油葵、油菜籽等，饲养业主要以马、牛、羊、猪、鸡、兔等为主。但长期以来，由于农业生产与自然环境条件关系密切，加之系统生态环境脆弱，风沙、洪旱、低温等自然灾害使该区农业生产没有任何保障，几乎处于听天由命状态。粗放的经营方式和自然灾害等导致了穷与垦的恶性循环。

2. 农业产业在国民经济中所占比例不大

表 3－4 显示研究区第一产业产值占国民经济产值较小，9 年间，第一产业产值在国民经济总产值中占比最大的一年是 2013 年，为 18.0%，2016 年和 2017 年占比相较 2015 年下降超过 3 个百分点，但从 2018 年到 2020 年农业产值逐年增加。

表 3－4　2012—2020 年研究区农业产值占国民经济总产值情况

单位：亿元、%

年份	总产值	第一产业	占比	第二产业	占比	第三产业	占比
2012	1 233.67	205.89	16.7	529.05	42.9	498.73	40.4
2013	1 309.02	235.50	18.0	565.25	43.2	508.27	38.8
2014	1 348.97	239.64	17.8	575.45	42.7	533.88	39.6
2015	1 363.54	243.67	17.9	545.58	40.0	574.29	42.1
2016	1 354.19	193.68	14.3	508.74	37.6	651.71	48.1
2017	1 427.02	200.57	14.1	511.05	35.8	715.39	50.1
2018	1 429.29	226.62	15.9	422.43	29.6	780.22	54.6
2019	1 551.06	243.78	15.7	437.04	28.2	870.24	56.1
2020	1 600.10	267.74	16.7	430.93	26.9	901.44	56.3

数据来源：根据《张家口经济年鉴》(2021) 整理得到。

表 3－5 显示从 2012 年到 2020 年研究区的农林牧渔业总产值、农业产值、牧业产值、林业产值、渔业产值在总产值中，农业产值在 2013 年以后呈现先减少后增加的趋势，渔业产值起伏不大，牧业产值与林业产值均在逐渐增加，农林牧渔服务业产值呈增加趋势。

从表 3－6 显示的研究区农、林、牧、渔业产值占农林牧渔业总产值的比例来看，农业产值占比从 2012 年到 2015 年在逐渐增加，2015 年后农业产值占比呈下降趋势；林业产值占比从2012年到2020年总体呈现增加的趋势；牧业产值占比在2012年到2020年间呈现先降后升的变化规律，2017年接近于40%，但是2018年下降到33.8%，2019年、2020年又增加到37.8%和37.9%；渔业产值占比呈现下降的趋势；农林牧渔服务业产值占比变化不大，但是也呈现出逐渐增加的趋势。

表3-5　2012—2020年研究区农林牧渔及其服务业总产值及构成情况

单位：万元

年份	总产值	农业产值	林业产值	牧业产值	渔业产值	农林牧渔服务业
2012	3 210 542	1 786 043	96 066	1 228 137	14 809	85 487
2013	3 730 207	2 263 836	111 095	1 252 847	14 502	87 928
2014	3 705 320	2 189 766	125 775	1 284 354	15 450	89 976
2015	3 600 799	2 175 484	145 187	1 166 454	21 605	92 069
2016	3 479 800	1 933 748	276 939	1 163 767	13 792	91 554
2017	3 637 064	1 809 430	275 644	1 426 462	15 959	109 569
2018	4 036 632	1 950 630	602 948	1 365 596	14 535	102 927
2019	4 385 056	2 385 109	250 434	1 618 407	16 290	114 816
2020	4 849 303	2 599 366	257 649	1 836 451	16 062	139 775

数据来源：根据《张家口经济年鉴》(2021)整理得到。

表3-6　2012—2020年研究区农林牧渔及其服务业产值占农业总产值比例情况

单位：%

年份	农业占比	林业占比	牧业占比	渔业占比	农林牧渔服务业占比
2012	55.6	2.99	38.3	0.46	2.66
2013	60.7	2.98	33.6	0.39	2.36
2014	59.1	3.39	34.7	0.42	2.43
2015	60.4	4.03	32.4	0.60	2.56
2016	55.6	7.96	33.4	0.40	2.63
2017	49.8	7.58	39.2	0.44	3.01
2018	48.3	14.9	33.8	0.36	2.55
2019	54.4	5.71	37.8	0.37	2.62
2020	53.6	5.31	37.9	0.33	2.88

数据来源：根据《张家口经济年鉴》(2021)整理得到。

3. 农业产业特色没有充分体现

研究区农作物特色鲜明，但是特色农作物的优势未发挥，燕麦、马铃薯、亚麻、杂粮等产业特色与优势均不显著。

从2017年开始在全国范围内遴选特色农产品优势区，到2020年已产生四届中国特色农产品优势区，共评选出308个中国特色农产品优势区，张家口市仅有1个特色农产品优势区入选，即生产怀来葡萄的怀来县。其他特色农业需要以此为带动不断加强建设，凸显特色、发挥优势。

中国农业品牌目录2019年底农产品区域品牌名单共遴选出300个农产品区域公用品牌，其中只有张家口市宣化区的牛奶葡萄入选。可见张家口市的农业特色产业只有葡萄产业突出了优势，其他特色产业还需要进一步加大建设力度，挖掘生产与加工潜力，充分发挥优势。

4. 畜牧业优势没有充分发挥

利用区位熵模型测算北京市、河北省、张家口市3地的区位熵，以此比较分析3地的畜牧业优势。

通过计算2020年北京市、河北省和张家口市3地的畜牧业区位熵可知，河北省畜牧业区位熵为1.033，北京市的畜牧业区位熵为0.481，与北京市比较，河北省畜牧业区位熵较高，但是远未发挥其优势。

在河北省内，研究区张家口市的畜牧业区位熵较高，张家口市在河北省内畜牧业区位熵为1.058，比河北省的畜牧业区位熵大0.025，所以张家口市畜牧业专业化程度较高，将来要充分发挥其畜牧业的优势。

但是，在京冀协同发展中张家口市畜牧业的优势还没有充分发挥，包括农牧交错带的区位、资源和产业优势，张家口市畜牧业的专业化优势等。

三、农林牧产业存在的问题

（一）种植业存在的问题

1. 土地超载退化，土壤肥力下降

近年来，研究区由于自然气候条件恶劣，自然灾害频繁，加之人口增长过快，土地资源的过度开垦以及对自然资源的不合理利用，长期的人地矛盾使区域土地超载退化，土壤肥力也随之下降。该区人口密度为40～80人/平方千米，超过国际资源人口承载力的0.7～2.5倍，畜群饲养量超过该区理论载畜量的1/3，人畜超载的土地利用成为区域沙化的主要原因。

由于研究区以栗钙土为主，区域呈波状地貌，成土作用弱，土层浅薄，土壤贫瘠，土壤养分普遍少氮、有机质含量低，土壤肥力不能满足农作物生长发育的要求，必须通过施肥加以解决。加之坝上土壤和地下水富含碳酸钙，在土体中容易聚积成层，即“白干土”，在钙积土壤上种植作物产量不高，植树造林不利于根系伸展，多形成“小老树”，限制了农业生产的发展。

2. 土壤侵蚀、沙化、盐碱化严重，农业生态系统失调

研究区坝上和坝下岗梁地带，因植被稀疏，草场退化，雨量集中，加之不同程度的滥砍乱伐，破坏了生态平衡，加剧了水土流失，不仅恶化了生态环境，还使土地瘠薄，有效生产面积缩小。此外，干旱气候增多，自然灾害频繁，土壤沙化和盐碱化也日趋严重，近邻北京地区的风蚀沙化加剧了对北京的风沙威胁；坝上地区土壤盐碱化有逐年加重的趋势，土壤 pH 高至 9 以上，生物多样性锐减，农业生态系统严重失调。

3. 水资源短缺，水体污染加剧

研究区平均年降水量为 409.5 毫米，多年平均水资源总量为 17.99 亿立方米，人均水资源量约 394 立方米，不足全国平均值的五分之一，耕地亩均水资源量约为 128 立方米，约为全国平均值的八分之一，研究区蒸发量是降水量的 4～5 倍，属于高寒半干旱地区，可利用的地表水很有限，农业生产发展主要靠地下水资源，作物需水和土壤供水的矛盾十分突出。张家口独特的自然及地理条件使该地区的错季蔬菜产业发展很快，过量地消耗了地下水资源，导致地下水位下降，加重了水资源短缺。

此外，随着经济的迅速发展以及人们生活观念的提升，研究区也出现了水污染整治不到位、水资源污染逐渐扩大的严峻形势。如河道淤积成灾，河床污染严重，引起整个河流水资源被污染；工业废水排放不达标污染河道和地下水；居民生活垃圾污染和农业种植污染，引起河流逐渐富营养化；农业种植过程中大肆使用化肥，导致水资源环境逐渐恶劣等：这些都限制了农业生产的发展。

4. 农业环境污染严重

研究区一方面由于化肥、农药等过量使用，造成农业环境污染严重。随着居民生活水平的提高，人们为追求高产，种植农产品使用的农药、化肥和农膜的数量也明显增加，同时化肥的利用率还较低，只有 35%左右，这不仅造成资源和能源的大量浪费以及巨大的经济损失，对环境也造成一定的污染，而且这些物质在土壤和作物中大量残留，造成农产品品质下降，对土壤、水、生物、大气及人体健康也产生了严重危害。另一方面农作物秸秆资源化利用程度低，环境污染严重。随着农作物产量的增加，秸秆的生产量也相应增加，各种来源广泛、数量巨大的作物秸秆资源已成为一类极其丰富并能直接利用的可再生有机资源。因此仍需要加大宣传，鼓励农户进行秸秆资源化利用，制定切实可行的补贴和鼓励政策，并加强秸秆资源化利用技术的开发和研究。

（二）林业产业发展存在问题

1. 林业产业规模较小，产业化程度不高

研究区林业产业基地规模还不够大，特别是集中连片的规模化基地少，栽培水平低，效益不高，树种和林种结构也不尽合理，现有的林果资源优势尚未转化为产业优势和经济优势。同时，林业产业化程度不高，产业链条不够完善，龙头企业精深加工能力不够，带动能力不强，林果资源综合利用率低，对区域经济的贡献率还不高。

2. 科技水平较低，社会化服务能力较差

研究区林业科技支撑薄弱，技术体系不健全，缺少高端的技术依托，新技术、新品种引进推广滞后，技术创新和新产品开发能力不强，集约化、标准化、组织化生产经营程度低。同时，社会化服务跟不上，发展模式单一，机制不够灵活，农企利益联结不畅，品牌培育力度不够，产业文化开发滞后，不能适应现代林业产业发展的要求。此外，绿色、有机果品少，品牌、包装、档次上不去，与京津在果品供应基地建设、果品加工、产品购销上对接不够，尚未形成合理的合作共赢机制。

（三）畜牧业经营存在的问题

1. 畜禽养殖粪污无害化处理不足，造成地表水严重污染

随着农村畜牧养殖业的快速发展，养殖污染也日益突出，畜禽粪便随便排放，一是造成空气污染，二是造成水质污染。未经处理排放的粪便污水中含有大量的污染物，排入沟河造成水质富营养化，导致水质恶化，鱼虾死亡，严重污染环境。尤其是规模饲养造成畜禽粪尿的相对集中，许多养殖场户由于资金、技术和管理不能及时跟上，粪污处理设施（防雨、防渗、溢流）简陋，符合标准的只占15%，甚至没有粪污处理设施，畜禽粪尿得不到科学处理和及时“消化”，造成环境污染。

2. 动物疫病防控难度较大，引导、监督机制不健全

动物疫病是危害养殖业和人类健康的关键问题。近年来，口蹄疫、布氏杆菌、禽流感时有暴发，给养殖业造成了巨大损失，加上病毒变异，导致动物疫病日益复杂化，大大增加了防控压力。

研究区还没有完整的、切实可行的生态养殖引导、监督机制，养殖场户对生态养殖存在误区。在生态和经济发生矛盾时，人们往往选择了经济利益，致使生态养殖发展缓慢。

3. 畜牧业生态养殖基础薄弱，可持续发展的生态循环经济能力不足

研究区畜牧业投入较少，基础设施建设滞后，畜牧业支撑体系薄弱，畜禽良种繁育体系不健全，生态养殖技术推广不全面，养殖主体滥用抗生素等药物、超标使用重金属等添加剂，饲料配方不合理导致粪便中氮、磷含量偏高等情况普遍存在，危害生态环境和人类的健康。

同时，研究区畜牧业区域发展不平衡，农牧结合能力差，坝下地区牛羊等草食家畜发展水平偏低，大量的秸秆等农副产品资源得不到充分利用，造成资源浪费。坝上地区猪、鸡发展水平较为落后，农产品加工厂的副产品得不到充分利用。

4. 土地流转规模小，难以实现规模效益

研究区所调查经营主体大多数种植青贮玉米面积较小，无法实现规模效益。大多数经营主体种植青贮玉米规模最大的仅 300 亩左右，如果按照养殖一头奶牛投入的青贮玉米需要由 2 亩耕地提供才能满足需求来计算，经营主体依靠自己种植青贮玉米只能养殖 150 头奶牛。加之养殖主体如农户的耕地面积最大为七八亩，普遍为两三亩，耕地规模小且较分散，流转地块不整齐，不利于大型机械作业，难以实现规模效益。

同时，龙头企业加工能力不足，产业链短。大多数养殖主体仍然是分散经营，组织化程度还不高，龙头企业实力较弱，畜产品加工能力不足，产业链短，带动农户能力差，企业与农户之间的利益联结机制也不完善，饲草饲料加工能力低，饲草饲料保障体系不健全，严重制约畜牧业持续快速发展。

5. 生产要素缺乏，不能满足产加销需求

研究区畜牧业经营主体严重缺乏生产要素，不仅缺乏耕地资源，劳动力资源缺失的矛盾更为突出，大多数青壮年劳动力外出打工，留守的老人孩子劳动能力不足。旺季时，饲草饲料的收割多采用人工，由于劳动力少导致人工成本较高，人工费为30元/吨。畜牧业经营生产要素的短缺表现为：一方面顾不到所需要的劳动力数量与质量；另一方面劳动力等生产要素成本上升。

同时，大型收割青贮设备不健全，基础设施有待完善。基于上述两个问题，饲料饲草收割投入的劳动力成本较高，且在大部分地区耕地细碎化严重，大型机械不可使用。很多养殖主体缺乏大型收割装载设备，在租赁公司租赁机械设备，租赁费较高，高于80元/吨。这些因素严重制约了养殖业规模扩大，难以实现规模效益。

四、态建设存在的问题

京津冀区域首都“两区”建设区张家口市生态环境较脆弱，加上资源耗竭型粗放经营活动使生态环境极易遭受破坏。

（一）生态环境脆弱

1. 耗水性农作物给水源涵养造成压力

研究区在过去很长一段时间内，蔬菜规模不断扩大，需水量不断增加，2017年全年蔬菜播种面积157.7万亩，这不利于水源涵养功能的发挥。如表3-7所示，在2017年前有效灌溉面积呈增加趋势，但是2020年有所减少，这也不利于水源涵养功能的发挥。旱涝保收面积、节水灌溉机械数量、机井数量、农用水泵呈逐渐增加趋势，乡村水电站数量有所减少。这些指标的变化有利于水源涵养功能的发挥。

表3-7　2015—2020年张家口市水资源利用相关指标

指标	2015年	2016年	2017年	2020年
有效灌溉面积（公顷）	252 550	258 550	257 700	231 843
旱涝保收面积（公顷）	137 723	140 555	155 653	174 138
年末机井数（眼）	36 477	36 579	38 464	70 980
乡村水电站数（眼）	14	14	11	11
节水灌溉机械（台）	6 271	6 766	9 084	8 038
农用水泵（台）	21 539	22 097	23 931	25 017

数据来源：根据《张家口经济年鉴》（2021）整理得到。

2. 养殖业的快速发展对生态环境造成压力

近年来，研究区养殖业的快速发展结果有两方面：一方面，可以满足居民生活需求；另一方面，产生垃圾废物不利于生态环境保护。2020年全年羊出栏258.2万只，比上年下降0.6%；牛出栏30.7万头，比上年增长0.7%。这些动物养殖多数为圈养，基本不对草地资源产生环境承载压力。但是养殖业垃圾处理方式、粪尿资源再利用技术与方式仍然不完善，加上2020年生猪出栏166.9万头，比上年下降14.7%，家禽出栏3 464.3万只，比去年增长了2.7%，势必造成养殖业垃圾污染问题。

（二）环境污染与资源消耗较大

1. 化肥和机械等使用对生态环境有负面影响

研究区大量使用化肥、农药、农用塑料薄膜、机械对农田生态环境有负作用。表3-8中所列指标都与生态环境保护相关联，这些指标数量与趋势显示，2015—2020年中的4年，农药施用量有增有减，农用化肥施用量先增加到2017年开始减少，农用塑料薄膜使用量数量呈增加趋势，这些指标数量变化的后果：一方面表现为造成农业面源污染，破坏土壤生态环境，农产品质量不安全；另一方面增加经营者的生产成本。

农业机械总动力在2015年到2020年呈现的变化是先减后增，该指标数量的增加不利于生态环境改善，同时增加能源的消耗。农村用电量在4年间逐年增加，带来的后果是一方面不利于生态支撑功能的发挥，另一方面增加了能源与资源的消耗。农用柴油消耗量在逐年减少，仅这个发展趋势有利于农业生态环境建设，同时节约能源消耗。

表3-8　2012—2020年张家口市生态环境保护相关指标

指标	2015年	2016年	2017年	2020年
农药施用量（吨）	3 265	2 823	3 253	2 791
农业机械总动力（千瓦）	3 406 070	2 444 740	2 517 742	2 791 822
农用化肥施用量（吨）	110 342	113 911	106 692	129 184
农用柴油消耗量（吨）	94 748	56 927	57 149	37 822
农用塑料薄膜使用量（吨）	8 088	10 862	10 218	9 339
农村用电量（万千瓦时）	131 691	127 499	126 596	140 102

数据来源：根据《张家口经济年鉴》（2021）整理得到。

2. 水资源消耗严重

研究区属半干旱地区，水资源严重不足，多年平均水资源总量为17.99

亿立方米，其中地表水资源量为 11.62 亿立方米，地下水资源量 11.91 亿立方米（地表、地下重复水量 5.54 亿立方米），人均水资源占有量不足全国人均的 1/5，耕地亩均水资源量约为 128 立方米，约为全国平均值的八分之一。张家口市多年平均地表水可利用量为 4.767 5 亿立方米，地下水可开采量为 6.48 亿立方米，可利用量为 11.247 5 亿立方米。水资源的过度开发导致河湖干涸、湿地萎缩、地下水位持续下降、河口生态环境日渐恶化。

五、生态建设与产业经济协调发展仍具有较大挑战

研究区的生态建设与产业经济协调发展的挑战包括生态恶化与经济贫困的恶性循环、生态建设与经济发展矛盾突出、资源保护与资源利用矛盾突出、要素支持与发展能力矛盾突出、区域合作与经济竞争的矛盾需要大力协调等问题。

1. 生态恶化与经济贫困的恶性循环

由于生态承受压力低和不合理的人类经济活动破坏生态环境，工业基础薄弱，工农业产业经济发展落后进而导致生态系统失衡、经济贫困，即形成生态恶化与经济贫困的恶性循环。

2. 生态建设与经济发展矛盾突出

生态建设与经济发展是一对矛盾统一体，这一点在研究区表现得尤为突出。一方面张家口市虽然资源较丰富，但生态环境极为脆弱。全市可利用土地有限且贫瘠，生态环境保育压力大，水生态系统失调、湖泊干涸、土地沙化、水土流失严重，人均生态足迹远远超过生态承载能力。另一方面，张家口市为河北省贫困地区之一，城镇化水平、人均 GDP、财政收入、人均可支配收入等经济指标常年处于河北省下游。虽然 2020 年全市 12 个贫困县区全部摘帽，1 970 个贫困村全部出列，93.9 万建档立卡贫困人口全部脱贫，绝对贫困问题得到历史性解决，防范机制有效建立，但是，在张家口这样一个生态脆弱而经济较落后的地区发展生态经济本身极具挑战，仍然需要将生态化、城镇化、现代化建设等统一协调起来。

3. 要素支持与发展能力矛盾突出

生态经济建设是研究区经济建设与发展模式的重要战略转型，需要科技特别是高技术支撑、知识支撑、资金人才等要素支撑、体制机制创新支撑等。张家口市土地、原料供应制约明显，全市耕地细碎化严重，鲜活农产品

供应多集中在6—10月，无法形成常年持续稳定原料供应。农业人口比重偏高，农村居民受教育程度低，劳动力素质偏低，企业家和高技术人才短缺、农牧产品加工业发展资金短缺。全市农牧产品质量监管体系建设经费缺乏，绿色、有机农牧产品认证工作推进缓慢，绿色有机农牧产品生产普及率较低。农牧产品生产经营者品牌意识普遍不强，营销宣传渠道不畅，缺乏国家级或省级商标和品牌，“优质不优价”问题突出。现有经济基础条件远远不能满足生态经济发展的需要。

4. 区域生态合作与经济竞争的矛盾凸显

研究区的生态经济建设一方面是可持续发展的必然需求，另一方面也是国家发展战略的需要。长期以来退耕还林、退耕还草、稻改旱等，生态功能制约了工业经济发展，因此对于区域合作和国家支持需求强烈。与此同时，该区除了面临京郊和承德等邻京地区短距运输的农牧产品竞争之外，还要面对山东的蔬菜成本优势、内蒙古和东北三省的畜牧产品成本和品质优势、南方果蔬反季节优势和国内外绿色有机农产品品质优势的强劲竞争。各地区为了抢占首都经济圈市场，不断加大农业投入，借助全国不断完善的交通与物流系统，持续提升各自农牧产品生产加工能力、质量水平和配送效率，将对供应首都经济圈的张家口农牧产品及加工品形成激烈竞争。区域合作与竞争的协调将成为困扰生态经济发展的一个重要因素。

本章小结：通过对京津冀区域首都“两区”建设区生态建设与农业产业发展现状进行详细的研究，总结出研究区生态建设与农业产业发展的五大特征、五大优势与五大问题。

五大特征之一是包括区位特征明显、地质地貌具有特色、土壤贫瘠等的首都“两区”建设区的区域特征；五大特征之二是包括气候寒冷、少雨、多风、资源丰富、呈现农牧交错特征等的自然资源条件特色；五大特征之三是包括经济发展水平较低、生态功能区划明确、京张区域合作基础良好等的社会经济发展特征；五大特征之四是包括农业产业化水平先升后降、农产品加工业品牌效应不明显等的农业产业经营特征；五大特征之五是包括生态农牧业基础稳固、退耕还林后续产业发展较好、生态旅游业发展速度加快等的生态建设特征。

五大优势之一是包括所处地区、农牧交错优势等的首都“两区”建设区区位优势；五大优势之二是包括农业资源丰富、耕草地资源组合适当等的资源分布优势；五大优势之三是包括生态建设成效明显、水源涵养成果突出、“蓝天保护”与“大地增绿”成效显著等的生态环境显著优势；五大优势之四是包括产业结构逐渐趋于合理、耕地与草地资源丰富、种植业与养殖业产业并重、现代农牧业产业经济效益稳步增长、特色农产品质量优良等的农业产业发展优势；五大优势之五是包括生态建设与农业产业土地资源配置关系特殊、区域低碳绿色农业发展潜力巨大等的战略地位优势。

五大问题之一包括农业劳动力数量偏少、土地资源利用不充分、生态环境恶化、气象灾害频繁等农业资源利用问题；五大问题之二包括农业生产力低且不稳定、农业产业在国民经济中所占比例不大、农业产业特色没有充分体现、畜牧业优势没有充分发挥等农业产业结构问题；五大问题之三包括种植业存在的资源、要素、技术和生态环境方面的问题，林业存在的产业规模、产业化程度、科技水平、社会化服务等方面的问题，以及畜牧业存在的垃圾处理、动物疫病防控、生产要素等方面的问题；五大问题之四是包括生态环境较脆弱、资源消耗较大等的生态建设方面的问题；五大问题之五是生态建设与产业经济协调发展方面的挑战。

本章对京津冀区域首都“两区”建设区张家口市的生态建设与农业产业发展五大特征、五大优势与五大问题的现状分析结论，为首都“两区”建设区生态建设与低碳农业协调发展机制构建提供了实证依据。

第四章
生态建设与低碳农业创新发展理论依据

本章内容以“创新”发展为主题，主要论述京津冀区域首都“两区”建设区生态建设与低碳农业协调发展机制的理论基础，包括京津冀区域协同发展理论依据、区域生态建设创新发展理论依据和首都“两区”建设区低碳农业创新发展理论依据。

第一节　京津冀区域协同发展理论

本节应用区域经济理论分析京津冀区域首都“两区”建设与低碳农业协同发展的理论依据，包括区域均衡发展理论、区域非均衡发展理论。

一、区域均衡发展理论

区域均衡发展理论涵盖赖宾斯坦的临界最小努力命题论、纳尔森的低水平陷阱论、罗森斯坦-罗丹的大推进论、纳克斯的贫困恶性循环论和平衡增长理论。

（一）区域均衡发展基本理论假设

区域均衡发展理论主要主张经济是有比例相互制约和支持发展的。新古典区域均衡发展理论是区域均衡理论的代表之一，是建立在自动平衡倾向的新古典假设基础上的，其理论假设包括下列内容。

1. 区域建立完全竞争的市场机制

根据新古典区域均衡发展理论的观点，市场机制是一只“看不见的手”，该理论观点表示，只要在完全竞争市场条件下，由于市场价格机制和竞争机制的作用，社会资源在区域内地区之间形成最优配置。

区域均衡发展理论以一系列较严格假设条件为前提，这些假设条件包括：一是区域各项生产中有资本和劳动力两种要素，并且可以相互替代；二是存在完全竞争市场模型；三是生产要素可以自由流动，并且是无成本的；四是区域规模报酬不变和技术条件一定；五是发达地区资本密集度高，资本边际收益率低，不发达地区劳动密集度高，工资低。在这5个基本假设的条件下研究区域均衡发展与协同发展问题。

本书也借助这些假设来研究京津冀区域协同发展、首都“两区”建设区生态建设与农业产业协调发展问题。

2. 最终能实现区域间均衡发展与各领域均衡发展

均衡发展理论不仅强调部门或产业间最终达到平衡发展、同步发展，而且强调区域间或区域内部最终也能达到平衡发展、同步发展，即空间的均衡化。假设随着生产要素的区际流动，各区域的经济发展水平将趋于收敛（平衡），因此主张在区域内均衡布局生产力，空间上均衡投资，使各产业均衡发展，齐头并进，最终实现区域经济的均衡发展。

依据该观点，京津冀协同发展战略不仅强调京津冀三省市的地区发展协调均衡，也强调京津冀三省市各领域与各行业的协同均衡发展，更强调京津冀三省市的生态环境协调保护与农业产业的协调发展，以及首都“两区”建设区生态建设与低碳农业产业协调发展。

（二）区域均衡发展理论主要内容

区域均衡发展理论包括赖宾斯坦的临界最小努力命题论、纳尔森的低水平陷阱理论、罗森斯坦·罗丹的大推进理论、纳克斯的贫困恶性循环理论和纳克斯的平衡增长理论等。

1. 临界最小努力命题论

临界最小努力命题论是赖宾斯坦提出的，该理论主张发展中国家应努力使经济达到一定水平，冲破低水平均衡状态，以取得长期的持续增长。经济不发达情况下，人均收入提高或下降的刺激力量并存，如果经济发展的努力程度达不到一定水平，提高人均收入的刺激小于临界规模，那就不能克服发展障碍，冲破低水平均衡状态。为使一个国家、一个区域或一个地区经济取得长期持续增长，就必须在一定时期内受到大于临界最小规模的增长刺激。

在京津冀协同发展战略实施背景下，京津冀区域首都“两区”建设区张家口市在河北省属于不发达地区，依据临界最小努力命题论的观点，该区域应当依据自身的优势条件努力发展经济，使得其经济冲破长期以来的低水平，并保持长期稳定在该水平，最终才能达到在京津冀区域实现区域均衡发展的目的。但是研究区的经济发展首先要考虑生态建设，这就需要寻求解决生态建设与经济发展新矛盾的途径并建立相关的机制。

2. 低水平陷阱理论

低水平陷阱理论是纳尔森提出的，以马尔萨斯理论为基础，说明发展中国家存在低水平人均收入反复轮回的现象。不发达经济的痼疾表现为人均实际收入处于仅够糊口或接近于维持生命的低水平均衡状态，很低的居民收入使储蓄和投资受到极大限制。如果通过增加国民收入来提高储蓄和投资，又通常导致人口增长，从而又将人均收入推回到低水平均衡状态中，这是不发达经济难以逾越的一个陷阱。在外界条件不变的情况下，要走出陷阱，就必须使人均收入增长率超过人口增长率。

低水平陷阱理论可以解释京津冀区域首都“两区”建设区张家口市的人均收入增长速度较慢的原因与影响因素涉及投资问题。由于该区域经济不发达，吸引投资的能力不足，而且在生态优先、绿色发展原则指导下，需要充分考虑生态与经济的协调发展问题。所以，在首都“两区”建设区张家口市这一类经济欠发达地区需要寻求一条生态优先发展的经济增长途径。

3. 大推进理论

大推进理论是由罗森斯坦·罗丹提出的，主张发展中国家等在投资上以一定的速度和规模持续作用于各产业，从而冲破其发展的瓶颈。该理论普遍适用于发展中国家和欠发达地区，原因在于它的3个“不可分性”的理论基础，即社会分摊资本的不可分性、需求的不可分性、储蓄供给的不可分性。

大推进理论可以解释京津冀区域首都“两区”建设区各个产业发展受首都生态环境支撑区和水源涵养区建设的影响，产业发展受到限制，尤其是耗水的蔬菜与马铃薯产业发展规模受到限制，高污染的畜牧业发展也需要考虑垃圾的合理处理。在这些产业发展限制因素下，杂粮等发展前景较好，这就需要突破农业产业发展的瓶颈，在首都“两区”建设区集中于杂粮等特色产业的发展。

4. 贫困恶性循环理论和平衡增长理论

贫困恶性循环理论和平衡增长理论是由纳克斯提出的，他认为：资本缺乏是阻碍不发达国家经济增长和发展的关键因素，是由投资诱惑力不足和储蓄能力太弱造成的，而这两个问题的产生又是由于资本供给和需求两方面都存在恶性循环。但贫困恶性循环并非一成不变，平衡增长可以摆脱恶性循环，是扩大市场容量和形成投资诱惑力的一种必需的方法。京津冀区域首都“两区”建设区发展经济的一大限制因素是资本短缺，这也是生态建设与产业经济协调发展最大的障碍，需要先解决投资与资本问题。

（三）区域均衡增长理论总结

区域均衡增长理论所涵盖的理论总结了发达地区与欠发达地区均衡发展的规律与发展趋势，共同观点是区域经济增长取决于资本、劳动力和技术三个要素的投入状况，而各个要素的报酬取决于其边际生产力。

在完全竞争市场机制下，生产要素为实现其最高边际报酬率而流动，进而导致区域发展的均衡。因此，尽管各区域存在着要素禀赋和发展程度的差异，但是由于劳动力总是从低工资的欠发达地区向高工资的发达地区流动，以取得更多的劳动报酬。同理，资本从高工资的发达地区向低工资的欠发达地区流动，以取得更多的资本收益。所以要素的自由流动，最终将导致各要素收益平均化，从而达到各地区经济平衡增长的结果。

对于京津冀区域来说，北京市具有资本与技术优势；首都“两区”建设区张家口市位于京北，具有土地资源与劳动力较丰富的优势：两地可以实现优势互补。同时，张家口市在要素方面呈现土地辽阔和生态环境支撑的优势条件，而且还具有既与农区接壤、又与牧区交接的区位优势，所以，张家口市为北京市输送绿色农产品，以及从北京市引入资金、技术和人才等生产要素，均具有运输距离短、运输成本低的优势。因此，该理论能够作为京津冀区域生态产品、农业生产要素与农畜产品市场自由流动、技术与资金引入等协调发展与均衡发展的理论依据。

二、区域非均衡发展理论

区域非均衡发展理论主张首先发展一类或几类有带动性部门，通过这几个部门的发展带动其他部门的发展。或者在一个区域内首先发展一个或几个地区的经济，通过先发展起来的地区带动区域内其他地区。按发展阶段的适用性，区域非均衡发展理论大体可分为两类：一类是无时间变量的区域非均衡发展理论，另一类是有时间变量的区域非均衡发展理论。

（一）无时间变量的区域非均衡发展理论

无时间变量的区域非均衡发展理论主要包括循环累积因果论、不平衡增长论、增长极理论、中心—外围理论、梯度转移理论等；

1. 循环累积因果论

循环累积因果论的主要观点认为，经济发展过程在空间上并不是同时产生和均匀扩散的，而是从一些条件较好的地区开始的。一旦这些区域由于初始优势而比其他区域超前发展，则由于既得优势，这些区域就通过累积因果过程，不断积累有利因素继续超前发展，从而进一步强化和加剧区域间的不平衡。区域间的不平衡导致增长区域和滞后区域之间发生空间相互作用，包括回流效应和扩散效应，基于此，区域经济发展应当优先发展条件较好的地区，通过扩散效应带动其他不发达地区的发展，这就需要政府制定一系列特殊政策来刺激落后地区的发展，以缩小经济差异。

因此，该理论的主张者提出了区域经济发展的政策建议：在经济发展初期，政府应当优先发展条件较好的地区，以寻求较高的投资效率和较快的经济增长速度，通过扩散效应带动其他地区的发展；但当经济发展到一定水平时，政府必须制定一系列特殊政策来刺激落后地区的发展，以缩小经济差异，防止循环累积因果造成贫富差距的无限扩大。

在京津冀区域各省市、各地区存在着循环累积因果关系，政府应当采取这些措施。

2. 不平衡增长论

不平衡增长论理论提出者认为在一个区域经济进步并不同时出现在每一处，经济进步的巨大推动力将使经济增长围绕最初的出发点集中，增长极的出现必然意味着增长在区域间的不平等是经济增长不可避免的伴生物，是经济发展的前提条件。不平衡增长论提出了与“回流效应”和“扩散效应”相对应的“极化效应”和“涓滴效应”。该理论观点认为在经济发展的初期阶段，极化效应占主导地位，因此区域差异会逐渐扩大，但从长期来看，涓滴效应将缩小区域差异。

在京津冀区域各省市、各地区存在着不均衡发展状态，在经济较发达的地区北京市与天津市经济增长较快，然后通过“极化效应”和“涓滴效应”使得不发达的地区河北省，尤其是经济欠发达的张家口地区逐渐发展起来。

3. 增长极理论

增长极概念是由法国经济学家佩鲁首次提出的，他认为抽象的经济空间是以部门分工所决定的产业联系为主要内容，关心的是各种经济单元之间的联系。他认为增长并非同时出现在各部门，而是以不同的强度首先出现在一些增长部门，然后通过不同渠道向外扩散，并对整个经济产生不同的终极影响，着重强调产业间的关联推动效应。

后来布代维尔从理论上将增长极概念中的经济空间推广到地理空间，认为经济空间不仅包含了经济变量之间的结构关系，也包括了经济现象的区位关系或地域结构关系。因此，增长极概念有两种含义：一是在经济意义上特指推进型主导产业部门；二是在地理意义上特指区位条件优越的地区。应指出的是，点-轴开发理论可看作是增长极和生长轴理论的延伸，它不仅强调“点”（城市或优区位地区）的开发，而且强调“轴”（“点”与“点”之间的交通干线等）的开发，以点带轴，点轴贯通，形成点轴系统。

在京津冀区域，依据各地区的经济实力与创新能力来区分，北京市与天津市可以作为区位条件优越的地区，是经济增长极，即所谓的“点”，而河北省及其环京津各地区可以看作生长“轴”。这样可形成北京市与天津市的“点”带动环京津河北省各地区（包括首都“两区”建设区）的“轴”的社会经济系统，并达到经济协同发展的目的。

4. 中心-外围理论

中心-外围理论是由弗里德曼提出的，中心-外围理论在考虑区际不平衡较长期的演变趋势基础上，将经济系统空间结构划分为中心和外围两部分，二者共同构成一个完整的二元空间结构。中心区发展条件较优越，经济效益较高，处于支配地位；而外围区发展条件较差，经济效益较低，处于被支配地位。因此，经济发展必然伴随着各生产要素从外围区向中心区的净转移。在经济发展初始阶段，二元结构十分明显，表现为一种单核结构；随着经济进入起飞阶段，单核结构逐渐为多核结构替代；当经济进入持续增长阶段，随着政府政策干预，中心和外围界限会逐渐消失，经济在全国范围内实现一体化，各区域优势充分发挥，经济获得全面发展。该理论对制定区域发展政策具有指导意义。

按照“中心-外围”理论的观点，在京津冀区域，北京市与天津市可以作为中心区，河北省及其各地区为环京津外围区。在以北京市与天津市为主的中心区，发展条件较优越，经济效益较高，处于支配地位；而河北省各地区作为外围区发展条件较差，经济效益较低，处于被支配地位。

5. 梯度转移理论中的农业区位论

梯度转移理论包括工业生产生命循环论、农业区位论等理论。这里主要分析农业区位论。

屠能的农业区位论在论述独立国与国民经济的关系时，在一定程度上阐述了梯度理论。农业区位论强调农业环，农业行为在“环状布局”中就是寻租的过程，由于距离中心位置越远的地方从事农业耕种，就越需要付出较多的代价，所以：在交通条件没有达到一定程度时，农业环向外围空间扩展的势力是有限的，即农业发展过程中，由中心地区指向外围地区的梯度力在距离中心位置较近的地方就已经变得很弱了；随着交通条件不断发展，农业行为由中心地区指向边缘地区的梯度力会有所增强，农业行为的作用范围也会逐渐扩大。该理论实际上映射了城市对腹地的影响，中心城市的发展程度越高，对腹地产生作用的梯度力就会越强，中心城市就越能够带动更大区域的发展。

在京津冀区域，将北京市与天津市作为中心区域，将位于京津边缘环京津的河北省各地区作为主要农业区，由此形成农业环。在交通条件没有达到一定程度时，农业发展过程中，由中心地区京津指向河北省各地区的梯度力在距离中心位置较近的地方变得越弱；随着交通条件不断发展，农业行为由京津指向河北省各地区的梯度力会有所增强，农业行为的作用范围也会逐渐扩大，京津两大城市中心能够带动更大区域农业的协同发展。

（二）有时间变量的区域非均衡发展理论

有时间变量的区域非均衡发展理论主要以威廉姆逊的倒 U 形理论为代表。威廉姆逊把库兹涅茨的收入分配倒 U 形假说应用到分析区域经济发展方面，提出了区域经济差异的倒 U 形理论。他通过实证分析指出，无论是截面分析还是时间序列分析，结果都表明，发展阶段与区域差异之间存在着倒 U 形关系。这一理论将时序问题引入了区域空间结构变动分析。由此可见，倒 U 形理论的特征在于均衡与增长之间的替代关系依时间的推移而呈非线性变化。

在京津冀区域，该理论的应用主要体现在京津冀区域经济差异也符合倒 U 形规律，京津冀区域各地区均衡与增长之间的替代关系依时间的推移呈现非线性变化，最终在区域内实现经济的协调发展。

（三）区域非均衡发展理论的应用

上述两类非均衡发展理论的观点共同的特点是，二元经济条件下的区域经济发展轨迹必然是非均衡的，但随着发展水平的提高，二元经济必然会向更高层次的一元经济即区域经济一体化过渡。非均衡发展理论主张首先发展一类或几类有带动性部门，通过这几个部门的发展带动其他部门的发展。也可以引申为在一个区域内首选一个地区或几个具有经济带动性的地区，通过这些先发展起来的地区带动其他地区经济发展，最终实现区域经济一体化的发展目标。

上述两类非均衡发展理论的区别主要在于，从不同的角度来论述均衡与增长的替代关系，因而各有适用范围。在关于是否不论经济增长所处发展阶段如何都存在对非均衡的依赖性问题上，这两类理论之间是相互冲突的。增长极理论、不平衡增长论和梯度转移理论倾向于认为无论处在经济发展的哪个阶段，进一步的增长都要求打破原有的均衡，而倒 U 形理论则强调经济发展程度较高时期增长对均衡的依赖。

区域非均衡发展理论对京津冀区域中各地区的农业生产要素的流动与绿色低碳农业一体化发展政策具有指导意义。依据区域非均衡发展理论，在京津冀区域生产要素先流向具有经济发展优势或处于经济发展中心的北京市，使京津冀区域内的地区之间经济差异不断扩大；在发展过程中通过生产要素的扩散效应或涓滴效应，使各种要素从发达的首都北京市向首都“两区”建设区张家口市流动，使区域发展差异逐渐缩小，实现各地区绿色低碳农业产业经营效率整体提高的目的。

第二节　生态建设创新发展理论

本节主要应用机会成本理论、外部性理论、帕累托最优理论分析农业生态建设策略实施的依据。

一、生态优先发展理念指导人类的经济行为

早在 2005 年，时任浙江省委书记的习近平同志就提出了“绿水青山就是金山银山”的科学发展理念，而“两山”理论为生态优先理论奠定了基

础。2016年习近平总书记提出“生态优先、绿色发展”理念，这成为产业发展实践的指导原则。2023年习近平总书记在全国生态环境保护大会上强调，全面推进美丽中国建设，加快推进人与自然和谐共生的现代化。所谓生态优先原则是将绿色放在首要的位置上，同时兼顾经济发展，在不破坏生态平衡的基础上追求经济利益最大化。生态优先理论主张改变高投入、高消耗、高污染、低效益的传统发展模式，以生态优先、环境保护为前提，让经济建设与环境承载力相协调，强调绿色、高效率、高质量的发展。

生态优先理论尊重整个生态系统的动态平衡以及低碳农业中碳排放与碳汇功能的均衡作用，为低碳农业的发展提供了理论依据，发展低碳农业可以修复生态环境、维护生态功能，从而实现农业生态建设与农业产业经济协调发展。

在京津冀区域，首都“两区”建设区张家口市承担着首都生态环境支撑区和水源涵养区的生态功能，在发展产业经济时，必须将为首都筑起生态屏障作为首要任务，优先考虑生态环境保护功能，从事与生态建设一致的产业经济发展，即追求生态建设与产业经济协调发展的目标。

二、农业产业多功能性与生态建设公共品特性

由于农业产业提供的农产品，不仅具有衣食住行的功能，还具有净化空气、涵养水源、废物处理、保护生物多样性、休闲娱乐等其他功能，因此，农产品具有公共品特征。

1. 农业产业的多功能性

农业产业多功能效应包括改善生态环境、保持水土、涵养水源、净化空气、美化环境、休闲旅游等多种经济功能、生态功能与社会功能。农业具有提供生活必需品、生态环境保护等多重功能，因而农业资源配置有多种选择，任何选择都会产生机会成本。

土地资源在农业生产生活必需品与生态产品（生态建设）之间配置，依据机会成本理论，增加任何一种用途多获得收益的机会成本会减少另一种用途的收益。张家口市开展“两区”建设，农业产业发展优先考虑生态功能，结构调整产生的机会成本表现为三方面：一是对农地进行结构调整，将农业用地提供生活资料用途改为生态建设用途时产生机会成本；二是进行农牧业结构调整，耕地将粮食、蔬菜栽培改种饲料饲草发展畜牧业，畜牧业收益增

加的机会成本是放弃粮食与蔬菜等作物的收益；三是进行农作物结构调整，用耐旱作物替代耗水作物也产生机会成本。通过结构调整扩大生态建设规模产生的机会成本有可能较小，有可能较大，但是不管产生的机会成本大小，由于农业的多功能性，农业生态建设都会产生外部经济性。

2. 农业产业的公共资源特征

农业的公共品功能特征一方面表现为公共资源特征，另一方面表现为公共物品特征。

农业的公共资源特征主要表现为在使用过程中容易产生“公地悲剧”和“搭便车”问题。例如：一片草原上生活着一群聪明的牧人，他们各自勤奋工作，增加着自己的牛羊。畜群不断扩大，终于达到了这片草原可以承受的极限，每再增加一头牛羊，都会给草原带来损害。但每个牧人都明白，如果他们增加一头牛羊，带来的收益全部归他自己，而由此造成的损失则由全体牧人分担。于是，牧人们继续繁殖各自的畜群。最终，这片草原毁灭了。可见，生态领域如果某种资源的使用没有竞争性，就会导致公共资源的过度使用，最终使生态平衡被打破，生态资源被耗尽，全体成员利益受损的“公地悲剧”发生。对农业土地资源的利用也遵循该规律。

3. 农业生态建设的公共品特征

农业生态建设具有公共品特征，如“搭便车”现象，该特征表现为农业经营者之外的其他人不付任何成本就可以享受到农业生态建设提供的生态效益。如果所有社会成员都成为免费搭车者，最终结果是谁也享受不到公共产品。由于政府无法了解每个人对某种公共产品的偏好及效用函数，再加之公共产品的非排他性，使得人们可能通过低成本获得收益而减少其对公共产品的出资份额。在这样的社会条件下，人们完全有可能在不付任何代价的情况下享受通过他人的付出而提供的公共产品的效益，即出现了“搭便车”的现象。农业生态产品本质上属于一种公共产品，某些人会为提供生态产品或生态效益付出代价，甚至为生态保护作出某种牺牲，其他人完全可以“免费”享受他们努力保护的自然环境。由于农业生态产品在消费中的非排他性，必然产生众多的“搭便车”者，最终将会使得农业生态产品的供给不足，生态环境恶化。

农业产业的公共品特征所涵盖的公共资源问题与公共品问题都会产生外部性。由于公共物品不能保证每个供给者实现利益的交换性，才使得无法形成有效率的公共物品的市场交换价格，使得不存在市场的公共物品供给。这样，政府对公共物品供给的介入就成为必然了。政府提供公共产品，并不意味着政府管制与免费提供，对于像农业生态产品这样的公共物品，不是政府能够免费提供的。但是，应当通过制度创新设计应对生态环境的“公地悲剧”以及农业生态产品消费中的“搭便车”现象，激励公共产品的足额提供。因此，生态补偿、受益者付费的法律机制成为解决私人提供农业生态公共物品的有效手段。

三、农业生态建设机会成本理论

农业生态建设与提供的生态产品具有价值，因而其理论依据包括生态资本理论、机会成本理论等。

（一）农业生态建设产生机会成本

农业生态建设是农业生态系统提供社会农业生态产品，生态产品具有生态价值，遵循生态资本理论，农业生态建设与农业生产之间进行选择产生机会成本。

1. 生态资本理论

生态资本理论认为，生态系统提供的生态产品与服务应被视为一种资源、一种基本的生产要素，因此具有生态效益价值。这种生态产品与服务或者说生态效益价值就是生态资本。学界在论证生态效益价值时，大体形成了四种不同的观点：

一是效用价值论。该理论主张者认为价值的本质是效用，其大小由稀缺和供求状况决定。生态资源本身具有稀缺性，生态产品的自然提供还是人类“加工”自然而提供，都具有稀缺性，供给有限。

二是劳动价值论。该观点认为现在地球上的生态系统已不再是“天然的自然”而是“人工的自然”了，生态环境是我们创造财富的要素之一。这是因为人类为生态资源的保护和发展所费的劳动构成了森林生态系统的价值实体。按照马克思劳动价值论，生态产品与服务具有价值。

三是将劳动价值论与效用价值论相结合形成的综合价值论。该观点主要表现为生态效益价值以劳动价值论为基础，以稀缺理论为补充。也有人认为，生态效益价值首先取决于它对人类的有用性，其价值大小取决于它的稀缺性和开发利用条件。

四是总经济价值理论。该理论主张者认为总经济价值由两部分组成：使用价值和非使用价值。其中，非使用价值又包括选择价值和存在价值。整个生态系统是通过各环境要素对人类社会生存及发展的效用总和体现它的整体价值。不管是土地、矿藏，还是森林、水体，作为资源，它们现在都可以通过级差地租或者影子价格来反映其经济价值，从而实现生态资源资本化。

随着社会的进步，人类对生存环境质量的要求越来越高，生态系统的整体性就越来越重要，而生态资本存量的增加在经济发展中的作用也日益显著。随着生态产品稀缺性的日益凸显，人们逐渐意识到，不能只向自然索取，而要投资于自然。但是，随着生态资本的增值，如果生态投资者不能得到相应的回报，那么没有人愿意从事这种“公益事业”。因此，应通过制度创新给予生态投资者合理回报，激励人们从事生态保护投资并使生态资本增值。生态补偿机制即是很好的法律机制。

2. 农业用地从事生态建设产生机会成本

一个地区所拥有的资源在时间上或空间上都是有限的；有限的资源又是具有多种用途的，用作某一种用途，就需要放弃其他的用途：现实社会的资源具有稀缺性。所以，在配置资源时，就具有了选择性，当资源用于一种用途时，要放弃资源的其他用途，便会产生机会成本，当张家口市开展“两区”建设时，将土地资源的农业生产用途改为生态环境建设用途时产生机会成本。

无论是利用土地种植粮食作物、经济作物发展农业，还是退耕进行生态环境保护与建设，都会产生机会成本。图 4－1 中横轴为生态建设产值（F），纵轴表示农业产值（G），生产可能性边界线（CD）表示在利用有限的土地资源经营农业与生态建设的最大可能产值组合。

从图 4－1 的生产可能性曲线上的 E 点到 H 点，扩大生态建设规模，多获得 F_1F_2 个单位生态价值的机会成本是放弃农业经营 G_1G_2 个单位农业产值，如果该机会成本较小，意味着“两区”建设资源配置策略实施可以获得更大的综合效益。

土地经营主体将农业生产改为生态建设，综合效益提高，但是生态建设所得综合效益使得周边所有人在不付出任何成本时也可以享有，所以，生态建设产生正的外部性。

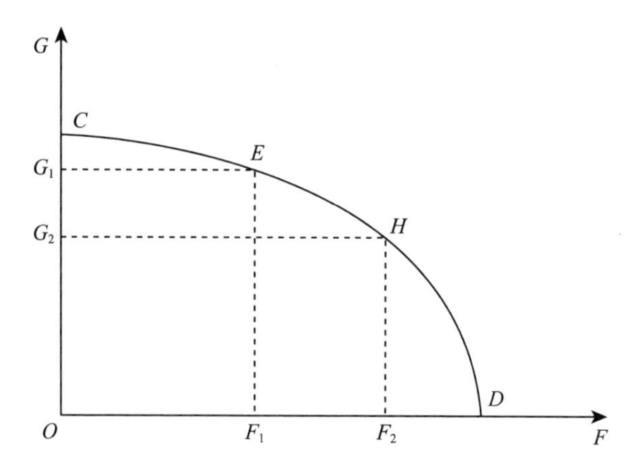

图 4-1 农业生产与生态建设边界线

（二）生态建设配套策略的帕累托最优理论

意大利经济学家帕累托在19世纪末20世纪初，提出了资源配置的经济效率标准，即帕累托最优标准。该标准是衡量行为、策略、方案改变的资源配置效率与公平的依据，如果某方案变动使一部分人受益，而至少没有人受损，该方案的实施存在帕累托改进，且该方案的实施提高了效率。

帕累托最优是无论任何改变都不可能同时使某人受益而其余的人不受损，即某人福利的增加必然以至少一个人的福利减少为代价，即经济体的资源配置达到了帕累托最优状态时，任何改变都有所损失。所以，帕累托最优状态又称为资源配置具有经济效率的状态，满足帕累托最优状态就是具有经济效率的，反之，不满足帕累托最优状态就是缺乏经济效率。

当某种改变可以使至少一个人的状况变好而不使任何人的状况变差，那么，这种状态就不是帕累托最优状态，即当资源配置状况发生变化时，至少有一个人的福利增加，同时没有人的福利减少，即存在帕累托改进。

依据上述帕累托最优理论，在实施首都“两区”建设策略时，虽然张家口市生态建设存在正外部性，但是通过采用生态补偿的配套策略对张家口市进行生态建设时，该策略存在帕累托改进。张家口市实施首都“两区”建设策略建设水源涵养区和生态环境支撑区时，农业经营主体首先应该考虑生态功能价值的实现，兼顾经济效益，农业生态建设措施产生正外部性，但是政府的生态补贴可以消除正外部性。因此，“两区”建设策略的实施使得京津冀区域甚至更大区域综合效益提高，通过生态补偿配套措施又不会使得任何区域或任何人的状况变坏，“两区”建设策略与生态补偿措施具有帕累托改进的作用。

农业生态建设措施的结构调整策略产生机会成本、正外部效应与经济损失。依据帕累托最优理论的观点，政府建立相应的生态补偿、生态补贴与津贴等配套激励机制，既可以抵消农业生态建设的机会成本，又可以使农业生态建设外部效应内部化，还可以补偿首都“两区”农业生态建设给农业经营主体带来的经济损失，同时，提高了京津冀区域生态效益与社会效益，使资源配置经济效率提高，即政府的生态保护补偿制度供给存在帕累托改进。这些理论为生态优先发展，兼顾经济效益的低碳农业发展相关机制建立提供了理论支撑。

四、低碳农业与经济协调发展理论

研究区绿色低碳农业与农业经济协调发展遵循生态优先、绿色发展的原则，低碳农业也具有公共品特性，其经营主体行为选择产生机会成本，同时产生正外部性，通过结构调整实现农业碳排放与农业经济协调发展策略也存在帕累托改进。

1. 低碳农业（生态建设）与经济发展行为选择产生机会成本

基于生态优先发展原则，农业经营主体的选择行为涉及低碳农业（生态价值）与经济发展（经济价值）之间的资源配置问题，将效用（U）模型扩展应用于农业经济收益（$X_{经}$）与低碳农业（生态价值）（$X_{生}$）行为选择，因此有 $\max U=U(X_{经}，X_{生})$ 的模型。任何一种选择都产生机会成本，当研究区农业产业发展优先考虑生态功能时，通过结构调整扩大生态建设规模产生的机会成本为农业经济收益的损失。

图 4－2 中横轴 $X_{生}$ 为生态建设收益，纵轴 $X_{经}$ 为发展农业经济效益，pp'为生产可能性曲线，在该曲线上从 E 点到 D 点移动，增加了生态建设的收益，就需要减少农业经济的收益，即生态建设转换为农业经济产生机会成本。U 曲线为效用曲线，经营主体选择生态建设和经济建设两种行为具有替代关系，效用曲线与生产可能性曲线相切的 H 点为帕累托最优状态，是最有效率的资源配置状态。

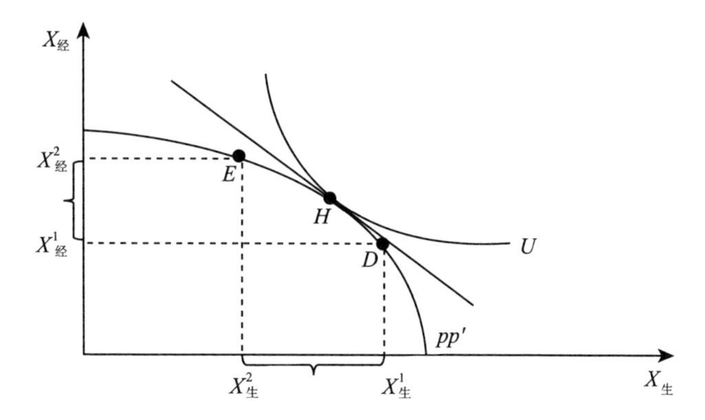

图 4-2　生态与经济建设农业资源配置图

2. 低碳农业公共品特征导致经营行为产生正外部性

（1）外部经济性的含义

经济学对外部性的定义为：外部性是某个经济主体对另一个经济主体产生一种外部影响，而这种外部影响又不能通过市场价格进行买卖，即在生产或消费中对他人产生额外的成本或效益，然而施加这种影响的人却没有为此而付出代价或得到好处。按照外部性影响效果不同，可分为负的外部性和正的外部性。负的外部性说明存在边际外部成本，私人成本大于社会成本；正的外部性说明存在边际外部收益，私人收益小于社会收益。社会边际成本收益与私人边际成本收益背离时，不能靠在合约中规定补偿办法予以解决，即出现市场失灵时必须依靠外部力量——政府干预加以解决。

生态经济具有强烈的正外部性。生态经济所具有的外部经济性导致了市场失灵，使得资源配置无效或低效。因此，需要采用一些措施或途径来矫正或消除这种外部性。具体而言，就是要设计一定的机制对生态产品的边际私人成本或边际私人收益进行调整，使之与边际社会成本和边际社会收益相一致，实现外部效益的内在化。由于对外部效应的起源有不同认识，因而有多种矫正方法。归纳起来主要有两种：一种是庇古提出的解决方法，通过政府干预的手段来矫正外部性，对于正的外部影响应予以补贴，对于负的外部影响应处以罚款，以使外部性生产者的私人成本等于社会成本，从而提高整个社会的福利水平；二是科斯提出的解决方法，通过明晰产权、市场力量来解决外部性问题。科斯认为外部性问题的实质在于双方产权界定不清，在产权明晰和交易成本为零的情况下，外部性可以完全通过市场解决。

（2）低碳农业经营行为产生正外部性

当农田生态系统发挥碳汇等生态功能时其公共品特性更为显著。农业经营主体农业结构调整对发展低碳农业产生正外部性，即全社会的生态效益得到提高，农业经营主体的边际成本却大于社会边际成本，低碳农业（生态建设）还可能产生直接经济损失。

低碳农业（生态建设）产生正外部性资源配置如图 4－3 所示，横坐标 Q 为农业生态建设规模，纵坐标 $P(C)$ 为低碳农业（生态建设）的边际成本和边际收益。MPR 表示边际私人收益曲线，MSR 表示边际社会收益曲线，MPC 表示经营主体发展生态农业的边际私人成本。

农业经营主体行为遵循利益最大化目标的原则，在 E 点市场供需达到均衡，农业经营主体发展低碳农业（生态建设）的最佳规模是 Q_1。但是社会福利达到最大化的均衡点在 F 点，社会需求的生态建设规模为 Q_2 水平，在该状态下，低碳农业的生态建设功能产生正外部性，经营主体边际收益减少，资源配置呈现低效率。所以，需要相关的补贴制度与政策进行调控。

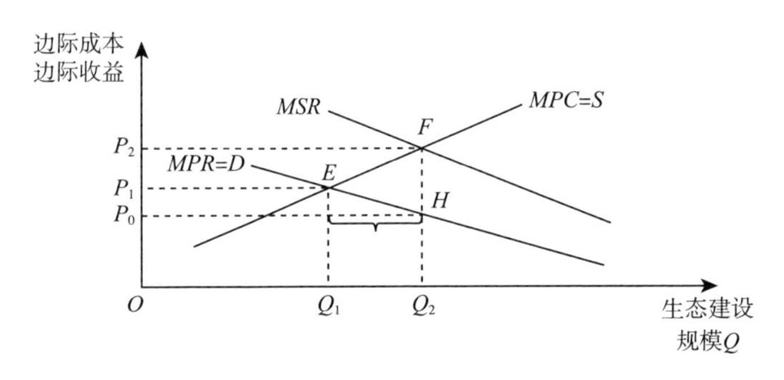

图 4－3　低碳农业（生态建设）产生正外部性资源配置图

3. 生态优先发展行为激励理论

依据上述生态优先发展的结构调整产生机会成本，同时，生态优先发展原则下农业经营主体低碳农业（生态建设）行为存在正外部性，市场机制配置资源缺乏效率，在此情形下，需要出台激励政策消除机会成本带来的损失，并实现生态优先发展的外部效应内部化。

依据激励理论，激励政策应该对产生正外部性的经济主体给予经济补偿进行正向激励。图 4-4 显示政府如果采取对低碳农业（生态建设）的经济损失进行补偿的措施，当其补偿额达到 T 的数量时，则供给曲线 S 向右下方移动到 S'，与需求曲线 D 相交于 H 点，正好满足社会效益最大的生态建设规模 Q_2，经营主体的收益为 $P_0+T=P_1$，达到所追求的利益 P_1。

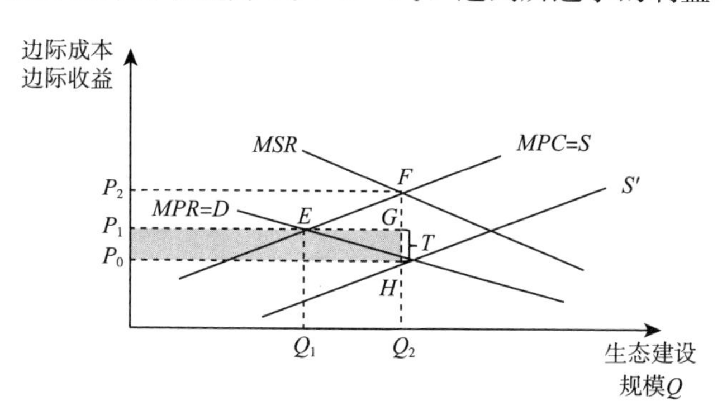

图 4-4　低碳农业（生态建设）外部效应内部化的激励策略

政府对经营主体进行补偿，其实是政府购买了经营主体提供的生态产品，使生态产品达到市场供需均衡，经营主体所得补贴为图 4-4 所示的阴影部分的面积，既解决了发展低碳农业（生态建设）供给不足的问题，也实现了发展低碳农业外部效应内部化的目的。

第三节　低碳农业创新发展理论

本节主要运用比较优势理论与经济一体化理论、交易成本理论、规模经济理论等理论对首都“两区”建设区低碳农业产业融合协调发展进行分析。

一、比较优势理论与经济一体化理论

该理论包括斯密的绝对比较优势理论、李嘉图的相对比较优势理论，以及经济一体化理论。

绝对比较优势理论与相对比较优势理论都论述了比较优势会产生区域分工，在一定的区域内有分工的情况下，就会形成区域产业的专业化。区域分工产生的原因不仅在于区域的比较优势，还在于产业的规模经济。这充分说明在一定的区域内应当形成有效的、合理的区域分工体系，即形成区域内统一的商品市场、要素市场和服务市场的经济一体化。也有观点认为区域经济

一体化是区域内地区之间市场一体化的过程，从产品市场、生产要素市场向经济政策的统一逐步深化。

绝对比较优势理论、相对比较优势理论，以及经济一体化理论应用于第一产业、第二产业、第三产业的区域一体化、首都“两区”建设中，一方面要体现京津冀区域各地区农业资源、要素、产业的比较优势，另一方面要实现区域内农业产业与其他产业服务一体化，以及农业产业生产要素市场、农畜产品市场一体化，同时，形成农畜产品生产、销售与加工一体化的区域间绿色农业产业纵横一体化经营体系。所以，依据比较优势理论与经济一体化理论，京张区域既要发展比较优势产业，又要形成经济、生态和社会发展的区域联合体。

二、生态建设与产业发展规模经济理论

1. 规模经济理论原理

规模经济理论反映的是投入产出关系，在生产者的生产规模由小到大的扩张过程中，会先后出现规模经济和规模不经济。正是由于规模经济和规模不经济的作用，长期平均成本 LAC 曲线表现出先下降后上升的 U 形特征。

图 4-5 为长期成本曲线与规模报酬变化规律图示，横坐标表示产量（规模）Q 的大小，纵坐标表示成本 C 的大小。图中 LAC 曲线为长期平均成本曲线，SAC_1、SAC_2、SAC_3 分别代表不同生产规模的短期平均成本曲线。图中 SAC_2 所代表的生产规模所生产的产品产量 Q_0 为最优规模，当生产产量为 Q_0 时，生产者投入的平均成本最小。在生产 Q_0 产量之前的所有产量的边际成本均在递减，为规模经济阶段，而 Q_0 产量之后的所有产量的边际成本均在递增，为规模不经济阶段。

2. 农业产业融合经营实现规模效益

规模经济理论可以作为区域农业产业融合经营扩大规模到一定程度才产生规模效益的理论依据。在区域农业产业融合经营规模较小时，逐渐扩大规模过程中，平均成本在逐渐降低，即通过区域农业产业融合经营既降低了平均成本，又实现了规模效益。因此，区域农业产业融合经营不仅可以实现优势互补的目的，而且在特色农业产业的资金、技术、劳动力、土地、项目等合作方面，区域农业产业融合规模逐渐扩大，降低了区域各自经营特色农业产业产游融合经营的平均成本，逐渐达到规模经济，实现了规模效益。

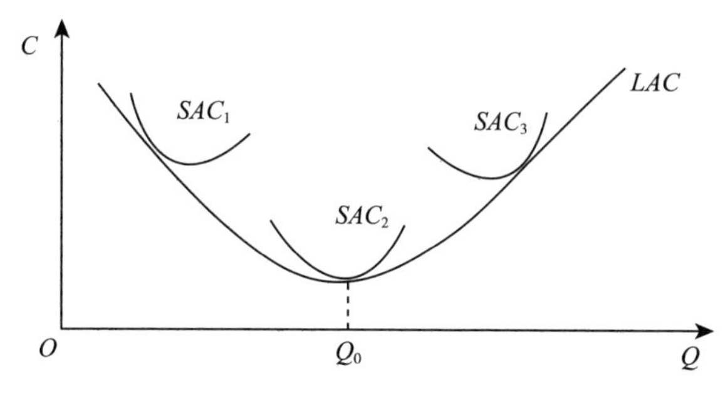

图 4－5　规模经济与规模不经济规律

三、区域产业交易成本理论

1. 交易成本理论含义

市场上企业与企业之间，存在交易成本；用企业代替市场，将外部交易内部化后，企业内部存在企业与劳动者、企业与管理者之间监督、激励、获取信息等交易成本。任何交易都可以看成是交易双方所达成的一项契约。交易成本可以看成是围绕交易契约所产生的成本。根据科斯等人的观点，一类交易成本产生于签约时交易双方面临的偶然因素带来的损失。这些偶然因素或者是由于事先不可能被预见到而未写进契约，或者虽然能被预见到，但由于因素太多而无法写进契约。另一类交易成本是签订契约，以及监督和执行契约所花费的成本。根据科斯的理论，企业的规模应该扩张到某一点，在这一点上再多增加一次内部交易所花费的成本与通过市场进行交易所花费的成本相等。

西方经济学家认为，企业作为生产的一种组织形式，在一定程度上是对市场的一种替代。首先，厂商在市场上购买中间产品是需要花费交易成本的，它包括企业在寻找合适的供应商、签订合同及监督合同执行等方面的费用。如果厂商能够在企业内部自己生产一部分中间产品，就可以消除或降低一部分交易成本，而且，还可以保证中间产品或生产材料的质量。其次，如果某厂商所需要的是某一特殊类型的专门化设备，而供应商一般不会愿意在只有一个买主的产品上进行专门化的投资和生产，因为，这种专有化投资的风险比较大。因此，需要该专门化设备的厂商就需要在企业内部解决专门化设备的问题。最后，厂商雇用一些具有专门技能的雇员，如专门的产品设计、成本管理和质量控制等人员，并与他们建立长期的契约关系。这种办法要比从其他厂商那里购买相应的服务更为有利，从而也消除或降低了相应的交易成本。因此，企业这一组织形式，可以使一部分市场交易内部化，从而消除或降低一部分市场交易所产生的较高的交易成本。尽管企业的内部交易会消除或降低一部分市场交易成本，但是，与此同时也带来了企业所特有的交易成本。企业内部的交易成本不影响特色农业产业合作经营，对此不作详细分析。

2. 农业产业融合经营降低交易成本

区域农业经营主体通过农业生产、加工、销售、农业旅游的融合经营，可以互补产品、节约交易成本、提高附加值。

区域农业经营主体如果不采用农业生产、加工、销售、农业旅游融合经营，生产出农产品后自己出售，不可避免需要获取消费者的信息，进行交易对象选择，进行谈判、签订协议、进行运输等活动与过程，这些环节与行为都产生成本与费用，属于交易成本。农业生产主体与其他环节结合经营，通过生产、加工、销售、农业旅游环节，可以节约交易成本，在游客旅游过程中通过购买产品、采摘、亲身体验等方式进行消费。这可以节约前述获取交易信息、选择交易对象、进行交易谈判、交易过程、运输过程以及其他环节的费用与成本。

经营主体采用产业融合经营节约交易成本、提高附加值可由图 4－6 的流程图来表示。

从上到下，从左到右来看，最左侧的农业生产主体如果只从事简单的农产品生产，那么沿着虚线箭头方向，将其农产品给农产品与旅游产品加工企业，在销售的过程中产生信息获取、交易谈判、产品检验、运输等交易过程的交易成本，农业生产主体的收益较小。农产品加工主体沿着向下的虚线箭头将自己加工的产品销售给产品经销商，同样产生交易过程的各种交易成本。农产品和产品销售商将农畜产品销售给消费者同样产生交易过程的各种交易成本。如果按照虚线箭头的产销游过程，在整个产业链循环过程中，农业生产主体所获效益最小，而消费者购买农产品加工品由于经历了众多的加工、流通与销售环节，所付出的费用较高，消费成本较高。在农业产业链上成本付出最高、收益最小的是特色农业产业经营主体。

如果农业经营主体延长产业链，如图 4－6 中经营主体沿着最左边的实线箭头进行区域合作经营、农业产业链延长方式经营，通过区域合作，特色农业生产主体将农业生产、加工、销售结合经营，将最终的农产品直接销售给消费者，既降低了各个环节的交易成本，又可以获得各个环节的增值收益，提高区域农业产业合作经营的附加值；同时，消费者会节约部分费用或增强对农业经营的信任度。

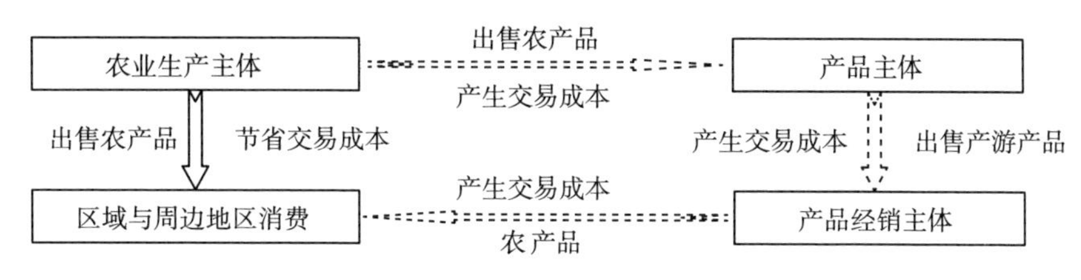

图 4-6　区域农业产业融合经营节约交易成本图示

四、区域农牧业一体化经营行为相关理论

基于农业经营主体是理性经济人的假设条件，农户、家庭农场与农业企业选择农牧业经营一体化行为决策分别追求效用最大化、产量最大化和利润最大化的行为目标。

（一）农户农牧业一体化行为决策

1. 基本理论假设

农户实行家庭经营，投入的资源主要有劳动和土地，劳动资源为自家所有，土地资源为家庭承包土地。假设耕地资源全部用来发展农牧业（种植业与养殖业），意味着耕地资源在种养业之间进行分配，利用生产可能性曲线与等效用线分析农户农牧业决策行为目标最大化决策。

农户劳动力投入的行为目标是耕地资源用于农牧业选择的效用最大化。家庭承包耕地用于农牧业生产，对耕地分配到种植业与养殖业之间获得的农业收益与牧业收益的偏好程度进行选择，并依据此进行耕地资源配置。

假设耕地资源在种植业与养殖业之间进行配置，有无数个利用耕地资源的种植业用地与养殖业用地的数量组合，相应地，有无数个农业收入与牧业收入的不同组合带来的效用，同时，农户在承包耕地数量的约束下，行为选择的目标是追求农牧业用地分配的效用最大化。

应用生产可能性曲线与等效用曲线进行分析。生产可能性曲线表示耕地资源在种植粮油作物与饲草饲料作物之间分配，即农户有限的耕地资源在获得农业收入的粮油作物种植与获得牧业收入的饲料作物之间进行分配。假设用于粮油作物种植的耕地得到的收入为直接收入，而用于种植牧业所需的饲料所带来的收入为间接收入。而等效用曲线表示农户在牧业收入与农业收入之间的偏好与选择，当效用不变时，偏好牧业收入就需要放弃一部分农业收入，意味着耕地种植饲料饲草作物的规模扩大，而放弃一部分种植粮油作物；偏好农业收入就需要放弃一部分牧业收入，意味着耕地种植粮油作物的规模扩大，而放弃一部分饲料饲草作物，其播种面积减少。

2. 农牧业一体化行为选择

上述分析可知，农业与牧业之间既存在草地与耕地之间的农用地资源利用竞争，又存在饲料与粮油作物之间的耕地利用竞争关系。那么，在农牧业之间究竟如何配置资源才能达到较优利用，借助于效用最大化曲线与生产可能性曲线，以饲料作物与粮油作物的耕地竞争性利用为例进行分析。

（1）农牧业经营决策依据

图 4－7 横轴为种植业饲料产量（F）与种植饲料作物带来的间接收入（I_2），纵轴表示种植粮油作物产量（G）和用于种植粮油作物带来的直接收入（I_1）。等效用曲线 U_1、U_2 与 U_3 表示农户种植粮油与饲料作物带来的直接收入与间接收入之间替代关系的效用曲线，即农户在耕地上种植粮油作物所得收入与饲料作物所得收入组合的最大偏好（最大效用），3 条等效用曲线中，曲线 U_2 的效用水平最高，曲线 U_3 代表的效用水平最低。AB 曲线表示利用耕地资源生产粮油作物与饲料作物的最大生产可能性曲线。

由农户粮油与饲料作物的耕地利用最大可能产量组合（AB 生产可能性曲线），以及农户对粮油与饲料作物的结构所得收入的偏好（U_1、U_2 与 U_3 等效用曲线）可知：如果农户偏好于种植传统粮油作物，其粮油作物播种面积大，产量高，直接收入就多；如果农户偏好于经营养殖业，农户安排饲料作物规模大，产量高，间接收入就高。而农户偏好主要依据其经营目标。农户经营行为是理性的，农牧业经营既追求满足生存自给需求最大化目标，又追求养殖业收入最大化目标。传统粮油作物满足口粮需求；为满足生存需求最大化，现代农业中种植业除了满足自给需求外，还将农产品出售到市场上，追求利益最大化；现代农牧业中，种植业的饲料作物主要为养殖业提供所需的饲料饲草物质，其行为目标追求养殖业收入最大化。

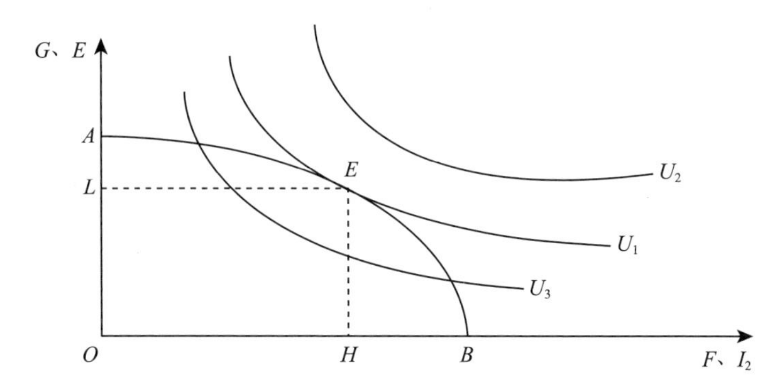

图 4－7 粮油与饲料作物资源约束与效用最大化图示

粮油与饲料作物的播种面积或产量形成不同组合，耕地利用偏好于传统粮油作物，还是偏好于饲料作物，取决于农户的需求，因而不同的耕地利用方式有不同的满足程度（效用）。同时，粮油与饲料作物结构受生产可能性边界约束。

（2）效用最大化的耕地资源配置

粮油与饲料作物结构效用曲线有许多，在同一条曲线上，农户获得粮油与饲料作物收入组合带来的总效用是相等的，即在曲线 U_1 上的每一个点为一种粮油与饲料作物结构组合带来的直接与间接收入的组合，这些不同的收入组合给农户带来的总效用相等。

粮油与饲料作物结构受到生产可能性边界线 AB 曲线的限制。高于 AB 曲线的饲料与粮油作物结构效用，耕地资源规模不能满足需求；低于 AB 线的结构效用，耕地资源没有得到充分利用。

图 4－7 的 U_2 和 U_3 效用曲线比较，U_3 曲线上任何一点代表的直接收入与间接收入组合的效用水平要求的粮油与饲料作物结构是耕地资源能够满足的，可以获得 U_3 曲线上的效用，但是 U_3 曲线一方面表达的效用比 U_1 曲线上的粮油与饲料作物结构带来的效用小，另一方面所表达的资源配置没有实现充分利用。

而比较曲线 U_1、U_2、U_3 3 条有代表性的效用曲线，U_2 曲线表达的效用水平最高，依据效用最大化的行为原则，农户应当选择最大效用曲线上的直接收入与间接收入组合而进行耕地资源的配置，但是，U_2 曲线与生产可能性曲线 AB 没有任何交点，所以 U_2 曲线上的粮油与饲料作物结构是农户现拥有的耕地资源条件达不到的。

所以，只有在 AB 线上的饲料与粮油作物结构，耕地资源能够得到充分利用，即曲线 AB 与曲线 U_1 的切点 E 点为最佳点，该点表示耕地资源得到充分利用时粮油与饲料作物的结构带来直接收入和间接收入的最大效用组合，同时体现农业收入与牧业收入最优组合。

（二）其他经营主体农牧业一体化行为决策

其他经营主体主要是指家庭农场和涉农企业（农业企业），农牧业家庭农场与农业企业的农牧业一体化经营行为目标与小农户的行为目标不同。

1. 家庭农场农牧业决策行为

公司制家庭农场在其资源充分利用的基础上，经营农牧业的行为目标为在既定成本下的产量最大化，主要产品为农牧业产品，生产目的是供给市场需求。

（1）基本理论假设

由于家庭农场是农业大户发展到一定规模时，通过工商注册登记为公司制农场或牧场，这里假设家庭农场是由农牧业大户通过登记成为法人组织，其行为目标基本上接近于农牧业大户的最终目标。家庭农场的规模较大，所以，其经营农牧业的目标为产量最大化。

家庭农场经营的耕地资源分两个部分，一部分是自己承包的土地，另一部分是通过土地流转的方式转包的土地。自己家庭承包的土地不产生租金，而转入的土地产生租金。家庭农场的劳动力也分为两个部分，一部分为自家的家庭人口，另一部分为市场上雇用的劳动力。自家劳动力不产生酬金，而雇用的劳动力产生报酬等费用。

家庭农场与涉农企业在生产的产品方面有区别，家庭农场生产的是初级产品，即只涉及农牧业产品生产环节，而涉农企业既生产初级产品，又生产加工品，即涉及农牧业产品生产与产品加工两个环节。

假设家庭农场租入土地的多与少以及雇用劳动力的多与少取决于能否带来利润，即家庭农场租用土地与雇用劳动力的行为目标是利润最大化。除此之外，家庭农场主的行为又受到成本投入的约束。

设雇用劳动力的工资为 W，土地的租金为 R，雇用劳动力的数量为 L，租用土地的数量为 N，其约束条件为 $C=W\times L+R\times N$，产量用 Q 表示，目标函数为$\underset{L,N}{\mathrm{Max}}\,Q=f(L,N)$。

（2）农业经营主体家庭农场行为决策

家庭农场的资金投入一定时，租用的土地增加，雇用劳动力就减少，受到成本投入的约束，在该条件约束下，农场主追求最大的产品产出，即最大产量。用图示的方法分析将等产量曲线与等成本线结合在一起时，既定成本条件下的产量最大化行为决策。

如图 4－8 所示，横坐标为雇用劳动力的数量，用 L 表示；纵坐标为租用土地的数量，用 N 表示；AB 为等成本线；Q_1、Q_2、Q_3 分别代表 3 条产量水平不同的等产量曲线。Q_3 曲线代表的产量水平最高，但是农场主的资金满足不了生产 Q_3 产量水平雇用劳动力和租用土地所需要投入的成本。Q_1 等产量曲线与等成本线有两个交点，说明其资金能够满足 Q_1 产量水平，但是 Q_1 曲线代表的产量在 3 条等产量曲线中最低，而且在 Q_1 产量水平生产没有充分利用现有的资源条件，资源配置出现低效率，产生了资源浪费问题。所以，农场主不会在图 4－8 中的 R 和 S 两点处进行生产。只有在 Q_2 等产量曲线与等成本线的切点 E 点处进行生产决策，才能实现既定成本条件下的产量最大化，在这里进行生产决策，生产产品产量为 Q_2，且农场主所拥有的资金能够满足雇用劳动力和租用耕地的需求。在该点需要满足的条件是等成本线 AB 与等产量曲线 Q_2 的斜率值相等，即雇用劳动力与租用耕地带来的边际产量之比与两者的价格之比相等。

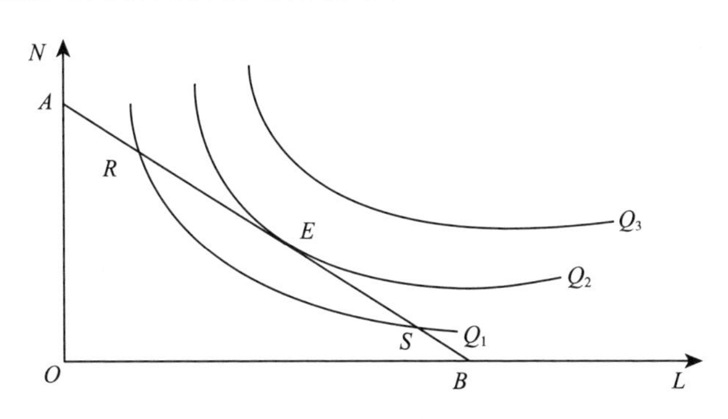

图 4－8　既定成本下的产量最大化图示

2. 涉农企业农牧业决策行为

涉农企业作为农牧业经营主体，最初大部分是农牧业产品加工企业，由于土地流转制度建立的机遇，这些企业将经营延伸到产品加工的前向，即将资本投入到农牧业产品生产环节，目的是控制产品加工原材料的数量和质量，节省交易成本，获得更大的利润。

（1）经营主体涉农企业行为决策基本假设

假设涉农企业既从事农产品加工，又从事农产品生产。假设涉农企业生产初级农牧业产品的目的是进一步加工，即生产的农牧业产品作为中介产品，投入到农牧业产品加工环节中。企业除了进行农牧业产品的生产外，主要通过加工增加附加值，获得更高的利润。涉农企业无论是生产农产品还是加工农产品，其目的是实现利润最大化。

这里要分析涉农企业与农户之间的关系，仅考虑其农产品生产行为，假设企业经营农牧业产品生产的土地全部是租用的耕地。假设涉农企业租用土地 N 生产的产品产量为 Q，产品的价格为 P，利润用 π 表示。因为产品的产量 Q 随着租用的耕地数量而变化，这里只考虑租用耕地数量对产品产量的影响，所以，产品产量 Q 是租用土地数量 N 的函数，即 $Q=f(N)$。利润表达式：$\pi(N)=P\times Q-R\times N=P\times f(N)-R\times N$。该式的含义是涉农企业租用耕地获得的利润，等于生产产品的收入减去生产产品投入的成本。假设投入的成本只有耕地租金一项。所以，利润为生产出的产品数量乘上产品的价格，减去租用的耕地数量乘上地租。

依据微观经济理论，生产者使用要素的原则——满足利润最大化条件，即边际成本（要素的价格 R）等于边际收入（边际产品价值 VMP）。

（2）经营主体涉农企业行为决策图示分析

应用图 4-9 表示涉农企业使用耕地要素的行为目标最大化决策。

在图 4-9 中，横坐标 N 表示耕地数量；纵坐标 R 表示租用耕地的租金；VMP 曲线既是边际产品价值曲线，也是边际收入曲线，还是要素的需求曲线；R_0 曲线表示地租的价格线，也是涉农企业的边际成本线。所以，这两条线的交点 A 点表示涉农企业租用耕地的均衡点，在耕地租金为 R_0 时，租用的耕地为 N_0，此时租用耕地可以实现涉农企业的利润最大化目标。

依据 $\pi(N)=P\times Q-R\times N=P\times f(N)-R\times N$ 和利润最大化的一阶条件等于零推导出边际产品价值等于租用耕地的租金。

利润最大化的一阶条件为 $\frac{\mathrm{d}\pi(N)}{\mathrm{d}N}=P\times\frac{\mathrm{d}Q(N)}{\mathrm{d}N}-R=0$，又由于 $\frac{\mathrm{d}Q(N)}{\mathrm{d}N}=MP$，所以，$P\times MP=R$，即 $VMP=R=P\times MP$。

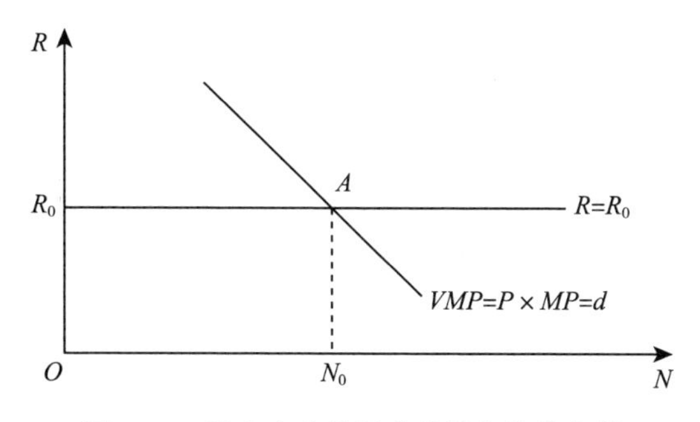

图 4-9　涉农企业的需求曲线与均衡条件

五、区域产业经济相关理论

产业经济学的研究领域主要涵盖产业结构、产业关联、产业组织、产业政策 4 个方面。产业关联是从技术经济的角度来描述产业之间的关联性。产业政策包括结构政策、组织政策，技术政策、布局政策等方面。与京津冀区域首都“两区”建设区生态建设与低碳绿色农业协同发展问题相关的产业经济理论主要包含产业结构与产业组织形式等含义。

1. 产业结构的含义

产业结构研究产业之间的相互关系及其演进的规律性。虽然产业结构理论对经济发展有指导作用，但是在西方未形成独立的分支，而是放到了发展经济学的框架中。产业结构指国民经济中产业的构成及其相互关系。产业结构的类型和特征由构成各产业重点企业的发展规模、速度等因素决定，所以产业结构特征最终取决于企业的发展状况。企业的发展状况又主要受到消费水平、投资结构、资源禀赋等因素的影响。

从理论上看，产业结构的升级永无止境。但就产业发展的每一阶段而言，产业结构存在阶段性的合理化或阶段性的平衡。显然，产业结构的合理化遵循多元顶级理论的原则。在不同的区域，尽管存在相同或极为相似产业发展环境，仍然会呈现各自不同的但又合理的产业结构特征。如在我国长三角地区，尽管苏州、上海、南京、杭州等在气候、交通、产业基础和历史文化等方面非常相似，但是，这些地区呈现出了各自不同的产业发展趋势。上海的金融服务业、苏州的电子制造业、杭州的休闲产业等正在成为各地区竭力培育的优势产业，并以此带动相关产业的发展。而且，长三角城市群的差异化产业构成正是避免区域间恶性竞争的有效手段。

在京津冀区域的农业产业结构中，北京市的农牧业专业化程度较低，对外依赖性较强，而林业的专业化程度较高；天津市渔业的专业化程度较高，农牧业对外依赖性也较强；而河北省农牧业专业化程度较高，可以为京津两大城市提供农畜产品；在京津冀区域尤其是河北省张家口市的畜牧业专业化程度较高，可以为周边地区供给畜产品，并可以成为北京市的畜产品供给基地。

2. 产业组织理论

产业集中度高时，企业对人才、原材料、市场等的竞争程度也比较激烈。种群数量存在一个理想的恒定水平。所以，在一定时期内，各产业的企业数量也应该存在一个理想的恒定水平。

产业组织理论中，影响集中度的主要因素有：规模经济水平、市场容量大小和相关的产业政策和法律法规等。在这些外在环境的影响下，各产业也存在一个环境所能维持的最大企业数量，可命名为产业环境负荷量。那么，如何找出各产业的这一数量指标是需要解决的问题，如果找到的这一数量指标具有客观性，就可以为政府的产业调控、企业的进入与退出等提供决策依据。此时，产业组织理论就不仅仅局限于对企业间垄断与竞争行为的研究，而将注意力转向对产业数量边界的界定。

产业组织理论可以成为京津冀区域首都“两区”建设区生态建设与产业经济的组织化程度、规模化程度，产业组织形式，市场竞争程度，以及农业产业的产品与生态产品市场交易与生产要素市场交易方式选择的理论依据。

本章小结：本章分析总结研究区生态建设与低碳农业创新发展理论包括京津冀区域协同发展理论、生态建设创新发展理论、低碳农业创新发展理论等内容。

通过应用区域均衡发展理论和区域非均衡发展理论分析京津冀区域协同发展问题，结论显示：京津冀区域首都“两区”建设区张家口市在要素方面呈现土地辽阔和生态环境支撑的优势条件，以及具有农牧交错的生态屏障区位优势、土地资源与劳动力较丰富等优势，而北京市具有资本、人才和技术优势，京张可以实现优势互补，京津冀区域优质生产要素先流向具有经济发展优势或处于经济发展中心的北京市，使地区之间经济差异不断扩大，在发展过程中通过生产要素的扩散效应或涓滴效应，又使各种要素从发达的北京市向首都“两区”建设区张家口市及北京周边地区流动，区域发展差异逐渐缩小，最终达到区域均衡发展的目的。

通过应用生态优先发展理念、农业多功能性与生态建设公共品理论、农业生态建设机会成本理论、农业碳排放与经济协调发展理论、生态建设与产业发展规模经济理论、产业交易成本理论、农牧业经营行为理论等理论进行分析，研究发现：在首都“两区”建设区发展农业需要以生态优先、绿色发展为指导原则，发展低碳农业、生态农业和绿色农业，由于绿色低碳农业提供的生态产品具有公共品特性，经营主体的行为产生正外部性，需要通过建立生态补偿机制解决外部效应问题。这些生态建设与低碳农业创新发展理论成为构建创新生态补偿机制体系的理论依据。

第五章
生态建设与低碳农业产业协调发展关系

本章以“协调”发展为主题，研究区域生态建设与低碳农业产业协调发展关系，具体分析了生态建设与产业经济耦合协调发展关系、区域农业碳排放与农业经济协调发展关系，在这两个协调关系分析的基础上，又分析了农业生态建设与农业经济协调发展关系，分析结果为提出区域生态建设与低碳农业产业协调发展的对策建议提供量化依据。

第一节　生态建设与产业经济耦合协调发展关系

基于生态建设与产业经济耦合协调发展、生态建设与产业经济协调发展机遇，通过对生态建设绩效与产业经济发展绩效的综合评价，应用耦合模型与协调发展模型测算方法对研究区生态建设与产业经济耦合协调发展关系进行测算与分析。

一、生态建设与产业经济协调发展关系研究基础

生态经济建设目标是既要保护生态、又要加快经济发展速度，实现生态、经济和社会效益的有机统一，最终达到生态经济协调发展。

（一）生态建设与产业经济耦合协调发展背景

位于河北省西北地区的张家口市在《京津冀协同发展规划纲要》中被定位为生态涵养区，重点任务是提升生态保障、水源涵养、旅游休闲、绿色产品供给等功能。同时，在农业产业布局方面，京津两市农牧业对外依赖性较强，两市居民的农畜产品需求靠河北省各地市供给，尤其是北京市的部分畜产品需要首都“两区”建设区张家口市供给。因此，研究区肩负着首都北京

生态环境支撑功能与农牧业产品供给的双重任务。《中共中央　国务院关于加快推进生态文明建设的意见》提出要加快建立循环型工业、农业、服务业体系，提高全社会资源产出率；加大自然生态系统和环境保护力度，切实改善生态环境质量。基于该规定，研究区加强生态环境改善的力度，而生态环境保护和改善与产业的发展是息息相关的，生态与经济是一个完整系统的两个方面，研究区只有充分发挥两者的协调发展整体功能才能实现生态环境改善与产业经济发展双赢的目的。

京津冀区域首都“两区”建设区作为首都北京的生态屏障，起着阻挡风沙、保护水源等作用，其生态建设与产业经济发展状况对于京津冀区域协同发展举足轻重。但是，由于冀北地区是生态环境脆弱地区之一，易破坏，难恢复，长期以来存在土地沙漠化、水土流失、地表水污染等生态环境问题，而产业结构不合理、经济增长方式粗放又进一步加剧了生态环境恶化，这既严重制约着当地农业产业经济发展，又对下游地区生态环境构成威胁。因而本书对京津冀区域首都“两区”建设区张家口市的生态建设与产业经济耦合协调发展关系问题进行分析。研究结论与建议不仅对于研究区的生态建设与产业经济耦合协调发展具有现实意义，而且对于京津冀协同发展战略实施具有参考价值。

（二）区域生态建设与产业经济协调发展机遇

京津冀区域首都“两区”建设区生态建设与产业经济协调发展面临着国家重大战略机遇与区域协调发展战略机遇。

1. 国家生态文明建设为生态经济发展提供战略机遇

生态文明建设正日益成为国家战略，京津风沙源治理已有成效，首都“两区”建设区坝上地区开展防护林更新改造试点，有利于获得更多生态补偿，推动生态经济发展，深化与北京在节水灌溉和农业面源污染防治方面的合作，积极改善农业生态环境。同时，国家政策对农村土地政策作出了重大部署，有利于张家口市加快土地流转，为高效节水农业、有机绿色农业、高效设施农业和高效循环农业的发展提供了重大机遇，有力地推动了农牧产品生产、加工基地建设。

2. 京津冀区域协同发展进程加速为生态经济发展提供战略支撑

京津冀协同发展上升为国家战略，并从规划阶段进入深入实施阶段，河北省各地市围绕京津冀区域协同发展，将张家口市定位于生态环境支撑功能区和水源涵养功能区，为张家口市经济发展明确了定位与方向。

京津冀区域将逐渐破除行政区划束缚，并在促进区域协调发展和京津冀区域农业协同发展方面出台相应的重大措施，这些都将有利于张家口市吸引来自北京市更多生态和环境项目、资金、技术和人才入驻，在绿色有机蔬菜、农牧产品加工等领域全面承接北京市产业转移，解决资本短缺、技术薄弱和市场开拓不足的难题，使张家口市真正成为京津冀地区优质、高效、循环生态农业与特色农牧业产品供给的重要基地。

3. 京张联合举办冬奥会为生态建设提供历史机遇

2022 年北京市和张家口市联合举办冬奥会，在冬奥会后，张家口市旅游开发、产业发展和城市形象都跃上新台阶，有利于打造更多中国知名生态农业品牌，扩大张家口市优质农牧产品在首都经济圈的口碑和消费量，也极大地推动了京张基础设施互联互通，尤其是京张高铁开通运营后，推动张家口融入首都“一小时经济圈”，大大加快了京张要素交换的步伐。

4. 首都经济圈高品质农产品市场需求广阔

2022 年京津常住人口达 2 184.3 万人，具有巨大的农牧产品消费需求，而且前述研究表明北京市的农产品市场对张家口市的依赖程度较大。

随着人们生活水平的提高，对无污染、高品质的农产品需求迅速增加，张家口市优质农牧产品市场供应量的前景广阔，将会得到首都经济圈市场越来越广泛的认可，短途运输优势可以进一步保证农牧产品新鲜品质，张家口市农牧产品具有巨大的市场开发潜力。

二、研究区生态建设绩效综合评价

通过选择生态建设评价指标，设置综合评价模型，在理论假设的基础上对首都“两区”建设区的生态建设绩效进行量化评价，便于为研究区生态建设与产业经济耦合协调关系的量化分析提供基础。

（一）评价指标设置与基本假设

生态建设综合评价指标体系包括生态保护与改善（S_i）和环境治理（T_j）2 个一级评价指标。

S_i生态保护与改善一级指标包括 4 个二级指标：S_1、S_2、S_3、S_4。含义分别为：S_1——造林面积，S_2——森林公园，S_3——湿地公园与自然保护区，S_4——建成区绿化覆盖率。

T_j环境治理一级指标包括3个二级评价指标：T_1、T_2、T_3。含义分别为：T_1——人均土地面积，T_2——人均水资源量，T_3——环境治理投资等3个评价指标。

生态保护与改善指标中：造林面积指标、森林公园指标、湿地公园与自然保护区指标、建成区绿化覆盖率指标4个指标对于生态建设的作用呈正方向，即这些指标数值越大，生态建设绩效越大。

环境治理指标中：人均土地面积、人均水资源量、环境治理投资等指标与环境治理效果也呈正相关关系，即这些指标值越大，越有利于环境治理，因此，这些指标值越大，生态建设绩效越大。

利用2006到2020年张家口市的统计数据对各类指标标准化处理后，再进行生态建设（生态保护与改善）综合绩效评价。

（二）评价模型简介

1. 评价模型设置

应用多目标加权平均求和模型对生态建设绩效进行评价，评价模型为 $E=\sum_{i=1}^{m}w_{vi}S_{vi}+\sum_{j=1}^{n}w_{vj}T_{vj}$。其中，$E$为生态建设绩效综合评价值；$S_i$为生态保护指标，$T_j$为环境治理指标；$w_i$为生态保护指标的权重，$w_j$为环境治理指标的权重；$v$是年份；$i$是第$i$个生态保护指标，$j$是第$j$个环境治理指标；$m$为生态保护指标数，$n$为环境治理指标数。

2. 指标数值的标准化处理

由于各个指标原始数据间量级和量纲不同，为使不同量纲的指标之间具有可比性，避免对评价效果的不良影响，借鉴雷勋平[1]极差标准化方法对各类指标原始数据进行标准化处理，处理后每个指标数据都在0～1。

以生态保护指标的标准化处理方法为例，正向指标标准化处理公式为

$$S_{vi}'=\frac{S_{vi}-\min(S_{vi})}{\max(S_{vi})-\min(S_{vi})};$$

反向指标（如生态保护成本等）标准化公式为 $S_{vi}=\frac{\max(S_{vi})-S_{vi}}{\max(S_{vi})-\min(S_{vi})}$。

其中，S_{vi}为生态保护指标原始数据，S_{vi}'为生态保护指标标准化值，$\min(S_{vi})$为生态保护指标中的最小值，$\max(S_{vi})$为最大值。

3. 各类指标权重的确定

应用熵值法确定指标权重能客观真实地全方位地反映指标信息，所以指标权重计算采用熵权计算公式为 $w_i(w_j)=\dfrac{1-G_i(H_j)}{(m+n)-\sum\limits_{i=1}^{m+n}(G_i+H_j)}$。其中，$m$ 为生态保护指标数，$m=4$；n 为环境治理指标数，$n=3$；G_i 为生态保护指标信息熵，H_j 为环境治理指标信息熵。G_i 的计算方法为 $G_i=-\dfrac{1}{\ln k}\sum\limits_{i=1}^{m}l_{vi}\ln l_{vi}, l_{vi}=\dfrac{S_{vi}}{\sum\limits_{i=1}^{m}S_{vi}}$。其中，$k$ 为评价年限；l_{vi} 为指标的特征比值，假设当 l_{vi} 为 0 时，$\ln l_{vi}=0$。

依据上述权重确定方法计算出生态保护与环境治理指标的权重，如表 5-1 所示，生态保护的各种指标中，权重最大的指标是湿地公园与自然保护区，最小的是造林面积。在环境治理指标中，权重最大的是人均土地面积，权重最小的是环境治理投资数额。

表 5-1　生态建设综合绩效评价指标的权重

指标	S_1	S_2	S_3	S_4	T_1	T_2	T_3
权重（w_i、w_j）	0.092	0.093	0.100	0.095	0.101	0.100	0.093

资料来源：依据统计数据计算所得。

（三）生态建设综合评价结果

依据上述生态建设绩效综合评价模型计算可得 2006 年到 2020 年各年份的生态建设绩效评价值如表 5-2 所示。

表 5-2　2006—2020 年生态建设绩效综合评价值

	2006 年	2007 年	2008 年	2009 年	2010 年	2011 年	2012 年	2013 年
绩效评价值（E）	0.244	0.190	0.175	0.267	0.285	0.285	0.376	0.427

	2014 年	2015 年	2016 年	2017 年	2018 年	2019 年	2020 年
绩效评价值（E）	0.418	0.415	0.613	0.461	0.409	0.376	0.472

数据来源：由《张家口市经济年鉴》（2021）、《河北经济年鉴》（2021）统计数据计算所得。

从表 5-2 中 2006 年到 2020 年 15 年间生态建设绩效综合评价值来看，生态建设的成效不是很显著，2006 年生态建设绩效值为 0.244，2016 年的生态建设评价值最大，为0.613，2020年为0.472，虽然15年间生态建设综合评价值呈现逐渐增加的趋势，但是中间有波动起伏，增加的速度不快，所以，张家口市的生态建设步伐需要加快，生态建设投入需要增加，生态建设的激励制度需要健全和完善。

三、研究区产业经济发展绩效综合评价

产业经济发展绩效综合评价同样需要通过选择产业经济评价指标，设置综合评价模型，在理论假设的基础上对首都“两区”建设区的生态建设绩效进行量化评价，为研究区生态建设与产业经济耦合协调关系进行量化分析提供基础。

（一）评价指标设置与假设

产业经济发展绩效评价指标包括产业规模（S_i）、产业技术应用（T_j）、产业经济效益（R_l）、产业消耗（Q_k）等4个一级评价指标。

S_i产业规模一级指标包括7个二级指标，分别为：S_1——耕地面积，S_2——有效灌溉面积，S_3——工业企业数量，S_4——建筑业企业数量，S_5——公路里程数，S_6——医疗机构床位数，S_7——邮电业务量等二级评价指标。7个二级评价指标的大小对三大产业的发展起着正方向的影响，即指标值越大，产业经济绩效越大。

T_j产业技术应用一级指标包括2个二级指标，分别为：T_1——农机总动力，T_2——固定资产投资额等二级指标。2个二级指标反映产业技术与设备投资程度，所以，指标值越大对于产业经济的发展贡献也越大。

R_l产业经济效益一级指标包括7个二级指标，分别为：R_1——第一产业产值，R_2——第二产业产值，R_3——第三产业产值，R_4——GDP总量，R_5——农民人均纯收入，R_6——城镇居民人均可支配收入，R_7——财政收入等。7个二级评价指标越大说明社会经济总量越大，经济发展水平越高。

Q_k产业消耗一级指标共设置5个二级指标，分别为：Q_1——单位GDP耗能，Q_2——农用化肥，Q_3——第一产业投资，Q_4——第二产业投资，Q_5——第三产业投资等二级指标。单位GDP耗能（Q_1）、农用化肥（Q_2）2个二级指标的数量越大说明产业发展能源、资源消耗越大，因而既不利于产业的持续发展，又不利于生态环境的保护；第一产业投资（Q_3）、第二产业投资（Q_4）、第三产业投资（Q_5）3个二级指标的指标值较大，说明对三大

产业的发展较为重视，有利于产业经济发展。

（二）评价模型的设置与评价结果

1. 评价模型与指标权重确定

在设定评价指标基础上，应用层次分析法对产业经济发展绩效进行评价。模型为 $D=\sum_{i=1}^{m}w_iS_{vi}+\sum_{j=1}^{n}w_jT_{vj}+\sum_{l=1}^{p}w_lR_{vl}+\sum_{k=1}^{q}w_kQ_{vk}$ 。

模型中 D 为产业经济发展综合评价值；w_i 为产业规模指标权重，w_j 为产业技术应用指标权重，w_l 为产业经济效益指标权重，w_k 为产业消耗指标权重。

指标数值的标准化处理同生态建设指标标准化处理方法相同；指标权重确定也与生态建设指标权重确定方法相同。指标权重计算结果如表 5－3 所示。

表 5－3　产业经济发展方面各二级指标的权重

指标	S_1	S_2	S_3	S_4	S_5	S_6	S_7
权重	0.045	0.046	0.048	0.048	0.048	0.047	0.051
指标	R_1	R_2	R_3	R_4	R_5	R_6	R_7
权重	0.048	0.048	0.047	0.047	0.049	0.048	0.048
指标	T_1	T_2	Q_1	Q_2	Q_3	Q_4	Q_5
权重	0.046	0.048	0.047	0.047	0.050	0.048	0.048

数据来源：由《张家口经济年鉴》（2021）、《河北经济年鉴》（2021）统计数据计算所得。

2. 产业经济发展绩效综合评价结果

首都“两区”建设区 2006 年到 2020 年产业经济发展绩效综合评价值如表 5－4 所示。

表 5－4 显示 2006 年到 2020 年 15 年间产业经济发展绩效综合评价值变化很大，2006 年产业经济发展绩效综合评价值仅为 0.135，2015 年产业经济发展绩效综合评价值最大为 0.840，2016 年突然减少，之后逐渐增加，到 2020 年增加到 0.689，接近于 2013 年前后的产业经济发展绩效综合评价值。这个变化规律充分说明近年来产业经济发展遵循生态优先发展的指导原则。

表 5-4　2006—2020 年产业经济发展绩效综合评价值

	2006 年	2007 年	2008 年	2009 年	2010 年	2011 年	2012 年	2013 年
绩效评价值（D）	0.135	0.157	0.266	0.403	0.454	0.522	0.649	0.690

	2014 年	2015 年	2016 年	2017 年	2018 年	2019 年	2020 年
绩效评价值（D）	0.776	0.840	0.376	0.395	0.420	0.540	0.689

数据来源：由《张家口经济年鉴》（2021）、《河北经济年鉴》（2021）统计数据计算所得。

四、研究区生态建设与产业经济协调发展关系

在上述生态建设绩效与产业经济综合评价结果的基础上，评价生态建设与产业经济耦合协调发展关系，涉及两者耦合程度与两者综合评价值的核算。

（一）生态建设与产业经济发展耦合度

应用生态建设与产业经济发展耦合模型计算两者的耦合度。借鉴已有耦合关系模型构建生态建设与产业经济发展的耦合模型如下：$X=\left[\frac{E\times D}{\left(\frac{E+D}{2}\right)}\right]^{\frac{1}{2}}$。其中，$X$ 为耦合度，且 $0\leqslant X\leqslant 1$，E 与 D 值为上述计算结果。X 值越大，E 与 D 间离散程度越小，耦合度越高；X 值越小，E 与 D 间离散程度越大，耦合度越低。

依据前述数据和公式计算的耦合度 X 等结果如表 5-5 所示。表 5-5 显示生态建设与产业经济发展的耦合度在 2006 年到 2015 年持续增大 2015 年生态建设与产业经济发展耦合度达到 0.745，2016 年开始减小，2018 年之后又逐渐增大。说明近年来生态建设与产业经济协调发展的激励政策与制度非常见效，尤其是在产业经济发展过程中，更加重视在生态优先、绿色发展的原则指导下，兼顾低碳经济的增长。

表 5-5　2006—2020 年生态建设与产业经济发展耦合度

	2006 年	2007 年	2008 年	2009 年	2010 年	2011 年	2012 年	2013 年
耦合度（X）	0.417	0.415	0.459	0.567	0.592	0.607	0.690	0.726

	2014 年	2015 年	2016 年	2017 年	2018 年	2019 年	2020 年
耦合度（X）	0.737	0.745	0.683	0.652	0.644	0.666	0.748

数据来源：由《张家口经济年鉴》（2021）、《河北经济年鉴》（2021）统计数据计算所得。

（二）生态建设与产业经济发展综合评价

生态建设与产业经济发展的综合评价模型为 $Y=\alpha E+\beta D$。其中，Y 为生态建设与产业经济发展综合评价值；α 与 β 分别为生态建设和产业经济发展综合评价值的贡献率，$\alpha+\beta=1$，为了强调生态建设与产业经济发展的协调性，假设 $\alpha=\beta=0.5$。依据 E 与 D 值计算结果，评价结果如表 5－6 所示。

表 5－6　2006—2020 年生态建设与产业经济发展综合评价值

	2006 年	2007 年	2008 年	2009 年	2010 年	2011 年	2012 年	2013 年
综合评价值（Y）	0.190	0.174	0.221	0.335	0.370	0.404	0.513	0.559

	2014 年	2015 年	2016 年	2017 年	2018 年	2019 年	2020 年
综合评价值（Y）	0.597	0.628	0.495	0.428	0.415	0.458	0.581

数据来源：由《张家口经济年鉴》（2021）、《河北经济年鉴》（2021）统计数据计算所得。

表 5－6 与显示 2006 年、2007 年和 2008 年综合评价值为 0.2 左右，生态建设与产业经济综合发展不理想。从 2009 年开始两者综合评价值增加的趋势明显。2012 年到 2015 年两者综合评价值增加得较快，尤其是 2015 年上升到 0.6 以上。但是，生态建设与产业经济综合发展值从 2016 年又开始减小，并徘徊在 0.4 以上，到 2019 年与 2020 年该值又开始增加。按照这种发展趋势，两者综合评价值变化不大。

（三）研究区生态建设与产业经济协调发展关系

应用生态建设与产业经济协调发展度模型评价研究区生态建设与产业经济协调发展程度。

1. 生态建设与产业经济协调发展度

生态建设与产业经济的协调发展度模型为 $M=\sqrt{X\times Y}$。其中，M 为生态建设与产业经济协调发展度，X 为两者耦合度（代入上述计算结果），Y 为两者综合评价值（代入上述计算结果）。$0\leqslant M\leqslant 1$，M 越接近于 1，生态建设与产业经济发展协调程度越大，M 越接近于 0，两者协调程度越小，甚至两者发展不协调或失调，计算结果如表 5－7 所示。

2. 生态建设与产业经济协调发展关系评价

生态环境与产业经济协调发展程度分 3 大类和 10 个亚类[1]（表 5－8）。

表 5-7　2006—2020 年生态建设与产业经济协调发展度

	2006 年	2007 年	2008 年	2009 年	2010 年	2011 年	2012 年	2013 年
协调发展度（M）	0.281	0.268	0.318	0.436	0.468	0.495	0.595	0.637
	2014 年	2015 年	2016 年	2017 年	2018 年	2019 年	2020 年	
协调发展度（M）	0.663	0.684	0.581	0.528	0.517	0.552	0.659	

数据来源：由《张家口经济年鉴》（2021）、《河北经济年鉴》（2021）统计数据计算所得。

表 5-8　生态建设与产业经济发展协调程度评价标准划分

协调发展类型		协调发展度
协调发展大类	协调发展亚类	
协调发展类	优质协调发展	$0.9 \leqslant M \leqslant 1.0$
	良好协调发展	$0.8 \leqslant M \leqslant 0.9$
	中级协调发展	$0.7 \leqslant M \leqslant 0.8$
	初级协调发展	$0.6 \leqslant M \leqslant 0.7$
过渡发展类	勉强协调发展	$0.5 \leqslant M \leqslant 0.6$
	濒临失调衰退	$0.4 \leqslant M \leqslant 0.5$
失调衰退类	轻度失调衰退	$0.3 \leqslant M \leqslant 0.4$
	中度失调衰退	$0.2 \leqslant M \leqslant 0.3$
	严重失调衰退	$0.1 \leqslant M \leqslant 0.2$
	极度失调衰退	$0 \leqslant M \leqslant 0.1$

依据表 5-8 协调发展关系分类，以及表 5-7 中 2006 年到 2020 年生态建设与产业经济协调发展度，可以将 2006 年到 2020 年 15 年间的生态建设与产业经济协调发展关系分为表 5-9 中的几类。

2006 年、2007 年生态建设与产业经济发展协调度为 0.2 与 0.3 之间，属于中度失调衰退。2008 年两者协调度小于 0.3 与 0.4 之间，属于轻度失调状态；2009 年、2010 年、2011 年两者协调度处于 0.4 与 0.5 之间，属于濒临失调衰退；2012 年、2016 年、2017 年、2018 年、2019 年两者协调度为 0.5 与 0.6 之间，为勉强协调状态；2013 年、2014 年、2015 年、2020 年是处于 0.6 与 0.7 之间属于初级协调发展，从发展趋势来看，生态建设与产业经济发展逐渐趋于协调，但是目前仍然有待于改进。

表 5-9　2006—2020 年生态建设与产业经济协调发展关系

协调发展类型			协调发展度
协调发展大类	年份	协调发展亚类	
协调发展类	无	优质协调发展	0.9≤M≤1.0
	无	良好协调发展	0.8≤M≤0.9
	无	中级协调发展	0.7≤M≤0.8
	2013 年、2014 年、2015 年、2020 年	初级协调发展	0.6≤M≤0.7
过渡发展类	2012 年、2016 年、2017 年、2018 年、2019 年	勉强协调发展	0.5≤M≤0.6
	2009 年、2010 年、2011 年	濒临失调衰退	0.4≤M≤0.5
失调衰退类	2008 年	轻度失调衰退	0.3≤M≤0.4
	2006 年、2007 年	中度失调衰退	0.2≤M≤0.3
	无	严重失调衰退	0.1≤M≤0.2
	无	极度失调衰退	0≤M≤0.1

从表 5-7 及表 5-9 生态建设与产业经济发展协调度的变化趋势来看，两者间协调度 2006 到 2007 年变化较为平缓，2008 年后协调度变化较大，每年增加 0.1 左右，由不协调逐渐向初级协调、中级协调、良好协调发展，到 2016 年、2017 年、2018 年为濒临失调，2019 年和 2020 年逐渐转为勉强协调。这些变化规律充分说明生态建设与产业经济协调发展从轻度失调到勉强协调，再到初级、良好、中级、良好，最后到优质协调，生态建设与产业经济发展协调关系越来越受到高度重视。

第二节　农业碳排放与农业经济协调发展关系

在生态优先发展原则指导下，京津冀区域首都“两区”建设区农业产业经济的发展追求绿色低碳目标，因此对农业经济增长与农业碳排放的脱钩关系与协调关系的分析，便于找到生态建设与农业经济协调发展的对策。

一、低碳农业与经济协调发展关系研究基础

京津冀区域首都“两区”建设区低碳农业与经济协调发展关系是指在生态优先、绿色发展理念指导下，既要考虑农业产业碳汇功能增强、碳排放减少，又要追求经营效益的最大化目标。

1. 生态优先发展理念指导低碳经济行为

所谓生态优先原则是将绿色放在首要的位置上，同时兼顾经济发展，在不破坏生态平衡的基础上追求经济利益最大化。生态优先理念主张以环境保护为前提，让经济建设与环境承载力相协调，强调绿色、高效率、高质量的发展。

2020年习近平主席在第七十五届联合国大会上表示：我国努力在2030年前碳排放达到峰值，2060年前实现碳中和，即实现“双碳”目标。农业产业发展与“双碳”目标应当发挥互促作用。农业产业既具有碳汇的功能，在生产过程中也进行碳排放，生态优先理论中的尊重生态系统的动态平衡与低碳农业中的碳排放与碳汇功能的均衡作用相契合，生态优先理论为低碳农业的发展提供了理论依据，发展低碳农业可以修复生态环境、维护生态功能，从而实现农业生态与农业经济协调发展。研究区应当优化结构，转变经营方式，减少农业碳排放，增加农业碳汇功能。

2. “双碳”目标与农业经济发展发挥互促作用

2022年中央1号文件提出推进农业农村绿色发展，研发应用减碳增汇型农业技术。而作为首都“两区”建设区的张家口市不但经济欠发达，而且面临农业低碳、生态建设与产业经济发展的新矛盾，农业经济发展与“双碳”目标应当发挥互促作用，通过增加农业碳汇功能、降低碳排放，使农业为实现“双碳”目标发挥更大作用。对研究区农业碳排放与经济协调发展问题的研究顺应了首都“两区”建设区解决新矛盾的需求，通过理论分析与定量研究，便于建立与创新农业低碳与农业产业经济协调发展机制。

二、农业碳排放与农业经济协调关系研究方法

基于上述研究背景，通过对首都“两区”建设区农田生态系统碳汇与碳排放的测算、对农业碳排放与经济协调发展的耦合关系的分析，为区域低碳农业与农业经济协调发展关系的评价提供量化依据，为生态建设与低碳农业协调发展机制的建立提供实证基础。

1. 农田生态系统碳汇测算方法

应用农田生态系统农作物碳吸收模型[2]测算各种农作物的碳汇量。碳汇模型为 $C_t = \sum C_d = \sum C_f D_w = \sum C_f \times Y_w \times T/H$ 。其中，i 代表某种农

作物；C_t代表农田碳吸收总量，C_d代表 i 作物碳吸收量，C_f代表 i 作物光合作用合成单位质量干物质所吸收碳（碳吸收系数），D_w代表 i 作物的生物产量，Y_w代表 i 作物的经济产量，T 代表 i 作物的干重比，H 代表 i 作物的经济系数。

主要农作物的经济系数与碳吸收系数参照李克让[2]的计算结果、作物的干重比参考杨果等[3]的计算结果（表 5－10）。

表 5－10　中国农作物的经济系数和 CO_2 碳吸收系数

指标	玉米	谷子	燕麦	薯类	豆类	油菜籽	蔬菜
碳吸收系数	0.471	0.450	0.450	0.423	0.450	0.450	0.450
干重比	0.87	0.87	0.87	0.30	0.87	0.90	0.10
经济系数	0.400	0.400	0.400	0.650	0.350	0.250	0.45

2. 农田生态系统碳排放测算方法

碳排放模型为 $E_t = E_f + E_m + E_s + E_i + E_e + E_p$，其中，$E_t$代表农田碳排放总量，$E_f$代表化肥碳排放量，$E_m$代表农膜碳排放量，$E_s$代表机械碳排放量，$E_i$代表灌溉碳排放量，$E_e$代表翻耕碳排放量，$E_p$代表农药碳排放量。各指标的碳排放量等于各指标投入量乘各自的碳排放转换系数。相关指标的碳排放量转换系数[4]见表 5－11。

表 5－11　　农业碳排放源及碳排放系数

农业碳排放源	碳排放系数	农业碳排放源	碳排放系数
化肥（吨/吨）	0.895 6	灌溉（吨/公顷）	0.026 648
农药（吨/吨）	4.934	机械（吨/千瓦）	0.000 18
农膜（吨/吨）	5.180	翻耕（吨/公顷）	0.312 6
柴油（吨/吨）	0.592 7	—	—

资料来源：田云，林子娟．长江经济带农业碳排放与经济增长的时空耦合关系［J］．中国农业大学学报，2021，26（1）。

3. 农业碳排放与经济协调发展关系脱钩模型

依据 Tapio 脱钩理论[5]，借鉴专家们构建农田碳排放与农业经济脱钩模型[6]分析农业碳排放与农业经济的脱钩关系。

农业碳排放与农业经济脱钩弹性系数（脱钩弹性）公式为 $e=\dfrac{\Delta C/C}{\Delta G/G}$。

其中，e 表示脱钩弹性系数；C 表示张家口市的农田碳排放量；G 表示农业总产值。

根据脱钩弹性系数值将脱钩类型划分为 6 种不同状态，以脱钩弹性值等于 1 作为划分脱钩与耦合的临界值，各类脱钩状态的弹性系数值与含义[6]见表 5-12。

表 5-12　依据脱钩弹性判定农业碳排放与农业经济的脱钩关系

脱钩状态	$(\Delta C/C)$	$(\Delta G/G)$	弹性 e	农业碳排放与农业经济增长的脱钩关系
绝对脱钩（强脱钩）	<0	>0	$e<0$	碳排放量不断减少的同时，农业经济却不断发展。强脱钩状态，是最理想的状态，处于可持续发展状态。
相对脱钩（弱脱钩）	>0	>0	$0<e<1$	两者同时增加，但农业经济增长速度大于碳排放量增长的速度。该状态是相对理想的发展方式，可持续性较强。
强负脱钩	>0	<0	$e<0$	资源不断消耗，碳排放量不断增加，但农业经济却呈下降趋势，这种状态非常差。
弱负脱钩	<0	<0	$0<e<1$	碳排放量和农业经济增长量都在减少，但农业产值下降的速度要大于碳排放量减少的速度，是非常不理想的发展状态。
衰退脱钩	<0	<0	$e>1$	排碳量较高的资源使用减少时，农业经济也开始下降，但农业经济的下降速度要小于碳排放下降速度。
临界状态	>0	>0	$e=1$	农业经济的增长速度等于农业碳排放增长的速度。
扩张负脱钩（耦合状态）	>0	>0	$e>1$	碳排放增长快于经济增长，处于耦合状态；脱钩指数越大表示生态环境压力越大，可持续性越弱。

4. 农业碳排放与农业经济协调发展耦合协调度模型

耦合度模型[4]为 $W=2\sqrt{X\times Y}/(X+Y)$。其中，$W$ 为耦合度，X 表示农业经济发展水平（农业产值），Y 表示农业碳排放量。

在耦合模型的基础上构建耦合协调模型：$A=\sqrt{W\times S}$。其中，A 表示耦合协调度，S 为农业碳排放与农业经济的综合发展度，$S=aX+bY$，假设经济增长与农业碳排放重要程度一致，a 和 b 的值均为 0.5。

耦合协调度 A 越趋近于 1，表明农业碳排放与农业经济间协调发展状况越好。参考专家们对耦合协调类型的划分标准[7]，划分为协调类和失调类两大状态，协调类有优质协调、良好协调和初级协调三种，失调类有初级失调和严重失调两种（表 5-13）。耦合协调度为 $0.8\leqslant A\leqslant 1$ 时属优质协调、$0.6\leqslant$

$A<0.8$ 为良好协调、$0.5\leqslant A<0.6$ 为初级协调，$0\leqslant A<0.4$ 为严重失调、$0.4\leqslant A<0.5$ 为初级失调。

表 5-13　农业碳排放与农业经济发展耦合协调程度评价标准划分

耦合协调发展类型		耦合协调发展度
协调类	优质协调	$0.8\leqslant A\leqslant 1$
	良好协调	$0.6\leqslant A<0.8$
	初级协调	$0.5\leqslant A<0.6$
失调类	初级失调	$0.4\leqslant A<0.5$
	严重失调	$0\leqslant A<0.4$

利用指标标准化处理公式对农业碳排放量与农业产值进行无量纲化处理，农业产值标准值（X）与农业碳排放量标准化值（Y）的标准化处理公式分别为 $X=\frac{G-\min(G)}{\max(G)-\min(G)}$和 $Y=\frac{C-\min(C)}{\max(C)-\min(C)}$。

三、研究区低碳农业与农业经济关系实证分析

基于农业碳汇模型、农业碳排放与经济协调发展耦合模型与协调度模型，依据前述测算方法测算农田生态系统碳汇与碳排放量，以及农业碳排放与农业经济的脱钩关系、耦合协调度，为低碳与经济协调发展机制建立提供了量化依据。

（一）农田生态系统碳排放量测算

应用农田生态系统碳排放模型计算研究区农田生态系统的碳排放总量。农田生态系统碳排放指标包括化肥、农药、农膜、柴油、机械、有效灌溉和翻耕，依据碳排放系数与各个指标值测算 2010—2020 年农业生产的碳排放量，结果见表 5-14。

表 5-14　研究区农业生产碳排放量核算结果

单位：万吨

年份	化肥	农药	农膜	柴油	机械	灌溉	翻耕	总计
2010	8.778 2	1.423 5	4.351 2	4.989 1	0.052 17	0.659 43	21.326 1	41.579 7
2011	32.973 0	1.282 8	5.269 1	4.451 9	0.053 76	0.659 43	21.326 1	66.016 09
2012	9.224 3	1.442 7	7.679 9	5.339 0	0.055 07	0.542 13	29.140 6	53.423 7

（续）

年份	化肥	农药	农膜	柴油	机械	灌溉	翻耕	总计
2013	9.977 1	1.425 4	5.706 3	4.753 2	0.056 88	0.542 23	29.131 4	51.592 51
2014	9.987 7	2.088 6	6.132 6	5.536 5	0.059 07	0.543 94	29.129 7	53.478 11
2015	9.882 2	1.611 0	6.757 8	5.615 7	0.061 31	0.545 66	29.127 5	53.601 17
2016	10.201 9	1.886 3	8.156 4	3.374 1	0.044 00	0.548 29	29.141 2	53.352 19
2017	9.555 3	1.605 0	7.902 0	3.387 2	0.045 32	0.549 38	29.138 5	52.182 7
2018	12.108 0	1.476 3	11.381 0	3.244 7	0.046 89	0.553 21	29.163 3	57.973 4
2019	12.110 1	1.469 8	8.473 6	3.083 2	0.049 15	0.553 21	29.163 3	54.902 36
2020	11.569 7	1.377 1	8.604 0	2.241 7	0.050 25	0.553 21	29.163 3	53.559 26

数据来源：依据《张家口经济年鉴》（2021）数据资料与碳排放系数计算得到。

从纵向来看，研究区在2010—2020年期间农田生态系统碳排放总量呈现波动增加的趋势，但增长速度不快。从各指标的碳排放量横向比较结果看，碳排放量最高的是翻耕，其次是化肥。但是从表5-11所列的各指标的碳排放系数来看，农膜指标的碳排放系数最大，农药指标的次之，且这两个指标的碳排放系数是其他指标的10倍左右，而从表5-14农田生态系统碳排放总量来看，这两个指标碳排放总量排序分别在第三和第五。

（二）农业碳排放与农业经济耦合协调关系

基于脱钩模型与耦合协调模型核算首都“两区”建设区农田生态系统碳排放与农业经济增长之间的脱钩关系与耦合协调关系。

1. 农业碳排放与农业产值的脱钩关系

依据脱钩模型，利用农田生态系统碳排放核算结果、农业产值计算农业碳排放与农业产值的脱钩弹性系数，显现经济增长幅度与碳排放量变化幅度的关联性。

从表5-15脱钩弹性系数e的核算结果可知，首都“两区”建设区的农业经济与碳排放的脱钩状态有强脱钩、强负脱钩、弱负脱钩和扩张负脱钩四种状态。

在2010—2020年，只有2018年出现了碳排放增长速度快于农业经济的增长速度，即e值大于1，表现为扩张负脱钩，农业生态环境压力大，可持续性较弱。

2011年、2014年和2015年的碳排放量增长为正，农业经济增长为负，碳排放与农业经济增长弹性值 e 小于 0，呈现强负脱钩状态。该状态说明农业化肥、农药和地膜使用超量，生态环境没有改善的同时，农业经济也得不到提升，表现为生态环境保护脆弱，是一种很不理想的发展状态。

表 5-15 研究区农业碳排放与农业经济脱钩状况（2010—2020 年）

指标	2010 年	2011 年	2012 年	2013 年	2014 年	2015 年
e	—	−0.703	−1.237	−0.066	−1.043	−3.191
脱钩状况	—	强负脱钩	强脱钩	强脱钩	强负脱钩	强负脱钩

指标	2016 年	2017 年	2018 年	2019 年	2020 年
e	0.037	0.326	1.380	−0.307	−0.304
脱钩状况	弱负脱钩	弱负脱钩	扩张负脱钩	强脱钩	强脱钩

数据来源：依据脱钩模型和《张家口经济年鉴》（2021）数据与碳排放量计算结果核算得到。

2016 年和 2017 年的碳排放增长为负，农业经济增长也为负，碳排放与农业经济增长弹性值 e 大于 0，呈现弱负脱钩状态。该状态的农业化肥、农药和地膜使用超量，农业产出反而减少，表现为生态环境脆弱，生态环境没有改善的同时农业产值降低的速度更快，是一种非常不理想的发展状态。

2012 年、2013 年、2019 年和 2020 年农业碳排放量减少，而农业产值增加，弹性值为负，表示碳排放量不断减少的同时，农业经济在不断发展，属于强脱钩状态，这是最理想的状态，说明该地区已经摆脱了农业经济增长依靠农业资源的高消耗，农业经济处于可持续发展状态，也是绿色农业追求的状态。

2. 农业碳排放与农业产值的耦合协调关系

应用耦合度模型和耦合协调度模型计算首都两区建设区农业碳排放与农业经济的协调耦合关系，结果见表 5-16。

由表 5-16 可知，研究区 2010 年和 2011 年两年的农业碳排放与农业经济两个系统严重失调，2012 年两个系统的耦合协调关系有所改善，呈现初级失调状态，2013 年到 2017 年两个系统呈现良好协调发展，2018 年到 2020 年三年间农业碳排放与农业经济两个系统已经达到了优质协调发展。

从纵向发展来看，农业碳排放与农业经济两个系统耦合协调度呈现出逐渐提高的趋势，从 2010 年严重失调关系到 2012 年初级失调，到 2013 年转为良好协调关系，到 2018 年以后转为优质协调关系，说明农业碳排放与农业经济两个系统耦合协调关系在逐渐改善。

表 5-16　研究区农业碳排放与农业经济耦合协调状况（2010—2020 年）

指标	2010 年	2011 年	2012 年	2013 年	2014 年	2015 年
A	0	0	0.482	0.759	0.782	0.782
耦合协调状态	严重失调	严重失调	初级失调	良好协调	良好协调	良好协调

指标	2016 年	2017 年	2018 年	2019 年	2020 年
A	0.740	0.700	0.807	0.832	0.837
耦合协调状态	良好协调	良好协调	优质协调	优质协调	优质协调

数据来源：依据脱钩模型和《张家口经济年鉴》（2021）数据与碳排放量计算结果核算得到。

（三）农田生态系统碳汇与碳排放比较

应用碳汇模型分析计算研究区的主要农作物碳吸收总量与研究区农业碳吸收总量，便于对农田生态系统的碳汇与碳排放进行比较。

1. 农田生态系统碳汇测算

研究区农田生态系统的主要农作物碳吸收源有玉米、谷子、薯类、豆类、蔬菜、燕麦与油菜籽等作物。依据表 5-10 各种作物的碳吸收率、干重比、经济系数以及 2010—2020 年的产量，应用碳汇模型测算各种作物碳吸收量与农田生态系统的碳吸收总量，结果见表 5-17。

从纵向来看，研究区农田生态系统碳吸收总量从 2010 年到 2016 年逐渐增大，2017 年开始减小，2017 年到 2019 年稍有减小，2020 年又开始增大。玉米、油菜籽和燕麦 3 种作物的碳吸收量从 2010 年到 2020 年呈现逐年增加的趋势，谷子、薯类、豆类、蔬菜的碳吸收量与农田生态系统碳吸收总量的变化规律基本相同。

从横向来看，各种农作物中玉米对碳吸收的贡献最大，蔬菜对碳吸收的贡献次之，薯类对碳吸收的贡献排第三。碳吸收贡献较大的主要原因是该作物的规模和产量较大。

表 5-17　研究区主要农作物碳吸收量核算结果

单位：万吨

年份	玉米	谷子	薯类	豆类	蔬菜	燕麦	油菜籽	总计
2010	82.77	14.72	4.75	3.37	53.37	5.27	6.732 7	170.99
2011	87.05	15.21	6.77	3.39	57.66	5.757	7.987 1	183.84
2012	90.42	11.18	6.85	4.09	63.88	6.49	8.760 0	184.82

（续）

年份	玉米	谷子	薯类	豆类	蔬菜	燕麦	油菜籽	总计
2013	90.26	11.338	7.98	4.28	67.10	6.279	10.03	197.25
2014	87.02	11.20	39.40	3.95	72.38	6.07	8.83	228.85
2015	85.26	13.25	40.15	3.80	73.85	5.89	9.98	232.17
2016	88.73	11.99	43.40	3.86	73.85	8.35	11.25	241.44
2017	90.49	8.74	43.58	3.45	50.69	13.88	18.78	229.61
2018	95.79	8.98	9.44	5.15	53.96	13.91	15.03	202.26
2019	100.48	8.06	8.93	4.97	53.39	15.12	15.330	206.28
2020	105.17	8.38	46.74	4.52	51.50	14.06	12.05	228.36

数据来源：依据《张家口经济年鉴》（2021）数据资料与碳吸收系数计算得到。

2. 农田碳汇与碳排放的比较

研究区 2010—2020 年 11 年间农田生态系统的碳吸收量与碳排放量的比较见表 5－18，通过比较结果可知，农田生态系统的碳吸收量明显大于碳排放量，两者的差额在 2016 年之前逐年增大，2016 年到 2018 年逐年减小，2018 年后又逐年增大，说明在这 11 年间研究区通过农田生态建设与生态环境保护策略的实施，不但使得农业碳排放逐渐减少，而且使得农田生态建设的碳汇功能发挥越来越大的作用。从这些研究结果来看，研究区的农业的发展具有减碳功能，且碳吸收量与碳排放量之差呈现加大的趋势，所以研究区的低碳农业发展前景较好。

表 5－18　研究区农业碳吸收总量与碳排放总量比较（2010—2020 年）

单位：万吨

指标	2010 年	2011 年	2012 年	2013 年	2014 年	2015 年
碳吸收总量	170.99	183.84	191.67	197.25	228.85	232.17
碳排放总量	41.58	66.02	53.42	51.60	53.48	53.60
差额	129.41	117.82	138.25	145.65	175.37	178.57

指标	2016 年	2017 年	2018 年	2019 年	2020 年
碳吸收总量	241.44	229.61	202.26	206.28	228.36
碳排放总量	53.35	52.18	57.97	54.90	53.56
差额	188.09	177.43	144.29	151.38	174.8

数据来源：上述碳排放量与碳吸收量计算结果。

第三节　农业生态建设与农业经济协调发展关系

农业生态建设产生生态功能价值，包括经济效益、生态效益和社会效益等综合效益，这里就其产生的生态功能价值与经济价值进行核算比较，为评价农田生态建设与农业产业经济耦合协调关系提供基础。

一、农业生态功能价值核算方法与核算模型

本书所称农业产业生态功能价值是指农田生态系统生态功能价值，生态功能价值包括净化空气、调节气候等产生的价值，计算的结果虽然不能完全包含其全部价值，但是该估算结果可以作为现代低碳绿色农业产业体系构建和采取正外部性内部化补偿策略的依据。

1. 农业生态功能价值核算方法

农业生态功能价值的核算方法较多，本书综合考虑了张家口市农业产业特征、资料可获得性和统计指标一致性等原则，参照谢高地[8]、孙能利[9]等人的农业产业体系生态服务功能价值当量模型与方法，对张家口市农田生态系统生态功能价值进行测算，涉及的模型有4个函数关系式，包括农业现实生态价值量E_r模型、社会发展阶段系数l模型、农田生态系统理论生态价值E_t模型、单位当量因子的价值量E_a模型。

2. 农田生态系统现实生态价值量模型

农田生态系统现实生态价值量E_r测算模型：$E_r=E_t\times l$。其中，E_r为农田生态系统现实生态价值量，是反映农田生态系统生态功能价值，是评价生态环境支撑功能价值的依据；E_t为农田生态系统理论生态价值（元）；l为社会发展阶段系数，即主体对生态社会效益的支付意愿。

3. 社会发展阶段系数模型

农田生态系统现实生态价值量模型中的社会发展系数l的核算模型为$l=\frac{1}{1+e^{-t}}$。其中，$t=T-3$，$T=1/E_n$，E_n为恩格尔系数，e为自然对数。

4. 农田生态系统理论生态价值量模型

在农田生态系统现实生态价值量模型中，农田生态系统理论生态价值量E_t的核算模型为$E_t=\sum_{j=1}^{n}A_jC_jE_a$。其中，$E_t$为农田生态系统理论生态价值

量（元）；A_j为农业土地面积（公顷）；C_j为农业土地单位价值当量因子；j为农业土地利用类型；E_a为单位当量因子的价值量（元/公顷）。

农业产业土地单位当量因子的核算参照中国科学院谢高地等制定的我国生态系统生态服务价值的当量因子表。该表所列数据为农业用地中林地、草地、农田、湿地、水体和荒漠的单位生态服务价值当量。

5. 农田生态系统单位当量因子的价值量模型

农田生态系统理论生态价值模型中，单位当量因子的价值量模型（参考孙能利等人研究）为 $E_a = \sum_{i=1}^{n} m_i p_i q_i / M$。其中，$E_a$为单位当量因子的价值量（元/公顷）；$i$为农作物种类；$p_i$为第$i$种农作物全国平均价格（元/千克）；$q_i$为第$i$种农作物单产（千克/公顷）；$m_i$为第$i$种农作物的播种面积（公顷）；$M$为$n$种农作物的播种面积（公顷）。

依据上述4个模型，利用张家口市统计数据资料，计算出张家口市农田生态系统现实生态环境功能价值。

二、首都“两区”建设区农业生态功能价值核算

在上述定性描述、模型设定与指标确定的基础上，量化评价张家口市农业产业生态环境功能价值，主要指农田生态系统的生态服务功能价值。

（一）农业生态功能价值核算步骤与数据来源

1. 农业生态功能价值测算步骤

张家口市农业生态功能价值的测算步骤，即农田生态系统生态功能价值测算步骤分以下几步：

第一步，依据当量因子价值量模型计算各种作物当量因子价值量，即计算模型中的E_a（单位当量因子的价值量）（元/公顷）。

第二步，依据中国科学院谢高地等制定出的我国生态系统生态服务价值的当量因子表，计算农田生态系统中各类用地的单位理论生态价值量，应用各种生态功能当量因子系数与当量因子价值量的乘积所得。

第三步，计算农业产业体系总理论生态价值量，依据农业产业理论生态价值模型计算E_t。

第四步，计算社会发展阶段系数，依据社会发展阶段系数模型，主要利用当年的恩格尔系数等指标进行核算。

第五步，依据上述几步的计算结果核算农业产业现实生态环境功能价值。

2. 农业生态功能价值测算数据来源

数据来源为《张家口经济年鉴》（2021）、《中国农产品成本效益资料汇编》（2021）、《中国统计年鉴》（2021）、《河北经济年鉴》（2021）等资料，以及国家统计局发布的其他数据资料。

这里有几点关于数据资料的说明：①在计算过程中，《张家口市经济年鉴》中没有统计小麦的播种面积和产量，但是粮食播种面积和产量中有部分数据没有确定作物的类别，这部分未作归类的规模与产量数据作为小麦的相关数据，即小麦泛指其他谷物。②由于 2020 年蔬菜作物中菠菜与芹菜播种面积较小，将菠菜放在圆白菜中进行测算，将芹菜放在大白菜中核算；葵花籽与胡麻籽的单价在统计资料中没有查到，使用当年的平均售价。

（二）农田生态系统生态功能价值测算

张家口市农田生态系统生态功能价值测算分 3 个部分，包括农田生态系统各种作物当量因子价值量、农田生态系统理论生态功能价值量、农田生态系统现实生态功能价值量。

1. 农田生态系统各种作物当量因子价值量

当量因子价值量模型为 $E_a = \sum_{i=1}^{n} m_i p_i q_i / M$。其中，依据上述模型测算张家口市各种作物的当量因子价值量，便于获得农田生态系统的单位当量因子的价值量 E_a（元/公顷）。计算结果显示张家口市农田当量因子价值总量为 2 861 807 576 3.98 元，农田总面积为 485 957 公顷，所以，张家口市农田当量因子价值量 E_a 核算如下：$E_a = \sum_{i=1}^{n} m_i p_i q_i / M = 28\,618\,075\,763.98 \div 485\,957 = 58\,890.14$（元／公顷）。

2020 年张家口市农田单位面积的当量因子价值量 E_a 平均为 58 890.14 元/公顷，这是各种作物的当量因子价值量平均数。

2. 农田生态系统理论生态价值量

农田生态系统理论生态价值量是农业产业现实生态价值量的基础，要测算张家口市的农田生态系统现实生态价值量需要先计算张家口市农田生态系统单位理论生态价值量。

（1）张家口市农田生态系统单位理论生态价值量

依据陆地生态系统生态服务价值的当量因子表5－19中的各种生态功能当量因子系数和单位当量因子的价值量平均量 E_a（表5－20）的乘积，计算农业产业体系中各类用地的单位理论生态价值量。不同用途土地的理论生态单位价值量核算结果见表5－19。

表5－19　中国陆地生态系统单位面积生态服务价值当量（C_j）表

指标	林地	草地	农田	湿地	水体	荒漠
气体调节	3.5	0.8	0.5	1.8	0	0
气候调节	2.7	0.9	0.89	17.1	0.46	0
水源涵养	3.2	0.8	0.6	15.5	20.38	0.03
土壤形成与保护	3.9	1.95	1.46	1.71	0.01	0.02
废物处理	1.31	1.31	1.64	18.18	18.18	0.01
生物多样性保护	3.26	1.09	0.71	2.5	2.49	0.34
食物生产	0.1	0.3	1	0.3	0.1	0.01
原材料	2.6	0.05	0.1	0.07	0.01	0
娱乐文化	1.28	0.04	0.01	5.55	4.34	0.01

资料来源：谢高地等制定的生态系统生态服务价值的当量因子表。

由于张家口市统计资料中没有湿地和水体统计数据，本书只依据表5－19的各类农用地价值当量系数核算了林地、草地、农田和荒漠单位面积生态环境功能价值当量，计算结果列为表5－20。

表5－20显示2020年京津冀首都“两区”建设区的林地、草地、农田和荒漠4类土地用途的单位面积生态功能价值量相比，林地无论在气体调节、气候调节、土壤保护、生物多样性保护等自然生态方面，以及原材料和娱乐文化方面的生态功能价值都是最大的，草地次之，但农田在这些方面较前两者差一些，而农田在食物生产方面的生态功能价值最大。

表5－20　2020年张家口市不同用地单位面积生态功能价值量（E_a）表

单位：元/公顷

指标	林地	草地	农田	荒漠
气体调节	206 115.49	47 112.11	29 445.07	0
气候调节	159 003.38	53 001.13	52 412.23	0
水源涵养	188 448.45	47 112.11	35 334.08	1 766.70

（续）

指标	林地	草地	农田	荒漠
土壤形成与保护	229 671.55	114 835.77	85 979.60	1 177.80
废物处理	77 146.08	77 146.083	96 579.83	588.90
生物多样性保护	191 981.86	64 190.25	41 812.00	20 022.65
食物生产	5 889.01	17 667.04	58 890.14	588.90
原材料	153 114.36	2 944.51	5 889.01	0
娱乐文化	75 379.38	2 355.61	588.901	588.90

（2）张家口市农田生态系统总理论生态价值量

依据农业产业理论生态价值模型，计算农田生态系统理论生态价值量，模型为 $E_t = \sum_{j=1}^{n} A_j C_j E_a$ 。

从表 5－21 张家口市不同农业用地总理论生态价值量计算结果来看，张家口市农田生态系统理论生态价值量较大，为 19 215.95 亿元。但是现实中受到居民的支付意愿影响，农田生态系统生态价值量没有理论上的数量大。依据下面的方法核算现实生态价值量。

表 5－21　张家口市不同用地理论生态总价值量（E_t）表

单位：万元

指标	林地	草地	农田	荒漠
气体调节	22 653 500	1 133 767.12	2 747 007.14	0
气候调节	17 475 500	1 275 488.00	4 889 672.71	0
水源涵养	20 711 700	1 133 767.11	3 296 408.57	179 497.15
土壤形成与保护	25 242 400	2 763 557.33	8 021 260.84	119 664.77
废物处理	8 478 871.44	1 856 543.64	9 010 183.41	59 832.38
生物多样性保护	21 100 100	1 544 757.69	3 900 750.14	2 034 301.00
食物生产	647 242.10	425 162.67	5 494 014.28	59 832.38
原材料	16 828 300	70 860.44	549 401.43	0
娱乐文化	8 284 698.82	56 688.36	54 940.14	59 832.38
合计	141 422 312.4	10 260 592.36	37 963 678.66	2 512 960.06

（3）个别年份农田生态系统理论生态价值量比较

依据当量因子价值量模型测算研究区建设区农田生态系统单位当量因子

价值量平均值 E_a（元/公顷），计算得出研究区 2020 年农田生态系统单位当量因子价值量为 58 890.14 元/公顷。

在不同用地单位面积生态功能价值量（$C_j \times E_a$）的核算结果的计算基础上，结合农业不同类别用地面积 A_j，依据农业产业理论生态价值量模型计算农业产业理论生态总价值量 E_t（元），结果见表 5－22。

表 5－22　2020 年不同用地理论生态总价值量（E_t）表

单位：万元

年份	林地	草地	农田	荒漠	总计
2020	141 422 312.4	10 260 592.36	37 963 638.66	2 512 960.06	192 159 503.4

从不同农业用地理论生态总价值量计算结果来看，2020 年的农田生态系统林地、草地、农田、荒漠等不同用地的理论生态价值，农田生态系统总理论生态价值为 19 215.95 亿元。

3. 研究区农田生态系统现实生态功能价值量核算

通过计算社会发展阶段系数可以测算出研究区农田生态系统现实生态功能价值量。

（1）研究区社会发展阶段系数核算

依据社会发展阶段系数模型计算社会发展阶段系数 l，即主体对生态社会效益的支付意愿。模型为 $l=\dfrac{1}{1+\mathrm{e}^{-t}}$，其中，$t=T-3$，$T=1/E_n$，$E_n$ 为恩格尔系数，e 为自然对数。

依据《张家口经济年鉴》（2021）数据核算得出张家口社会发展阶段系数 l 的结果为 0.639。

（2）农田生态系统现实生态功能价值量

依据农田生态系统现实生态功能价值量 E_r 测算模型 $E_r=E_t \times l$，在表 5－21 中 E_t 计算结果与 l 计算结果的基础上，得到表 5－23 农业产业现实生态价值量。

表 5－23 显示张家口市 2020 年农田生态系统中，森林现实生态功能总价值为 9 036.89 亿元，草地现实生态功能总价值为 655.65 亿元，农田现实生态功能总价值为 2 425.88 亿元，荒漠现实生态功能总价值为 160.58 亿元，农田生态系统现实生态功能价值总量为 12 279 亿元。

表 5-23 张家口市不同用地现实生态功能总价值量（E_r）表

单位：万元

指标	森林	草地	农田	荒漠	总计
气体调节	14 475 586.50	724 477.19	1 755 337.56	0	—
气候调节	11 166 844.50	815 036.83	3 124 500.86	0	—
水源涵养	13 234 776.30	724 477.18	2 106 405.08	114 698.68	—
土壤形成与保护	16 129 893.60	1 765 913.13	5 125 585.68	76 465.79	—
废物处理	5 417 998.85	1 186 331.39	5 757 507.20	38 232.89	—
生物多样性保护	13 482 963.90	987 100.16	2 492 579.34	1 299 918.34	—
食物生产	413 587.70	271 678.95	3 510 675.12	38 232.89	—
原材料	10 753 283.70	45 279.82	351 067.51	0	—
娱乐文化	5 293 922.54	36 223.86	35 106.75	38 232.89	—
合计	90 368 857.60	6 556 518.52	24 258 765.10	1 605 781.48	122 789 922.70

由上述计算结果可知，农田生态系统生态功能价值较大，而且与2020年前比较生态价值越来越大。不管哪种原因占主导地位，都说明张家口市农业产业越来越重视生态环境保护，而且农业产业生产为生态环境作出的贡献越来越大。这也是首都“两区”建设区注重农业产业多功能作用发挥的目标。

三、首都“两区”建设区农业产业经营经济价值

农业产业的经济价值包括生产、加工、旅游等产业经营产值。

1. 农林牧渔业产业规模

依据《张家口经济年鉴》(2021) 中2020年张家口市农作物种植面积及产量的数据资料，全年农作物播种面积983.8万亩，比上年下降11.7%。粮食播种面积674.8万亩，比上年下降4.0%，粮食总产量达185.5万吨，增长3.2%。全年蔬菜播种面积119.8万亩，下降了10.5%，蔬菜总产量达514.4万吨，下降了3.5%。

关于2020年张家口市畜牧业规模，全年生猪出栏166.9万头，比上年下降14.7%；牛出栏30.7万头，增长0.7%；羊出栏258.2万只，比上年下降0.6%；家禽出栏3 464.3万只，增长2.7%。

2020 年张家口市林业产业中全年共造林 27 350 公顷，林木绿化率达到 50%。

2020 年张家口市渔业水产品产量 6 545 万吨，比上年增长了 1.0%，其中养殖水产品产量 5 215 万吨，增长了 3.0%，捕捞水产品产量 1 330 万吨，下降了 5.0%。

2. 农林牧渔业经营经济价值

（1）农林牧渔业经济价值

依据《张家口经济年鉴》（2021）与张家口市统计局《数说张垣》（2021）数据资料，2020 年张家口市农林牧渔业总产值为 484.93 亿元，其中：农业产值 259.937 亿元，林业产值 25.765 亿元，牧业产值 183.645 亿元，渔业产值 1.606 亿元，农林牧渔服务业产值 13.978 亿元。

农林牧渔业的经济总价值与农业产业现实生态功能价值总量 12 279 亿元比相差较大，生态功能价值是经济价值的 25.32 倍。

（2）主要农作物经济价值

研究区主要农作物包括粮食、油料、马铃薯、豆类与蔬菜等作物。粮食作物包括谷子、小麦、莜麦和玉米等，油料作物包括油菜籽、葵花籽和胡麻等，豆类作物主要是大豆等，蔬菜作物包括大白菜、圆白菜和番茄等，依据各种作物产量与单价的乘积计算其经济价值，结果见表 5 - 24。

从不同作物经济价值的占比来看，蔬菜作物、粮食作物（谷物）与马铃薯作物的经济价值占比较大，粮食作物（谷物）的经济价值占总经济价值的 13.94%，马铃薯的经济价值占比为 11.13%，蔬菜的经济价值占比 56.07%。经济价值较大的蔬菜都是耗水性作物，如果调整农作物结构，压减耗水作物，蔬菜作物的栽培面积减小，那么农业经营者的经济收入减少的比例较大，因此，农业结构调整需要补贴等配套政策与机制的支持。

表 5 - 24　2020 年张家口市农业产业不同作物经济价值

单位：万元、%

指标	谷物	油料	马铃薯	豆类	蔬菜	水果	其他	总计
经济价值	362 298	49 738	289 274	29 434	1 457 522	179 923	231 177	2 599 366
占比	13.94	1.91	11.13	1.13	56.07	6.92	8.89	—

数据来源：《张家口经济年鉴》（2021 年）数据计算整理得到。

四、研究区农业生态建设与农业产业经济相关关系

京津冀首都“两区”建设区农业生态建设与农业产业经济协调发展涉及两者的相关关系，这里用相关关系评价方法对农业生态建设与农业产业经济的相关性进行评价。

1. 农业生态建设与农业产业经济发展的相关性

农业生态建设的价值用农田生态系统生态功能价值来衡量，借助于上述农田生态系统生态功能价值核算结果与农业产业总价值量，利用相关性评价方法，应用 Eviews 软件进行相关性评价。通过 Eviews12 软件对农田生态系统生态功能价值与农业产业总价值作相关关系分析。

依据表 5-25 农田生态系统现实生态价值与农业经济价值量表中的数据，利用 Eviews 软件回归分析两者的相关关系，其计算结果见表 5-26。由表可见，农田生态系统生态功能价值与农业产业经济总价值的相关系数符号为正，说明呈正相关关系，两者的关联系数近似为 0.88，表明关联度较大，且较为协调。

相关关系分析结果验证了前述分析的结论，在京津冀区域，首都“两区”建设区在配置土地资源发展农业产业时，将生态优先作为指导原则，优化土地结构，多植树造林与种植饲草，增强土地利用的生态功能，同时发展低碳农业，注重特色农业产业培育，扩大规模，实现规模效益，提高经济效益、生态效益和社会效益综合水平。

表 5-25　农田生态系统现实生态价值与农业经济价值量表

单位：亿元

指标	2015 年	2017 年	2019 年	2020 年
现实生态价值总量	3 415.27	4 217.80	5 136.50	12 279
农业总经济价值	360.08	363.71	438.51	484.93

依据 2015、2017、2019 和 2020 年农林牧渔总产值，以及上述计算方法计算的 2015、2017、2019 和 2020 年农田生态系统现实生态功能价值计算结果，回归分析 2015、2017、2019 和 2020 年农田生态系统现实生态功能价值与农业经济两者的相关关系见表 5-26 所示。

表 5－26 农田生态系统生态功能价值与农业产业经济的相关关系

指标	农田生态系统生态功能价值	农业产业经济价值
农田生态系统生态功能价值	1	0.884 092 774 664 685
农业产业经济价值	0.884 092 774 664 685	1

2. 首都“两区”建设区生态建设与农业产业经济协调关系

在京津冀协同发展战略实施背景下，首都“两区”建设区张家口市农业产业产生的水源涵养功能与生态环境支撑功能也非常显著。

统计数据显示 2020 年张家口市农林牧渔总产值为 484.93 亿元，其中：农业产值 259.937 亿元，林业产值 25.765 亿元，牧业产值 183.645 亿元，渔业产值 1.606 亿元，农林牧渔服务业产值 13.978 亿元。

而从上述的农田生态系统生态建设功能价值核算结果来看，2020 年农田生态系统现实生态功能价值总量为 12 279 亿元，其中林地生态功能现实生态总价值为 9 036.89 亿元、草地生态功能现实生态总价值为 655.65 亿元、农田生态功能现实生态总价值 2 425.88 亿元、荒漠生态功能现实生态总价值为 160.58 亿。

农林牧渔业的经济总价值与农田生态系统现实生态功能价值总量 12 279 亿元比相差较大，生态功能价值是经济价值的 25.32 倍，林地生态功能生态价值是林业产业经济价值的 350.67 倍，草地生态功能价值是畜牧业经济价值的 3.57 倍，农田生态功能价值是农业产值的 9.33 倍。农田生态系统生态功能价值远远大于其在生产过程中获得的经济价值。而且通过计算农田生态系统生态功能价值与农业产业生产经济价值的关联系数较大为 0.88，协调关系较密切。

五、农田生态建设与农业产业经济协调发展对策

（一）生态建设与产业经济协调关系发展趋势与对策

1. 生态建设与产业经济逐渐呈现良好协调的趋势

通过对生态建设绩效综合评价、产业经济发展绩效综合评价，应用耦合模型与协调发展模型测算方法对生态建设与农业产业经济耦合协调关系进行评价与分析，结果显示：京津冀区域首都“两区”建设区 2006 年到 2020 年 15 年间的生态建设绩效与产业经济绩效，并应用耦合度模型和耦合协调度

模型分析生态建设与农业产业经济之间逐渐趋于良好协调关系。

2006年到2020年15年间生态建设与产业经济发展协调关系变化趋势来看，两者间协调度2006年到2007年变化较为平缓，2008年后协调度变化较大，几乎每一年增加0.1，由不协调逐渐趋于初级协调、中级协调、良好协调发展，到2016年后又徘徊到轻度失调，然后到2018年为濒临失调，2019年和2020年逐渐转为勉强协调。这些变化规律充分说明生态建设与产业经济协调发展从轻度失调到勉强协调，将来可能逐渐变为初级、良好、中级、良好，最后到优质协调，生态建设与产业经济发展协调关系越来越受到高度重视。

首都“两区”建设区应当借助于京津冀协同发展、京张联合举办冬奥会、清洁能源示范区等发展的机遇，发展以生态建设为依托的三大产业经济，加大生态建设与产业经济协调发展投资力度。

2. 继续加大生态工程建设投资力度

在研究区，应当继续加大生态工程建设投资力度，一是对已经实施的三北防护林、京津风沙源治理、水源涵养林工程、农田防护林、水土流失治理等生态工程建设要继续加大投资力度；二是改造荒山荒坡，增加造林面积，提高绿地覆盖率，通过巩固退耕还林还草成果，继续退耕还林还草后续产业建设，并多方筹集资金加大生态建设的补贴。

3. 加快第一产业生态循环模式构建

通过合理推行农牧业供给侧结构性改革，打造农牧业产业绿色产品基地，突出名优特产品生产；调整粮饲耕地利用结构，通过实施“粮改饲”结构调整，实现耕地资源有效配置，采用种养业结合经营的横向一体化模式，提高畜禽粪便有机肥资源利用率，达到种植业为养殖业提供饲草饲料，养殖业为种植业提供有机肥，同时，推广秸秆还田技术，提高土壤有机质含量，改善农牧业生态环境，构建以饲料与肥料为纽带的种养业资源循环利用、产品互补、生态环境改善的生态循环体系。

4. 加强对第二三产业结构的调整

研究区以申办冬奥会与清洁能源示范区建设为契机，继续加强第二产业的转型升级，建设和完善产业园区；加快发展第三产业，积极发展生态旅游产业，整合体育、休闲旅游资源发展生态旅游产业；搞好现代物流园区建设，积极发展县域特色物流产业，加大商品流通市场建设力度，建设城乡一体化流通网络。

（二）农田生态建设与低碳农业协调发展对策

1. 农田生态建设与农业产业经济逐渐呈现优质协调的趋势

由首都两区建设区农业碳排放与农业经济的协调耦合关系的核算与分析结果可知，研究区2010年和2011年两年的农业碳排放与农业经济两个系统严重失调，2012年两个系统的耦合协调关系有所改善，呈现初级失调状态，2013年到2017年两个系统呈现良好协调发展，2018年到2020年三年间农业碳排放与农业经济两个系统已经达到了优质协调发展。

从纵向发展来看，农业碳排放与农业经济两个系统耦合协调度呈现出逐渐提高的趋势，从2010年严重失调关系到2012年初级失调，到2013年转为良好协调关系，到2018年转为优质协调关系，说明农业碳排放与农业经济两个系统耦合协调关系在逐渐改善。

通过第三节对农田生态系统生态功能价值与农业产业经济价值的相关分析可知，这两者呈现密切的相关关系。

基于首都“两区”建设与“双碳”目标，依据上述理论分析与实证分析结论，提出农田生态系统生态建设与农业产业经济协调发展的对策。

2. 各级政府应当引导经营主体调整和优化农业产业结构

为了降低农田生态系统碳排放、增加碳汇功能，维持碳循环的平衡，需要政府通过引导经营主体调整农业产业结构，构建低碳农业经营体系发展低碳农业。

首先，发展“特色＋优势”高效化精品农业模式。该模式可以将特色农业变为优势产业，采用集约化经营。如燕麦、亚麻、杂粮、杂豆的碳吸收率较高，又具有区域特色，可以将其特色转化为优势，提升特色农业生态效益与经济效益。

其次，发展“节水＋减污”资源节约型旱作农业模式。农田生态系统的玉米、蔬菜和薯类碳吸收量较大，其主要原因是规模与产量较大，而蔬菜和薯类是水资源、化肥、农药与农膜投入量较大的作物，化肥、农药与农膜的碳排放量又最大。因此，发展该模式减少蔬菜和薯类的种植面积，增加耐旱作物播种规模，既可以降低碳排放量，又能节约水资源，便于实现涵养水源和改善生态环境的目的。

再次，发展“田＋草＋林”结合的立体化农业模式。单位林地与单位草地碳吸收量[10]分别为0.644吨/公顷、1.3吨/公顷，单位面积农田生态系统的碳吸收量为3.85吨/公顷，相比较来看，农田的碳吸收能力较强，因此，农业产业的发展有利于降碳目标的实现。通过合理安排田、草、林地空间结合立体化农地利用结构，充分利用空间，发挥农地利用中农田、草地、林地的综合碳吸收功能，将农业资源优势转化为农业生态和经济优势。

3. 各级政府应当建立低碳农业经营行为激励机制

调整和优化农业产业结构，需要建立引导与激励经营主体行为的相关机制。

第一，建立种植业结构调整行为补偿激励机制。通过种植业内部结构调整，可以促进低碳、节约、高效利用资源，增强特色农业竞争力，改善生态环境。但是在减少化肥、农药、农膜等使用量时，经营主体具有经济损失。因此，各级政府应该建立低碳农业经营行为补偿激励机制，补偿低碳农业（继续生态建设行为）行为的直接经济损失。

第二，建立农地结构调整行为补贴激励制度。在生态优先、绿色发展原则指导下，农地结构调整应当优先安排生态建设用地，通过农地结构调整既可以充分利用资源，又能发挥阻挡风沙、净化空气、改善生态环境、涵养水源功能，还可以将资源优势转化为经济优势。同时结构调整产生机会成本与正外部性，政府通过建立补贴与津贴等激励制度，引导和鼓励经营主体调整结构，提高经济、生态、社会综合效益。

4. 各级政府应当构建生态优先发展的补偿体制

依据农业碳排放与经济脱钩弹性和耦合协调测算结果，从碳排放量增加与农业经济增长的脱钩弹性值大趋势来看，农业碳排放量不断减少的同时，农业经济却在不断增长，尤其是2019年和2020年碳排放量减少得较多，农业经济增长较快，说明首都两区建设区已经摆脱了依靠农业资源消耗增长农业经济的状态。

从农业碳排放与农业经济两个系统耦合协调系数来看，从2010年到2020年农业碳排放与农业经济两个系统呈现出从严重失调到良好协调发展，再到优质协调发展状态，表明首都“两区”建设区实现低碳农业经济持续增长具有了坚实的基础。

为了实现低碳农业与农业经济的持续协调发展，所采取的各方面降碳增效的措施可能产生正外部性、机会成本与经济损失。因此，为了实现生态优先的经济发展的持续性，政府应当构建生态补偿等一系列配套机制体制，对生态优先发展、绿色发展、低碳发展行为进行补偿，激励首都“两区”建设区低碳农业与经济协调推进行为，最终达到生态效益与经济效益双赢的目的。

本章小结：本章以“协调”发展为主题，测算分析研究区生态建设与产业经济耦合协调发展关系，结论显示：2006 年到 2020 年期间，2006 到 2007 年研究区生态建设与产业经济发展两者间协调度变化较为平缓，2008 年后协调度变化较大，由不协调逐渐趋于初级协调、中级协调、良好协调发展，到 2016 年后又徘徊到轻度失调，2019 年和 2020 年逐渐转为勉强协调，其变化趋势逐渐转为良好协调。这为生态建设与低碳农业经济协调发展关系研究提供了基础条件。

通过测算分析区域农业碳排放与农业经济协调发展关系，结论显示从 2010 年到 2020 年期间，研究区农业碳排放与农业经济两个系统耦合协调度从 2010 年严重失调关系到 2012 年初级失调，到 2013 年转为良好协调关系，到 2018 年以后转为优质协调关系，这充分说明农业碳排放与农业经济两个系统耦合协调关系呈现逐渐改善的趋势。这种趋势也为研究区生态建设与低碳农业协调发展提供了生态建设与低碳发展的保障条件。

在上述两个协调关系分析的基础上，分析研究了农业生态建设与农业经济协调发展关系，结论显示农田生态功能价值远远大于其在生产过程中获得的经济价值，且其生态功能价值具有正外部性，为下面内容研究提供了基础。同时，农田生态功能价值与农业产业经济价值的相关关系较大，说明区域生态建设与低碳农业的发展呈现相互促进、协调发展的关系，依此提出研究区既要将生态建设放在首要位置，又要同时发展低碳农业的对策建议。

参考文献：

[1] 雷勋平，邱广华．基于熵权 TOPSIS 模型的区域资源环境承载力评价实证研究［J］．环境科学学报，2016，36（1）：314－323.

[2] 李克让．土地利用变化和温室气体净排放与陆地生态系统碳循环［M］．北京：气象出版社，2000.

[3] 杨果，陈瑶．中国农业源碳汇估算及其与农业经济发展的耦合分析［J］．中国人口·资源与环境，2016，（12）：171－176.

[4] 田云，林子娟．长江经济带农业碳排放与经济增长的时空耦合关系［J］．中国农业大学

学报，2021，26（1）：208－218.

[5] TAPIO P. Towards a theory of decoupling：Degrees of decoupling inthe EU and the case of road traffic in Finland between 1970 and 2001 [J]. Journal of transport policy，2005（12）：137－151.

[6] 庞容，吕志强，朱金盛，等．基于碳循环的农业净碳排与农业经济的脱钩分析 [J]. 水土保持研究，2015，22（5）：253－265.

[7] 王剑，薛东前，马蓓蓓，等．西北5省耕地集约利用与农业碳排放时空耦合关系研究 [J]. 环境科学与技术，2019，42（1）：211－217.

[8] 谢高地，鲁春霞，冷允法，等．青藏高原生态资源的价值评估 [J]. 自然资源学报，2003，18（2）：189－196.

[9] 孙能利，巩前文，张俊飚．山东省农业生态系统价值测算及其贡献 [J]. 中国人口·资源与环境，2011，21（7）：128－132.

[10] 刘爱玉，柯水发，王亚．北京市土地资源禀赋及碳汇量分析 [J]. 林业经济，2015（7）.

第六章
生态优先原则下区域绿色低碳农业发展模式

本章以“绿色”发展为主题，在生态优先、绿色发展理念指导下，农业经营主体选择低碳农业绿色发展模式是在农业经营主体行为约束条件下进行的，所以本章内容包括低碳农业经营主体行为约束条件定性分析、低碳农业绿色发展模式国际经验和研究区生态建设与低碳农业绿色发展模式选择等。

第一节　绿色低碳农业经营行为影响因素定性分析

农业经营主体对绿色低碳农业经营模式的选择行为受多种因素影响，既受到自身因素、农业生产因素的影响，又受到外界客观条件以及非农生产行为的影响，但是在各种条件制约的情况下，不管经营主体经营行为的目标是利润最大化还是效用最大化，经营主体的决策都是理性的。

一、农业经营行为决策的内部影响因素

经营主体从事低碳农业经营活动的内部影响因素，包括土地、劳动力、资金、技术等，这些因素决定经营主体进行农牧业经营活动的可能性，也是经营主体进行决策的依据。

（一）农业经营对象与经营手段的约束条件

经营对象与经营手段的约束条件包括土地资源、专用资产与不动资产等。

1. 土地资源数量和质量的约束

低碳农业经营最重要的生产要素以及对象是土地资源。种植业对土地资

源的要求主要体现在耕地数量的多少和质量的好坏，耕地的数量和质量是经营主体选择生态农业、调整农业结构、选择农作物品种，以及安排播种面积的决策依据。以耕地为主的区域自然资源（气候、生态等）组合有利于种植业经营的，土地生产率就高，这时耕地数量越多，经营主体通过种植业获得的收入越大，越有利于经营主体对种植业作物品种的选择。

养殖业对土地的要求体现在草地资源的数量与质量，以及耕地资源中饲料作物的规模。草地资源分布的面积越大、质量越好、饲料作物播种面积越大，经营主体对养殖畜种的选择范围越大，也有利于生态畜牧业的发展，有利于畜牧业饲养规模、养殖畜种的确定。所以，土地资源的数量和质量影响着经营主体选择生态农牧业模式、调整种植业与养殖业结构与规模的决策。

2. 资源专用性与不可移动性的约束

低碳绿色农业经营投入具有不可逆性。一是，经营主体一旦选择种植作物、养殖畜种、经营方向，在短期内是无法改变的，不但投入的种子不可收回，购买的牲畜不可更换，而且投入的各种生产资料、饲草饲料也不能改变，所以经营主体对种植业与养殖业的投入成本是不可逆的。二是，经营主体经营种植业与养殖业的资产具有专用性。如专用农机具、农业工程设施、养殖业的饲料加工机具、挤奶设备等均具有专用性，其用途的变更成本更大。所以，经营主体决策后的退出成本高，一旦选择一种经营模式，在短时间内不可能转变。三是，农牧业资源位置存在不可移动性，表现为土地资源中草地与耕地的分布、农业设施等是不可移动的。所以，这些因素影响经营主体改变农牧业经营模式。

（二）劳动力资源数量与质量的约束

经营主体的人员素质与人员数量是影响经营主体选择低碳农业经营模式或创新低碳农业经营模式的主要因素。经营主体包括家庭农场、农民专业合作社、农业企业、小农户等。

经营主体如果是经营组织，经营组织成员的规模、数量，以及成员的稳定程度等影响着经营低碳农业的劳动力数量。其成员的文化程度、掌握科技的能力、经营农牧业的经验等体现劳动力的质量，劳动力的质量影响着经营主体选择低碳农业经营模式的认知、选择行为以及经营效益等。

经营主体如果是农户，农户家庭人口的多少与劳动力所占比例对于经营主体农牧业经营模式选择、农户家庭收入状况具有一定的影响作用。经营主体家庭人口中一部分人口是劳动力资源，另一部分人口是纯消费人口，前者能带来经营主体家庭收入的增加，而后者是家庭经济实力减弱的主要原因之一。

劳动力既是农牧业生产的基本要素之一，又是农牧业经济活动的主体。经营主体家庭中的劳动力或经营主体所雇用的职工的素质不同程度地影响着经营主体的经营行为，主要体现在劳动力的数量和质量两个方面。劳动力的数量对经营主体决策行为的影响表现为：在一定条件下，劳动力、土地和资金等生产要素之间存在着相互替代的关系，如果经营主体的劳动力比较充裕，有可能采用劳动密集型农牧业经营模式。

农牧业经营对劳动力综合素质的要求越来越高。劳动力的文化程度直接决定其对经营对象、科学技术、经营观念等认知能力与接受新事物的态度，影响着经营主体对新技术的接受程度和采用速度、经营管理水平以及生产决策能力，进而影响经营主体实现其农牧业经营目标、选择高科技的优化的农牧业经营模式。

（三）投入资金多少的约束

资金也是制约经营主体经营决策的主要因素。资金是进行经营活动的物质基础，如果没有足够的资金，不仅经营主体改变农牧业经营模式、选择经营模式的行为受到限制，甚至影响到经营主体从事正常的生产经营活动。经营主体如果是农户，其农牧业投入资金来源有借贷和自有资金 2 种渠道。如果借贷资金来源渠道多，借贷机构支持农业经营者，农业经营主体行为受到的约束就小。自有资金主要由经营主体从事农牧业生产经营活动与非农活动收入消费所余构成。因而经营主体的收入对经营主体决策行为的影响较大。经营主体的资金多少与经营主体的收入互相影响，形成连锁反应。

资金越缺乏，经营主体的决策行为受到的约束越大，经营主体经营收入增加越难，从而影响到投入，形成在贫困、农牧业禁锢于传统经营模式、维持简单再生产的生产目标边缘上徘徊的恶性循环。

（四）科学技术水平的约束

科学技术是影响农牧业经营模式选择的主要因素。科学技术对经营主体经营农牧业的行为约束包括两个方面的影响：一方面是科学技术水平较低；另一方面是经营主体不接受或接受不了新科学技术。科学技术水平较低是农牧业经营过程中最难解决的问题。不管农户经营何种农牧业模式，如果受到技术水平的限制，许多好项目的经营受到阻碍，而一些对科学技术要求低的产品收益不高。经营主体不接受或接受不了新科学技术也是影响经营主体决策行为的重要因素之一。如果经营主体文化水平低、没有接受过专业技术培训，因而为了规避风险会排斥新事物、新技术，形成经营主体选择农牧业优化经营模式的技术瓶颈，阻碍农牧业产量的提高、质量的改进和品种的改良，进而影响增加收入。

（五）经营主体价值观念的制约

经营主体的价值观念影响着农牧业经营观念，从而影响经营主体农牧业经营模式的选择。经营主体的收入、消费、积累、投资行为与经营主体农牧业经营模式相互制约、互相影响。经营主体农牧业生产经营收入，在消费之余形成积累，积累又是投资的条件，而投资是维持和发展农牧业生产、增加收入的源泉和动因，消费又为农牧业生产提供动力。

所以，经营主体的农牧业经营收入既是农户经济循环的起点，又是经营行为的目的。同时，这些经济行为又影响着经营主体农牧业经营活动，即经营主体对农牧业经营模式的选择，而这一系列的经营主体行为与活动又建立在经营主体的价值观念与意识的基础之上。

二、农业经营模式决策的外部影响因素

经营主体对低碳农业的决策行为还受到外部环境因素的约束，主要包括国家宏观政策与制度因素、农产品和农业生产资料市场状况、市场信息获取的难易程度，以及农业生产的专业化水平、农业社会化服务体系建设状况等因素。

1. 信息获取难易程度的影响

经营主体获取信息的渠道较少，一般通过政府引导、周围人的示范或相互交流、电视广播等途径获得信息。如果经营主体是农户，其家庭成员的文化程度低，接受信息和获取信息的能力差。那么，经营主体从事农牧业经营的信息严重受阻，表现为：一方面信息输入不畅，影响经营主体及时得到所需要的技术、物资；另一方面是信息输出不畅，使经营主体销售产品、开发资源、启动投资项目不能顺利实现。

经营主体是否能获悉各种信息影响到农户农牧业经营所需的技术、各种农业生产要素的获得，进而影响到依据市场的供需选择低碳农牧业经营模

式，以及及时调整农牧业生产的要素配置及经营结构。

2. 政府的政策、制度供给的影响

国家政策与制度因素包括土地利用政策、资金投放政策、退耕还林还草政策、劳动力流动制度、农业税费制度等。这些政策、制度因素直接或间接影响农业经营主体对农牧业经营方式的选择。如政府为了巩固退耕成绩实行围栏禁牧，加上退耕后耕地减少的情况下，促使经营主体改变传统农牧业经营模式，寻求优化的高效的农牧结合方式。如果研究区政府较为重视发展错季蔬菜与养殖业高产畜种，因此，在政府的引导与支持下，研究区经营主体淘汰过去产量低、收入差的作物品种，而选择栽培蔬菜，以及改良和引进高产高效畜种，改放牧养殖为庭院圈养。经营主体放弃原来的传统经营模式，选择有资金、技术扶持的产业和品种。农牧业经营模式逐渐趋于优化，有利于绿色低碳农业的发展。

3. 自然条件和生态环境优劣的影响

影响自然条件的主要有当地的平均年降水量、积温、无霜期、自然灾害发生概率等因素。影响生态环境的有草地退化面积、水土流失面积、沙化、盐碱化面积等因素。

研究区的自然条件恶劣的，如在自然灾害发生的概率大、降水量不充足、积温偏低的地区，经营主体对于种植业的希望不大，投入也不会太多，更不容易改变传统的种植方式和选择新的品种；相反对养殖业寄予很大的希望，愿意投资养殖业，对于新的畜种和政策导向较为依赖。研究区生态环境恶化、自然条件较差的，如耕地退化、沙化、盐碱化严重的，种植农作物收成较低，经营主体愿意发展养殖业。如果在生态环境恶劣，自然条件也非常差，资源又短缺的情况下，牧业发展也无望，经营主体对农牧业经营模式的选择消极对待，有利于绿色低碳农业模式的选择，甚至放弃农牧业经营，从事非农活动。

4. 距离城市的距离与市场发育程度的影响

经营主体所处的地理位置决定着资源禀赋、经济发展、交通条件、市场发育及文化意识等方面的状况，这些因素对经营主体的生产经营活动产生较大影响。区位优势较好，有利于信息、技术和市场的传播，并且距离集市较近，社会化服务体系相对完善，农畜产品及其加工产品的交易较容易时，对经营主体农牧业经营模式的优化的影响有两个方向：一是有利于经营主体选择优化的农牧业经营模式，表现为由于交通便利，所以益于选择收益高但易腐烂或易变质的农畜产品的生产，有利于选择高产高效的作物蔬菜以及高产奶牛等，从而优化农牧业经营模式；二是不利于经营主体选择优化的经营模式，表现为距离大城市近的经营主体从事其他行业的可能性大，非农产业的机会成本较高，促使经营主体消极对待农牧业经营，从而不利于经营主体选择优化的农牧业经营模式。较为偏僻的农村，由于交通运输不方便，经营主体对绿色低碳农牧业经营模式的选择受到很大限制。

同时，农畜产品市场价格、农牧业要素市场价格、劳动力市场是否健全等因素也影响经营主体的经营行为。如果粮食产品的市场价格较高，而且有上涨的趋势，经营主体愿意多种植该种作物，一方面由于种植农作物的机会成本有增加的趋势，另一方面如果不种植粮食作物，自家的粮食消费需从市场购买，家庭支出增加。如果农业生产投入要素市场价格高或有上涨的趋势，经营主体会压缩需要投入这些生产要素的农牧业经营项目规模，或选择其他农牧业经营方向。畜产品以及饲草饲料的市场变化同样影响经营主体养殖业畜种的选择与规模的确定。所以，农畜产品交易市场、要素交易市场影响着农业经营主体选择低碳农业经营模式。

此外，社会习俗、农业组织化程度、农业专业化程度、农业社会化服务体系的建设情况、社会环境等因素也影响经营主体农牧业经营行为。如区域的农业组织化程度和农业专业化程度越高，经营主体越容易接受优化的农牧业经营模式，因为经营主体在遇到风险时有安全保障。该区域的农业社会化服务体系在某些产业、某些品种方面较完善，农业经营主体倾向于选择这些产业和品种。

第二节　绿色低碳农业发展模式国际经验

通过归纳国际上现代农业发展趋势，以及总结以发展优势和主导产业构建现代绿色低碳农业产业体系为现代农业发展的主要手段、以农牧结合型农业为现代绿色低碳农业产业发展的主要形式的国际经验，为提出研究区现代绿色低碳农业模式发展的主要方向提供参考。

一、世界现代绿色低碳农业发展趋势

建立“高效、低耗、持续”的农业产业发展模式成为世界农业的潮流。

世界农业发展的新目标集中在全球农业低耗、持续发展的主题上，许多国家的农业经济学家认识到，农业绝不是可有可无的短期产业，重视农业可持续发展，增强农业的持续发展后劲，这是每一个国家在发展农业时都必须考虑的一个基本原则。所以，低碳、环保、绿色、可持续生态环保型的农业是现代农业发展的大趋势。

1. 生态型、增收型农业成为现代农业发展的目标

最初发展的现代农业，在大量应用科学技术的同时，对生态环境产生负面影响。所以，在人类利用资源从事经济活动追求经济效益时，逐渐重视资源和环境嬗变之间的关系。依据可持续发展理论和生态经济学理论，在采用先进技术发展高效农业时，开始注意保护生态环境，促进农业全面、协调、可持续发展。同时，用信息论、控制论、协同论、系统动力学等方法来耦合“资源—环境—经济”的复杂农业生态系统运行。因为只有在现代农业建设正面影响农业生态环境时，才能达到农业资源数量增加，质量得以维持或提高，进而顺利发展现代绿色低碳农业，形成良性循环。生态型农业是以资源集约、技术集约和劳动集约为特征，以可持续发展为目的的农业形态，符合现代绿色低碳农业的基本要求。经济效益、生态效益和社会综合效益提高成为发展现代农业的目标，因而生态保护型农业成为现代绿色低碳农业发展的趋势。

2. 构建现代绿色低碳农业产业体系是主要策略

现代绿色低碳农业建设以资源、区域和产业优势为依托，以市场需求为导向。发展和形成地区优势和主导产业集群，建立绿色低碳综合农业产业体系成为现代绿色低碳农业发展的重要措施。

高效率的现代绿色低碳农业产业体系，是发挥区域、资源和产业优势，发展“种、养、加”“科、工、贸”产业一体化的经营体系。如在持续稳定发展种植业的同时，建立一个以农促牧、以牧促农、以农牧产品促加工的“种、养、加”开放型的农牧业生产体系，以达到高产、优质、低耗、改善环境和提高经济效益的经营目标。用尽可能少的自然资源，在尽可能短的周期内生产出数量尽可能多、质量尽可能优的农畜产品，以获取尽可能高的经济效益，达到或维持尽可能最佳的生态平衡。因此，发展优势和主导产业，构建绿色低碳农业产业体系和提高规模效益成为发展现代绿色低碳农业的重要举措。

3. 农牧业结合成为现代绿色低碳农业的主要经营模式

在由传统农业向现代农业转变阶段，建立农牧结合经营的农业生态经济系统，是规避风险、实现农牧业持续发展、增加收入的农业产业的主要形式。种植业的第一性生产与养殖业的第二性生产紧密结合，即农牧业结合经营形成生态、经济和技术复合生态经济系统，饲料和肥料是种植业和畜牧业之间联系的桥梁，是农牧结合的纽带。种植业为养殖业提供物质基础——饲料，养殖业为种植业提供养分——有机肥，种养业彼此互补。

农牧业结合经营为建立高产、优质和高效的农业生产系统，实现农业可持续发展提供了保障。农牧业结合成为多数国家发展现代绿色低碳农业的主要产业形式。

4. 低碳农业与循环经济成为现代绿色低碳农业的发展方式

2003 年英国政府首次提出“低碳经济”的理念，2009 年底召开的哥本哈根会议又使“低碳经济”成为经济发展的战略目标。低碳经济是针对传统的高能耗、高污染、高排放的不可持续经济发展模式而提出的可持续绿色经济发展模式。

农业的产前、产中、产后全过程都与耗用能源和资源、排放废气和废物有关联。低碳农业的理念与循环经济的本质要求是一致的，低碳农业实现农业产业链物质和能量梯次循环利用，从根本上转变农业增长方式，促进农业可持续发展。依低碳经济理念，低碳农业应当是在农业生产、经营中以低消耗、低污染、低排放为基础的，能够获得最大收益的现代农业发展方式。

循环农业是采用循环生产模式的农业，是指在农业生产系统中推进各种资源往复多层与高效流动的活动，以此实现节能减排与增收的目的，促进现代农业和农村经济的可持续发展，是生态农业发展的高级阶段。循环农业是资源高效利用和循环利用的发展方式，以减量化、再利用、再循环为原则，低消耗、低排放、高效率的目标与低碳农业的目标是相一致的。

5. 绿色农业成为迎接国际挑战的战略举措

绿色农业是指以生产并加工销售绿色食品为主的农业生产经营方式。绿色农业以“绿色环境”“绿色技术”“绿色产品”为主体，促使过分依赖化肥、农药的化学农业向主要依靠生物内在机制的生态农业转变。绿色食品是指遵循可持续发展的原则，按照特定方式进行生产，经专门机构认定的，允许使用绿色标志的无污染的安全、优质、营养类食品。在具体应用上一般将

“三品”，即无公害农产品、绿色食品和有机食品，合称为绿色食品。

绿色农业的实质是一场新的产业革命和技术革命，是人类进入绿色文明时代的重要标志。发展绿色农业是坚持可持续发展、保护生态环境的需要。积极发展绿色农业已成为迎接国际挑战的战略举措。

二、国外现代绿色低碳农业发展模式

大多数经济发达国家的现代农业发展已较成熟，真正意义的现代农业要兼顾生态环境的保护与改善，学者们各有侧重地认为现代农业发展方向是“生态农业”“持续农业”等，最终达到提高资源利用率和劳动生产率、改善生态环境、提升农业综合生产能力、实现农业现代化的目标。

1. 农牧业结合型现代农业模式

以农养牧、以牧促农的农牧结合经营成为一些经济较发达国家农业的主要发展形式，如以色列在农牧结合经营方面取得显著成效。以色列是一个人口不多、耕地较少、土地干旱、水资源缺乏的国家。该国通过加强农业研究，将发展畜牧业作为重点，以牧养农，应用廉价的饲料进行蛋白生产，尽量减少饲料粮的进口。菲律宾和东南亚一些地区在农牧结合生态农业方面也发展较快。菲律宾 1982 年成立了一个地区性的协作研究机构——东南亚大学农业生态系统研究网，重点研究提高生态农场的生产率、稳定性、持久性和均衡性，通过不断探索，近几年，按生产结构不同，发展了畜牧业与种植业结合型、旱地农牧渔结合型、旱地农牧结合型等多种成功的农牧结合模式，并达到了综合经济效益提高的目的。

2. 农业规模化、专业化经营模式

国外一些现代农业较为发达的国家依据其土地、劳动力和工业化水平，发展规模化、专业化现代农业模式较为成熟。

（1）农业规模化、机械化、高技术密集型模式

土地资源丰富而劳动力缺乏的国家一般采用规模化、机械化、高技术密集型现代农业模式。发展技术密集型现代农业较成功的国家有美国与巴西等国。

美国以大量使用农业机械来提高农业生产率和农产品总产量，其农业机械化程度世界第一，所以，美国成为全球最大的农产品出口国。而且由于美国农业规模化经营、专业化程度高，形成了著名的玉米带、小麦带、棉花带

等作物生产带。这种分工充分发挥了区域优势与产业优势，且有利于降低成本，提高生产率。同时区域分工和专业化生产有力地推动了相关产业的发展。

巴西人少地多，但是长期以来农业实行粗放经营，农作物广种薄收。近年来，巴西政府重视农业新技术推广，出台积极采用高技术密集型发展现代农业的鼓励政策，农业潜力逐渐显现。巴西成为发展人少地多的技术密集型现代农业模式较为成功的国家。

（2）农业资源节约和资本技术密集型模式

劳动力充裕而耕地短缺的国家，适合发展资源节约、资本技术密集与高附加值作物的现代农业，采用该模式发展现代农业较成功的国家有日本、荷兰、以色列等国家。

荷兰以提高土地单位面积产量和种植高附加值农产品为主要发展方向。荷兰的农业发展追求精耕细作，着力发展高附加值的温室作物蔬菜和园艺作物，因此改变了60年前为温饱问题发愁的困境，通过发展温室作物成为全球第三大农产品出口国，蔬菜、花卉的出口居世界第一。

日本农业采用合作化的土地节约模式，由农业协同组织联合分散农户形成劳动集约经营。该类以人多地少资源配置为主的现代农业模式在农业经济发展中起着非常重要的作用。

（3）农业生产集约、机械技术与制度变迁型模式

在土地和劳动力适中的国家现代农业发展的成功经验是采用生产集约、机械技术复合、制度变迁型模式，以法国、荷兰为典型代表。

法国发展现代农业以进行农业制度变革为主要特色。法国政府在推行农场经营规模化、生产方式机械化，引导农业发展专业化和一体化经营方面较成功。根据自然条件、传统习俗和技术水平，对农业进行统一规划、合理布局，形成了区域专业化、农场专业化和作业专业化。到20世纪70年代，法国有半数以上农场实行专业化经营，提高了农业效益，农民人均收入达到城市中等工资水平。目前法国现代化农业居世界领先地位，其农业产量、产值均居欧洲之首，是世界上仅次于美国的第二大农产品出口国和第一大农产品加工品出口国。

荷兰耕地不足，农业企业大多采用集约化、规模化的生产方式。其温室蔬菜和花卉采用专业化生产、多品种经营，有利于降低生产成本，提高产品

质量并形成规模效益。同时，专业化生产促进了专业领域的研究，使企业占据了良好的市场份额。

三、国外现代绿色低碳农业发展策略

随着全球气候变化日益严峻，积极推动农业绿色低碳发展成为国际社会的共同目标。绿色低碳农业成为一种环保、节能和可持续的农业生产方式。许多国家在产业调整、技术创新、可再生能源利用等方面探索减少农业生产对环境的污染和损耗，降低温室气体排放，促进农业生态环境的改善和保护的策略，并具有借鉴作用。

（一）减少农业碳排放的策略

1. 发展有机农业成为减少农业碳排放的主要模式

大力发展有机农业模式是国外发达国家减少农业碳排放的重要举措。以德国为例，德国大力推动基于可持续发展原则的资源节约型、环境友好型农业系统，这种模式成为主要的有机农业发展模式。

德国非常重视“从田地到餐盘”的有机农业生产过程，并与高校和科研院所合作，在有机农场进行莴苣、番茄等有机农产品的研究。据德国联邦食品和农业部的统计，截至2020年年底，德国共有超过3.5万家有机农产品生产企业，在超过170万公顷的农业用地上进行有机农产品的耕作与经营，有效地减少了农业碳排放，增强了农业碳吸收的能力。

2. 发展有机农业减少碳排放健全的制度

国外一些国家建立健全发展有机农业减少农业碳排放制度的经验值得借鉴。德国作为欧盟农业生产大国，有超过27万家农业企业，每年生产的农产品总价值约500亿欧元。但是由于农业领域也产生大量温室气体，为了减少温室气体排放，德国积极发展有机农业。据统计，德国农业领域的温室气体排放量约占该国排放总量的8%。2021年6月，德国通过修订版的《气候保护法》，提出到2030年温室气体排放量比1990年减少至少65%，其中农业领域温室气体年排放量须减少至5 600万吨二氧化碳当量。德国农业部门认为，增加有机农业用地有助于农业领域减排。

3. 有机农产品认证与监督较为严格

大部分发达国家发展有机农业都具有严格的标准与制度，如德国有机农产品的生产、认证、监督过程都具有严格的制度。首先，有机农产品的生产商和加工商必须准确说明生产过程中使用的土地、建筑物及其他相关设施，有机农场或企业出售的所有产品信息也必须记录在册，以保证这些产品可以溯源。其次，根据法律规定，私人检验机构需对农业生产和加工企业以及进口商每年至少进行1次检查，留存被检查企业名单并在互联网上公布，供主管部门、经营者及消费者查询。有机农产品通常由政府部门授权的私人机构进行认证。再次，在监管层面，有机农产品须接受欧盟有机农业立法规定的检验程序。

4. 有机农业生产具有充足的资金保障

发达国家在有机农业生产领域投入的资金较充足，如德国发展有机农业在资金方面具有较大的支持，在1989年德国开始应用公共资金来支持有机农业发展，从2002年起，德国政府还推出"联邦有机农业计划"，为有机农业的相关研究及培训项目等提供资金。德国有机农业得到了来自欧盟、德国联邦及各州三个层面的公共资金支持。2015年以来，向有机农业转型的普通农场每公顷耕地和草地可得到250欧元的补贴，已有的有机农场每公顷可获得210欧元的补贴。2021年，该项目共提供了3 338万欧元的补贴。

此外，德国为传统农场转型升级出台激励机制。为提升民众对有机农业这一环保生产方式的认识，德国联邦食品和农业部每年还举办有机农业竞赛，奖励各大农场在有机农业领域进行创新，德国政府将发展有机农业的目标定为到2030年有机农业用地占比扩大到全部农业用地的30%。

（二）农业精细化灌溉管理经验

1. 农业精细化灌溉可以使低碳农业节约资源与能源

加强农业精细化灌溉等经营管理的举措以以色列为例。以色列水资源较为匮乏、土壤条件不利，但是在采用了滴灌、微喷灌等灌溉技术后，农业用水量远低于世界平均水平。以色列采用先进的农业科技控制作物的灌溉水量，灌溉设备由控制枢纽、管道部件和灌溉系统组成，并将滴灌与施肥相结合。作物何时需要水分和肥料、需要多少量都由电脑来控制，既能满足作物所需，又不浪费资源。根据气象条件、土壤含水量、农作物需求量等情况，使用太阳能驱动器，用塑料管道送水，适时调节水量，并对根或叶子喷洒含有肥料、药物的溶液。据测算，应用灌溉设备与灌溉技术比传统灌溉节水约90%、节能50%。浇水与施肥相辅相成，通过精细化管理减少了过度施肥对土壤造成的破坏，这对低碳农业的发展起到了很大推动作用。

2. 农业精细化灌溉可以使低碳农业增效增产

采用滴灌、微喷灌等灌溉技术的国家或地区，都可以实现了农业生产用水的高效利用。通过智能监测和控制，提高农作物的产量和品质，平均增产30%。

以色列通过精细化管理和技术创新，高效利用水、土等稀缺资源，走出了一条生态农业之路，逐渐向低碳农业转型。精细化管理农业生产在提高生产效率的同时，也降低了农业生产过程中的碳排放。以色列非常重视精细化管理的技术创新，在以色列农业科技公司超过440家。以色列农业科技企业格雷斯育种公司最近发明了一项新的固氮技术，该技术利用生物固氮替代化学氮肥，可以减少对合成肥料的需求，从而降低肥料碳排放，同时还能使谷物产量提高18%。以色列农业部门认为，如果这项突破性技术被广泛采用，将对农业减碳产生积极影响。

（三）农业低碳排放的政策

1. 低碳农业发展计划成为现代绿色低碳农业发展的有力依据

实施低碳农业发展计划以巴西为例。巴西是农业大国，农牧业是其经济的支柱产业，巴西向全球出口大豆、玉米、咖啡豆、蔗糖、牛肉等农畜产品。巴西拥有3.88亿公顷优质良田，还有2.2亿公顷的牧场，为农牧业发展提供了丰富的土地资源。但是，正是这些优势资源与产业的发展，成为甲烷排放的主要来源，是二氧化碳排放的第二大来源。因此，巴西为更好应对农牧业温室气体排放带来的挑战，于2010年出台《低碳排放农业计划》，鼓励农牧业走可持续发展之路。2010年至2020年为该计划实施的第一阶段，政府通过向农牧业生产者提供长期低息贷款等方式，大力促进免耕直播种植、农作物轮作、农牧林一体化、动物粪便处置、退化草场整治、生物固氮和人工林等低碳农业技术的推广普及。根据巴西农业部的评估数据，《低碳排放农业计划》第一阶段6个实施目标中有5个超额完成。农牧业在2010年至2020年共减少1.7亿吨碳排放，超额完成计划减少的数量。巴西已基本实现牧场、草地、树木和农作物按比例种植。在发展种植业的地方，鼓励秸秆还田，以增加土壤肥力；在发展养殖业的地方，大力实施动物粪便和垃圾集中处理，发展生物质能发电。

2. 低碳农业发展计划的实施将大量减少农业碳排放

以巴西实施的《低碳排放农业计划》为例，从2022年9月1日起，《低碳排放农业计划》第二阶段正式启动，巴西重点推广先进灌溉系统、集约化牲畜饲养等技术，主要目标是在2030年前将低碳农业面积扩大到7 200万公顷，实现农牧业减少11亿吨碳排放。根据该计划实施的状况，巴西农业部每两年会对相关技术推广项目和目标进行一次修订。巴西一些环保组织和农业专家表示，巴西在低碳农业技术推广方面取得较大进步，有效促进了农业污染物减排与农业碳排放减量。

第三节　生态建设与绿色低碳农业发展模式

生态建设与绿色低碳农业发展模式主要包括区域农林产业生态建设创新模式、现代农业产业纵横一体化创新模式、低碳农业产业绿色发展创新体系和京津冀区域农业协作创新模式。

一、农林产业生态建设创新模式

京津冀区域首都“两区”建设区农林产业生态建设模式包括生态林发挥生态功能经营模式、环境污染治理模式和生态旅游模式。

（一）生态林防风阻沙与水源涵养经营模式

生态林发挥生态功能经营模式包括生态林发挥防风阻沙生态功能经营模式和生态林发挥水源涵养生态功能经营模式。

1. 防风阻沙生态林模式

研究区通过建设防风阻沙的“带＋网＋区”生态林模式发挥防风阻沙生态功能。

“带＋网＋区”防风阻沙生态林模式指生态林建设的方式以带状、网状为主要形式，建设形成以“带”和“网”构成的生态林“区”。

在京津冀区域首都“两区”建设区的坝上与坝缘区域依托“三北”防护林、防风固沙林、退耕还林还草的森林培植、修复和改造的基础，采用“带＋网＋区”的生态林模式，在研究区北部冀蒙边界形成防风阻沙“带”，在南部坝缘山地形成防护林“带”，在坝上中部农田牧场区域形成防护林“网”，在整个坝上及坝缘地区形成具有京津生态屏障的防护林“大区”。

2. 水源涵养生态林模式

研究区采用水源涵养的“保＋用＋节”生态林模式使生态林发挥水源涵

养生态功能。

“保＋用＋节”水源涵养生态林模式以水源涵养为主要目的，生态林建设还要达到的目的包括“保持”水土、“保护”资源、“利用”造林资源发展经济、“节约”能源与资源。

在研究区坝下浅山丘陵区域深山区，在原有京津风沙源治理、退耕还林等生态工程的基础上，以构造京津和冀东地区生态屏障、地表水源涵养为目的，新造与扩模保护水源、发展特色经济林果树种和生物质能源林，以达到水土保持、水源涵养、经济利用和节约能源与资源的目的。

（二）农田防治污染的环境治理模式

1. 农田循环生态经济发展模式

研究区农田循环生态经济发展模式主要采用“粪便＋沼气＋菌＋菜”生态经济发展模式。该模式利用养殖业的牲畜粪便生产沼气，沼渣配种植业的农作物秸秆栽培食用菌，菌渣肥田、沼液植保，供林果、蔬菜、大田种植使用。“粪便＋沼气＋菌＋菜”生态经济模式既减少了种植业化肥、农药的投入，改善了农田生态环境，又解决了农村的能源问题，减少了林木消耗，节约了资源，发展了食用菌，提高了经济效益，增加了农民收入。这种农田林、牧、农的资源循环利用生态经济模式可以实现生态效益和经济效益双赢。

2. 农田节能减排的生态经济模式

农田节能减排生态经济模式主要采用“节约＋清洁”的发展模式。该模式发展“节能、节水、节肥、少药”节约型和清洁型农牧业。

“节能”指淘汰老旧农业机械，推广使用节能型农业机械，对现有养殖场进行节能改造，建设沼气设施。“节水”指推广抗旱农作物种子和移动式软管灌溉等地面灌水技术，养殖场牲畜粪便采用干清收集方法，降低水资源消耗。“节肥”指增施有机肥，减少化肥施用量。“少药”推广使用少量高效、低毒、低残留农药。此外，通过“种植＋养殖＋肥料”废物再利用（种植业废物、养殖业粪便、加工废渣废液通过处理形成有机肥或沼气再利用）良性循环链发展清洁型农牧业。

3. 历史文明与现代农业结合的生态旅游模式

历史文明与现代农业结合的生态旅游模式主要是指建设“古堡＋酒庄”的生态经济旅游模式。

历史文明与现代农业结合的“古堡＋酒庄”生态旅游模式以张家口市桑洋河谷葡萄文化休闲游和中华文明溯源游为主要形式，以怀来县葡萄采摘暨葡萄酒节为重点，游览怀来县与涿鹿县的葡萄种植、加工业相结合的现代农业园区——葡萄酒庄园。同时，在涿鹿县，以始祖文化为重点，传承作为华夏祖源呈现给世人的“三祖”文化，涿鹿县的鸡鸣驿展示了古文明、军事历史文化，怀来县的董存瑞纪念馆与雕像展示了历史文明与英雄形象。历史文明与现代农业结合的生态旅游模式能够带来百里酒庄、湖畔醉乡、梦回古堡的体验。

二、现代农业产业纵横一体化创新模式

农牧业纵横结合一体化经营创新模式是农牧业横向与纵向一体化的有机联结。农牧业横向一体化是指种养业平行结合，纵向一体化是指种养业的产、供、销垂直结合的生产经营体制。

（一）“种植业＋养殖业”横向一体化经营模式

“种植业＋养殖业”横向一体化经营模式是指农业经营主体既从事种植业，又从事养殖业，即农业经营主体从事农牧业横向联结一体化经营，种植业为养殖业提供饲料饲草等物质，养殖业为种植业提供有机肥料等物质。

1. 农牧业横向联结一体化经营综合效益提高

在研究区，有的农业经营主体只经营种植业而不从事养殖业，有的农业经营主体种养业兼业。兼业农业经营主体采用的农牧业一体化模式大多是农牧业产业横向联合一体化，该一体化是种养业的平面（平行）联合，经营主体既从事种植业，又从事养殖业，即经营主体采用“种植业＋养殖业”横向一体化经营模式。

“种植业＋养殖业”横向一体化经营模式是第一性生产与第二性生产的紧密结合，是一个生态、经济和技术复合的人工生态系统。饲料和肥料是种植业和畜牧业之间联系的桥梁，是农牧结合的纽带。种植业和养殖业结合可以维持人类社会的正常生存和发展，增强社会功能；可增加单位耕地面积所生产农畜产品的绝对数量和质量，增强经济功能；可充分合理有效地利用农牧业生产过程中的废弃物，使农业生态系统的能流和物流得到高效循环利用，增强生态功能。

2. 农牧业横向联合一体化实现物质产品互补

“种植业＋养殖业”横向一体化经营模式最主要的特点是种植业与养殖

业之间资源循环利用、物质产品互补。种植业为养殖业提供产品表现为：一是部分种植业农作物秸秆为养殖业提供饲草；二是种植饲料作物直接为养殖业提供物质，降低了养殖成本；三是农产品加工为养殖业提供副产品，农产品加工的副产品（麸皮、麻饼等）可以作为养殖业很好的饲料。

从典型调查地整个种养业氮素的循环利用来看，系统内种植业输出的物质氮素总量有79.5%直接提供给养殖业，占养殖业所需营养物质的21.6%，种植业产值有70.7%提供给养殖业[1]。养殖业为种植业提供有机肥。养殖业牲畜粪便为种植业肥田，减少化肥的施用，减少对耕地的污染。种植业能量产出中有4.9%的能量以饲料供应的方式转化为养殖业能量输入，有69.2%的能量以饲草供应的方式输入到养殖业。种植业输入养殖业的能量占养殖业饲料饲草总投入能的14%。养殖业为种植业提供的粪便肥料能量占养殖业输出能的2.2%[1]，能量损失大大减少。

3. 农牧业横向联合一体化达到改善生态环境的目的

“种植业＋养殖业”农牧业产业横向联合一体化通过种养业互补，达到节约、循环利用资源，改善生态环境的目的。在农牧交错区种养业结合经营的能流、物流、信息流与价值流功能发挥了系统整体功能优势，整体效应提高了，系统运行向良性循环发展。资源与物质得到节约利用，能量损失得到有效控制，农牧业产业经营的产品不断增值[1]。所以，“种植业＋养殖业”农牧业产业横向联合一体化为高产高效的农牧业结合经营模式。该一体化模式可以提高资源的综合生产能力，使有限的资源得到高效利用，提供经济效益，增加农民收入；可以使农牧业产业经营通过生产之外的各个环节不断增值；可以充分、合理有效地利用农业生产中的废弃物，使农业生态系统的能流和物流得到高效循环利用，实现低碳发展，改善生态环境。

（二）“养加＋种加”纵向一体化经营模式

“养加＋种加”纵向一体化经营模式主要是指发展养殖业基地与畜产品加工业园区纵向相结合的“养加”纵向一体化产业链生态经济发展模式，以及种植业特色农产品种植基地与农产品加工业园区纵向相结合的“种加”纵向一体化经营，该产业链模式是生态与经济实现双赢的发展模式。

1. “养加”纵向一体化经营模式

“养加”纵向一体化生态经济模式是指“养殖业＋加工业”经营模式，即在张家口市坝上塞北、察北管理区与周边地区主要发展奶牛养殖基地或小区和乳品加工企业集聚园区，延长集奶牛养殖与乳产品加工为一体的产业链。该区域要以高端化、特色化为方向，重点建设察北蒙牛、塞北蒙牛、察北恒盛等一批现代牧场，扩大高端液态奶生产，积极发展乳粉加工，适度发展奶酪、奶油、干酪素等乳制品加工。同时，在坝上张北、沽源、察北、塞北等地建设肉牛繁育基地与加工产业基地。在康保、尚义、怀安、阳原等县区重点发展肉羊养殖及加工产业基地，积极推进规模舍饲养殖，扩大优质肉羊养殖规模，推进羊肉制品加工和副产物综合利用，创建优质羊肉品牌。该模式实现了资源节约利用、经济效益提高的目的。

2. “种加”纵向一体化经营模式

“种加”纵向一体化生态经济模式是指“种植业＋加工业”，即蔬菜、马铃薯生产基地与加工企业纵向一体化经营模式，重点依托张北佳圣农业科技园区、张北生态有机蔬菜标准园、康保兆辰蔬菜生产加工、康保裕华脱水蔬菜加工分选等项目，扶持坝上蔬菜产业集团、万全亚雄、尚义佳禾、崇礼崇河等蔬菜加工骨干龙头企业，扶持张北启元、尚义佳禾、沽源三源、蔚县金慧德等龙头企业扩大出口规模。重点扶持怀来京西、宣化盛发等大型蔬菜专业批发市场和产地批发交易市场发展壮大。抓好京张蔬菜产销合作，进一步提升“大好河山张家口坝上蔬菜”品牌的宣传力度，扶持引导龙头企业、合作社推进品牌建设。

在具有农牧交错特征的研究区没有养殖业的农业系统，或只有少量养殖业而缺乏加工业的系统，还有养殖业和加工业均很小的系统，都不能对资源进行有效利用。只有种、养、加产业都达到一定规模，才能使农业获得充分的技术、劳力、资金和信息，才能达到较高经济效益以及经济、生态、社会效益的协调。

（三）“林加＋牧加”纵向一体化经营模式

“林加＋牧加”纵向一体化经营模式包括“林产品＋加工业”和“畜产品＋加工业”纵向一体化经营模式。重点发展农产品、畜产品、林产品现代生产、加工、销售现代产业链的集聚区，在研究区建设农牧林产品加工现代化示范区。所采用的生态与经济双赢的发展模式如下：

1. “牧加”纵向一体化经营模式

“牧加”纵向一体化生态经济模式是指“畜牧业＋加工业”，即畜产品乳品、肉类、禽蛋等的生产与这些畜产品食品加工业纵向一体化经营模式。涉及怀来双大肉鸡养殖加工、赤城弘基生猪养殖、宣化正邦生猪养殖、张北壮大畜牧基地、泰丰高科技肉牛规模养殖及精深加工等项目，重点扶持怀来双大、张北祥云、沽源方正、怀安宏都、柴沟堡熏肉、万全永春等龙头企业，推进肉类加工由生肉向熟肉转变，提高产品附加值，并将研究区建成京津冀重要的畜产品生产加工供应基地。

2. “林加”纵向一体化经营模式

“林加”纵向一体化生态经济模式是指“林果业＋加工业”，即林果产品生产基地与加工企业纵向一体化经营的生态经济模式，主要包括“葡萄生产基地＋葡萄酒加工园区”和“杏扁生产基地＋杏扁加工企业”。葡萄酒产业纵向一体化主要以怀来县和涿鹿县生产基地与葡萄酒加工业的纵向联合。重点龙头企业有长城、益利、德尚、神农、紫晶等葡萄酒企业。杏扁产业纵向一体化主要依托蔚县杏干和杏扁系列产品加工、涿鹿县果脯深加工等项目，重点扶持万全永昌源、涿鹿果仁、蔚县杏扁、花园果品等骨干龙头企业，将这些地区发展成为杏扁加工生产集散基地。

该模式既可以发展葡萄和杏扁生产，增加收入，又可以增加葡萄酒与杏扁加工的附加值，还可以改善生态环境，发展农业休闲、农业景观等农业生态旅游业。

（四）种养业与服务业等多业结合经营模式

种养业与服务业多业结合经营模式为农牧集团经营较为特殊的模式，集团业务集畜禽养殖、饲料与粮食种植、饲料加工、农畜产品加工、餐饮旅游、医疗养老、基础教育、电子商务等产业于一体。该经营主体采用的种养业横向一体化、一二三产业纵向一体化与多产业融合的循环经营模式值得借鉴。

1. 种养业横向结合互补产品、实现资源优化配置

种养业与服务业等多业结合经营模式的采用可以达到种养业产品互补、资源配置效率提高的目的。种养业与服务业等多业结合经营模式的运营情况如图 6－1 所示。

由第一产业经营主体农业经营组织生产饲料原料小麦与玉米；小麦与玉米产品提供给第二产业经营主体饲料经营组织进行饲料加工；加工的饲料再提供给第一产业养殖主体畜牧经营主体，为牲畜养殖提供饲料。

该经营模式的第一产业养殖业副产品牲畜粪便提供给第二产业经营主体

沤肥经营组织，将牲畜粪便加工成有机肥再提供给第一产业经营主体农业经营组织作为肥料。这种循环经营模式降低了畜牧业投入成本，提高了种养业经济效益，改善了畜牧业生态环境与种植业土壤条件。

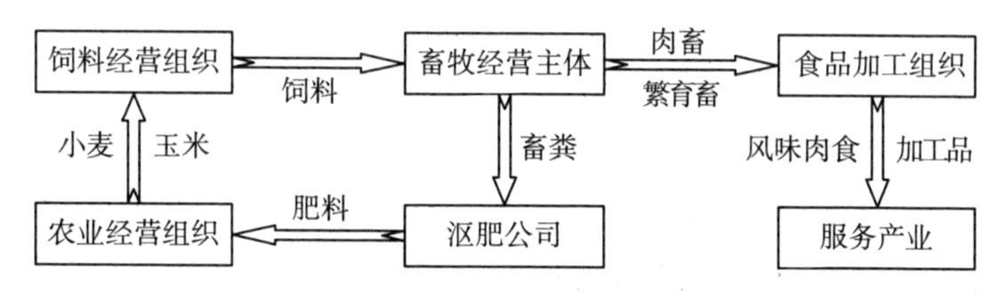

图 6-1 种养业与服务业等多业结合经营模式图示

2. 三产纵向结合、多项目、多产业融合经营提高了综合效益

多业结合经营模式将第一产业农业经营组织和畜牧经营组织生产的畜产品直接供应第二产业食品加工组织加工，提高种养业的附加值；加工的肉类食品直接提供给第三产业服务业（餐厅、商场、酒店等），既保证了食品安全卫生，又降低了服务产业的经营成本，提高了经营效益。

第一产业包括种子经营、农产品生产、农业育种、畜牧经营等种养业经营主体。第二产业包括饲料经营、肥料经营和食品加工等加工业。第三产业包括餐厅、商场、酒店等企业，还可以建度假村、文化园等产业。这些产业互相支撑，相互提供产品、劳务与服务，通过种养业横向结合经营，生产、加工、销售、服务一二三产业纵向融合经营，既降低了各环节的交易成本、流通成本和生产成本，又提高了经济效益、生态效益，解决了剩余劳动力就业，方便了周边居民的生活消费，提高了社会效益。

三、绿色农业产业综合经营体系构建

绿色农业产业综合经营体系包括农业产业与其他产业结合经营、产业结构调整等行为实施，以及选择现代绿色农业产业各种经营模式与相关的策略。

（一）区域农业产业经营行为

区域农业产业经营行为主要有农业产业结构调整行为和农业产业与其他产业结合经营行为两大类。

1. 实施农业产业结构调整行为

农业产业结构调整行为包括农业用地的林草田结构、大农业的农牧业结构、农业内部的粮草菜结构调整行为。

（1）鼓励和引导经营主体扩大种草造林规模——农用地结构调整

各级政府通过鼓励和引导经营主体扩大种草造林规模，增强生态环保功能价值，这需要对农用地的结构进行调整。基于水源涵养和生态环境保护的目的，对农业用地结构进行调整，减少质量差、长期撂荒的耕地面积，增加林地与草地面积。一方面，通过退耕还草还林，恢复植被；另一方面，通过增加林木用地与牧草用地，增加植被面积，改善生态环境。在林草田结构调整的基础上，调优乔灌草的空间结构。在坝下的蔚县、阳原县等地区通过调优特色林果业，发展林果业的乔木林，大面积发展杏、杏扁等生态经济兼用林，将资源优势转化为经济优势。这样既能阻挡风沙、净化空气、改善生态环境，又能获得经济利益。在坝上地区扩大种植大果沙棘、枸杞等灌木林，在坝下怀来县、宣化区、涿鹿县等地区扩大葡萄产业面积，既能获得改善生态环境、防治水土流失的生态效益，又可以获得经济效益。同时，注重林下产业发展，通过林下种植、林下养殖，充分利用地上地下空间，改善生态环境，涵养水源，提高经济效益。

（2）激励与引导经营主体增加区域农业特色产业规模——农牧业结构调整

各级政府通过激励与引导经营主体增加区域农业特色产业规模，提升特色产业经济效益，这需要对农牧业结构进行调整，突出农牧业区域优势。农牧业结构调整涉及饲草饲料作物替代粮食作物的结构调整。坝上地区降水量少，粮食作物产量低，蔬菜作物耗水多，适合饲料饲草种植，可以扩大饲草种植面积，减少粮食与蔬菜作物种植，大力发展草食性畜牧业，降低畜牧业成本，提高经济效益。坝下地区适合种植玉米，通过实施“粮改饲”策略，用青贮玉米替代粮食玉米，种植业为养殖业提供饲草饲料，养殖业为种植业提供粪尿沤制的有机肥，降低饲草肥料的成本，改善生态环境，提高综合效益。同时，调优畜牧业结构，坝上地区扩大草食动物牛羊规模，坝下地区大力发展奶牛养殖，大力发展特色畜牧业。

（3）鼓励经营主体采用旱作农业替代耗水农业——农业内部结构调整

各级政府通过引导经营主体利用旱作农业替代耗水农业，节约集约利用水资源，这就涉及农业内部结构的调整。

调整农业内部结构重点是用旱作农业替代耗水农业，调减蔬菜种植面积，改良农作物品种，增加旱作作物的种植。在坝上地区大力发展燕麦、亚麻等抗旱耐寒作物，坝下地区培育以“张杂谷”为代表的抗旱产品，突出“张杂谷”的特色与优势。同时，对于农业内部结构，应培育与发展农业产业“一县几特色”，突出坝上燕麦、亚麻等农产品的特色与优势；发挥坝下地区蔚县的杂粮杂豆、杏扁等优势作物与林产品的优势，充分利用万全区的鲜食玉米优势与特色等发展特色产业。通过结构调整，提高农业节约、集约化发展水平，促进农业向节水、高效发展。

2. 延长农牧业各环节的产业链——种养加纵横一体化经营行为

现代畜牧业经营应当选择“种养业横向结合、一二三产业纵向融合经营”和“种养业结合、一二三产业融合、多行业联合经营”的经营模式。对策如下：

（1）延长种养业产业链，加粗种养加产业链

通过实施农牧业结合，农牧业与加工业结合经营行为，延长农牧业各环节的产业链，形成种养加纵横一体化经营，可以实现“种养加”结合经营降低生产成本、减少交易成本，提高规模效益的目的。种植业种植饲草饲料为养殖业提供物资，养殖业畜禽粪便沤制有机肥为种植业提供肥料，该种养业横向结合经营模式可以降低农牧业生产成本、改善生态环境，提高经济效益与生态效益。

同时，通过农牧业与加工业结合经营，可以实现各环节的增值效应。种植业的饲草饲料通过加工后提供养殖业所需物资，生产的畜产品提供给食品加工业加工后进行销售。该纵向合作经营模式既可以降低各环节的生产成本与交易成本，又可以提高附加值，同时可以保证加工业上游的原料质量。

（2）政府引导农牧业经营主体积极流转耕地，扩大种养业经营规模

小规模养殖业经营难以实现规模效益，经营规模扩大所需饲料饲草如果全部依靠市场供给，势必增加经营主体的成本负担。研究结论表明，通过种养业横向结合经营，经营主体种植饲草饲料的机会成本小，且通过提供养殖业饲料饲草降低养殖业成本，耕地资源得到优化配置。

因此，各级政府应当引导农牧业经营主体积极流转耕地，通过实施“粮改饲”策略，扩大养殖业规模，降低养殖业成本，达到规模经营综合效益提高的目的。

（3）政策引导延长畜牧业产业链条，实现各产业融合规模经营效益

畜牧业经营面临养殖成本高的“地板”与畜产品价格提升空间较小的

“天花板”，即“双板”挤压下其效益提升空间很小。研究结论显示“种养加纵横一体化、粪肥处理循环经营模式”在三种经营模式中规模效益突出。该模式既采用了种养业横向结合经营，又通过前向一体化与后向一体化延长了畜牧业产业链条，实现了规模效益。因而相关部门应当引导畜牧业经营主体从“产加销”环节切入，延长畜牧业前向与后向产业链条，实现多项目、多产业融合经营的规模效益。

（4）制度激励经营主体实施种养业横向结合、三产融合经营

由于“粮改饲”政策补贴在非试点地区没有激励作用，“粮改饲”试点区经营主体实施种养业横向结合经营模式的较多，非试点经营主体采用种养业横向结合经营模式的较少。同时，补贴政策倾斜于养殖企业、饲料加工企业，而饲料饲草种植农户很少能享受到“粮改饲”补贴，政策对这部分主体的激励作用不足。另外，虽然有鼓励一二三产业融合的政策，但是目前激励措施较少。所以，各级政府应当出台各种配套措施激励种养业结合、一二三产业融合经营行为。

3. 激励经营主体农业产业与其他产业结合经营行为

（1）实施农业与各个环节产业融合经营——“产加销游”一体化经营行为

通过实施农业与各个环节产业融合经营，形成“产加销游”一体化经营，可以节约交易成本和提高农业产业的附加值。对于特色农业的发展只重视其结构与规模远不能发挥其优势，因为无论是坝上还是坝下地区的特色农产品，产量都较低，靠扩大规模和增加产量是有限度的。只有在特色农产品的精深加工方面寻找途径，通过延长产业链条才能提高特色农业的效率。

对于坝上和坝下地区的杂粮可以将生产与加工纵向结合经营，提高附加值，如生产加工杂粮黄酒、杂粮速食产品、燕麦加工保健品、亚麻加工品，甚至大力发展这些特色农业的副产品的资源再利用。同时，大力实施特色林果的生产、加工、销售与旅游业结合经营，发展绿色食品葡萄、杏扁的生产、加工、销售与观光旅游业结合经营，延长产业链条，充分发挥特色农业的优势，不断提升特色农产品的市场竞争力。

（2）农业与大数据、可再生能源结合经营——农、数、能协同化经营行为

通过农业与大数据、可再生能源产业结合经营，形成农、数、能协同化

经营，能够达到提高经济效率、增加经济效益、生态效益和社会效益的目的。

将农业与大数据、可再生能源结合经营，通过农光互补、林光互补和牧光互补的光伏产业与农业产业结合经营，实现农业与可再生能源的循环利用。通过农业与大数据产业结合经营，在农业生产前通过大数据分析消费需求，按照需求安排生产资料购买与农产品生产规模；在生产中通过物联网大数据分析，并使用可再生能源，进行水肥调节，达到绿色生产的目的；在生产后通过大数据分析与电子商务方式销售产品。农业、大数据和可再生能源的协同化经营是农业产业发展的高级阶段。

（二）绿色低碳农业产业创新模式

绿色农业是指以生产并加工销售绿色食品为主的农业生产经营方式。绿色食品是指遵循可持续发展的原则，按照特定方式进行生产，经专门机构认定的，允许使用绿色标志的无污染的安全、优质、营养类食品。在具体应用上一般将“三品”，即无公害农产品、绿色食品和有机食品，合称为绿色农产品。所以，绿色农业产业体系既包括生产方式、生态经营理念，还包括加工、销售等各环节。

1. “特色＋优势”高效化精品农业模式

研究区农业“特色＋优势”高效化精品农业模式是通过特色农产品优势区建设，将特色农业变为优势产业，采用集约化经营。如重点建设“张杂谷”、燕麦、亚麻、杂粮杂豆、葡萄、杏扁、鲜食玉米等特色农产品优势区，培育农产品区域公用品牌，打造地理标志产品，将研究区农业的特色转化为绝对优势，增强特色农产品的市场竞争力，提高特色农业产业效率，提升特色农业生态效益与经济效益。

2. “节水＋减污”集约化旱作农业模式

区域农业“节水＋减污”集约化旱作农业模式是通过调整农业内部结构，减少蔬菜等耗水性作物的种植面积，增加耐旱作物规模，节约集约利用水资源。同时，实施农作物秸秆加工饲草、畜禽粪便加工有机肥等垃圾处理、资源循环利用策略。该模式既节约利用水资源，降低生产成本，又改善农牧业生态环境，实现经济效益与生态效益双赢。

3. “乔＋灌＋草”空间利用综合化立体农业模式

区域农地“乔＋灌＋草”空间利用综合化立体农业模式是通过调整农业

用地结构，合理安排田、林、草地空间结构，发展特色林果乔木、灌木和牧草三层立体空间模式。坝下区域大规模发展杏、杏扁等生态经济兼用林，坝上区域扩大大果沙棘、枸杞等灌木林面积，并发展林下种植与养殖业，达到充分利用空间、将资源优势转化为经济优势、改善生态环境的目的。

4.“种＋养＋加”纵横一体化生态化循环农业模式

区域农牧业“种＋养＋加”纵横一体化循环农业模式集饲料种植与加工、畜禽养殖、畜产品加工与销售、粪肥处理纵横一体化循环经营。该模式既可以保证饲草饲料和加工畜产品的质量安全，又能降低经营主体的生产成本、交易成本和运输成本，同时可以改善农牧业生态环境，还能提高各个环节的附加值。

5.“产＋加＋销＋游”纵向一体化休闲农业模式

区域特色农业“产＋加＋销＋游”纵向一体化特色休闲农业模式是通过延伸绿色农牧林产品产业链条，发展特色农业生产、加工、销售、休闲、观光、采摘和旅游一体化经营，发挥特色农业的优势，通过三产融合经营节省生产成本、节约交易费用、提高产品附加值，最终提高经济效益与生态效益。

四、京津冀区域现代低碳农业协作创新模式

通过京津冀区域现代低碳农业协作经营模式的构建为提出京津冀区域农业协调融合经营对策提供依据，提出京津冀区域农业协调合作应该从生产要素、经营管理、制度机制、主体组织等方面融合经营，构建综合性创新模式如下。

（一）农业“资源＋要素＋产品＋项目”资源协作模式

京津冀区域在农业产业合作发展方面，首先要充分发挥两地的优势条件，最大限度规避三省市的弱势条件与制约因素，通过优势互补弥补合作方面的不足。

研究区具有农业资源丰富、特色农产品优势区建设基础、劳动力与土地等资源与要素优势。京津两市具有现代农业高新技术、经营管理人才、充足的资金等生产要素优势，以及发展休闲农业、观光农业等的经验。同时，京津两市科技试验、研发、推广机构健全。所以，京津冀区域利用各自的优势进行合作，采用“资源＋要素＋产品＋项目”资源协作模式发展现代农业产

业结合经营，通过项目强强联合规避不利因素与短板，通过采用该模式实现京津冀区域农业产业协同发展。

（二）农业“观念＋理论＋标准＋制度”行为协同模式

京津两市地区具有农业经营的新理念、新思路、新方法，以及对农业的高标准要求、严格的制度和丰富的经验。京津两市从农产品生产源头、加工流通、质量责任追溯等方面建立了完善严格的标准体系、管理制度和法律法规。京津两市具有改变农业经营的新思路、新观点，以及采取一产与科研、食品加工、休闲农业服务等多产业多主体联合经营的新理念与一二三产业融合经营的成熟模式。这些经营理念、理论、标准、制度等都为京津冀区域合作提供了较好的基础。研究区具有与京津两市合作的鼓励政策与制度，以及深度合作的需求。通过在观念、理论、制度、标准等方面的合作达到区域农业产业融合经营的目标，实现利益方面的双赢。

京津冀区域可以采取“观念＋理论＋标准＋制度”行为协同合作模式，充分利用京津两市现成的经营理念、发展观念、管理制度与产品标准等，并充分发挥研究区农业经营主体的智慧与潜能，提升农业经营者的经营理念，提高农业经营层次，通过这些方面强化京津冀区域现代农业在观念、行为方面的协作与互促。

（三）农业“产加销游”产业融合经营模式

京津两市农业服务组织较为健全，如农产品流通方面的服务组织、加工服务组织、销售与旅游方面的服务组织等。京津两市的各种服务组织贯穿于产前、产中、产后全过程，有效衔接了千家万户的小生产和千变万化的大市场。京津两市发展高层次加工技术密集型产品，并实施规模化和专业化经营，保证了原料的安全卫生，提高了加工品的品质。同时，使农业向二、三产业延伸，并使一二三产业很好地融合经营，发挥了农业的多种功能，产生了整体叠加效应，使得农业经营者获利、农村生态环境改善。研究区农业资源丰富、优势农产品较多，但是组织化程度不高、产业链条较短，需要将农业一产、二产与三产的融合经营，在产业链延长方面与京津地区合作，提升农业产业的发展层次。

京津冀区域应当采用农业“产加销游”产业合作经营模式，实现区域农业产前、产中、产后有效联结，加大鲜活农产品加工、农产品贮藏保鲜和冷藏运输、物流配送、农业采摘、观光旅游等各类经营主体、组织机构、服务部门等各类主体、多个部门、多元领域的纵横联结，提高综合效益。

（四）农业“农户＋企业＋合作社＋协会”多元主体合作模式

京津两市农业服务组织体系健全，农业生产、加工、销售、运输、休闲观光旅游各经营主体互相联结，相互促进。京津两市农业产业的每一个经营者、每一个环节都能享受社会服务组织提供的周到服务。大大节约了经营者的交易成本，提高了经营者的经营效益。

企业与农户签订订单，提供农产品加工服务，既拓宽了农户的农产品销售渠道，又为企业提供了优质的农产品原料。合作社主要职责是保护农民的利益、提高农民知识技能，服务农产品与农业生产资料运销。在生产环节，协会组织为经营者提供优质品种、生产资料的供给服务，生产与栽培先进技术服务，农民教育培训服务等。

京津两市农民专业合作社发展也非常成熟。京津两市的这些组织发展经验也为研究区提供了经验。研究区参与农业经营的社会组织和服务组织数量较少、规模较小，运行不够规范，通过与京津两市的合作激活这些组织的潜力，便于发挥更大的服务作用。京津冀区域农业应当采用“农户＋企业＋合作社＋协会”多元主体合作模式，发展各类农业经营服务组织，为农业产业一二三产融合经营各个环节提供服务保障。

本章小结：该章以“绿色”发展为主题，研究了农业经营主体选择低碳农业绿色发展模式受到农业经营对象、经营手段、劳动力资源、资金、科学技术、经营主体价值观念等农业经营模式决策的内部条件的约束，同时受到信息获取难易程度、政府的政策和制度、自然条件、生态环境、与城市的距离、市场发育程度等农业经营模式决策外部因素的影响。

在上述行为决策影响因素分析的基础上，通过分析借鉴绿色低碳农业发展模式的国际经验，提出京津冀区域首都“两区”生态建设与低碳农业绿色发展模式，包括生态林防风阻沙与水源涵养经营模式、农田防治污染环境治理模式等农林生态建设创新模式；“种植业＋养殖业”横向一体化经营模式、“养加＋种加”纵向一体化经营模式、“林加＋牧加”纵向一体化经营模式、种养业与服务业等多业结合经营模式等现代农业产业纵横一体化创新模式；构建区域农业产业经营行为、绿色低碳农业发展创新模式等绿色农业产业综合经营体系；提出发展农业“资源＋要素＋产品＋项目”资源协作模式、农业“观念＋理论＋标准＋制度”行为协同合作模式、农业“产加销游”产业融合经营模式、农业“农户＋企业＋合作社＋协会”多元主体合作模式等京津冀区域农业协作创新模式。

参考文献：

［1］孙芳，王堃．中国农牧交错带：复合生态经济系统［M］．北京：中国农业大学出版社，2009.

第七章
农业生态产品价值实现区域开放发展途径

本章以“开放”发展为主题，为了达到生态建设兼顾绿色低碳农业发展的目标，以生态优先绿色发展理念为指导原则，基于农业产业多重功能性与生态效益产生正外部性特征，研究首都“两区”建设区农业生态产品供给外部效应内部化开放发展途径，为研究区生态建设与低碳农业协调发展机制构建提供依据。

第一节　农业产业生态产品外部效应分析

本节基于农业产业多功能性与提供公共品的特征、生态优先发展的生态效益正外部性特征等，重点分析张家口市作为首都生态环境支撑区和水源涵养区，为北京市及周边地区提供的农产品与生态产品产生正外部效益问题，以及北京市对河北省尤其是张家口市的农业产业的依赖关系，为生态建设与低碳农业协调发展提供理论基础与实证依据。

一、农业生态产品外部性理论基础

农业生态产品主要指农田生态系统提供的生态产品与生态服务。农田生态系统除了提供人类生存所需农产品外，还为人类净化空气、改善环境，以及为人类提供各色景观、生物多样性保护、休闲旅游等生态服务与生态产品。这些生态服务与生态产品产生正外部性。

（一）农业产业多功能性与公共品特征

农业产业经营既具有多功能价值，又具有公共品的特性，即农业产业不仅具有生产生活所需产品的经济价值，同时产生生态价值和社会价值。

农业的生产功能带来的经济价值较小，张家口市从2012年到2020年第一产业在国民经济中的比例较小，最高的年份不足18%，从2012年到2020年第一产业在国民经济中的比例先逐年上升，2015年上升到17.9%后开始下降，到2020年第一产业占比为16.7%。虽然农业在国民经济中的经济价值贡献较小，但是农业产业除了提供人类衣食住的基本生活消费需求外，还具有改善生态环境、保持水土、涵养水源、净化空气、美化环境、休闲旅游等多种生态功能与社会功能。

同时，农业产业具有公共品特性，产生正外部性，导致社会可以通过农业产业获得的收益远远大于农业经营主体所获得的收益，社会所付出的成本却小于农业经营主体所付出的成本。所以，农业产业的多功能性与公共品特性使得农业产业经营主体的行为对于全社会的贡献较大。该研究仅对农业产业的生态功能价值和经济价值进行评价，通过评价为构建现代绿色低碳农业经营体系提供依据，该体系使得农业产业既能发挥“两区”建设的生态功能，又可以实现经济效益提高的目的。

（二）生态建设行为外部经济性

经济学对外部性的定义为：外部性是某个经济主体对另一个经济主体产生一种外部影响，而这种外部影响又不能通过市场价格进行买卖，即在生产或消费中对他人产生额外的成本或效益，然而施加这种影响的人却没有为此付出代价或得到好处。按照外部性影响效果不同，可分为负的外部性和正的外部性。负的外部性说明存在边际外部成本，私人成本小于社会成本；正的外部性说明存在边际外部收益，私人收益小于社会收益。社会边际成本与私人边际成本背离、社会边际收益与私人边际收益背离时，不能靠在合约中规定补偿办法予以解决，即出现市场失灵，这就必须依靠外部力量，即政府干预加以解决。

生态经济具有强烈的正外部性。生态经济所具有的外部经济性导致了市场失灵，使得资源配置无效或低效。因此，需要采用一些措施或途径来矫正或消除这种外部性。具体而言，就是要设计一定的机制对生态产品的私人边际成本或私人边际收益进行调整，使之与社会边际成本和社会边际收益相一致，实现外部效应的内在化。由于对外部效应的起源有不同认识，因而有多种矫正方法。归纳起来主要有两种：一是庇古手段，即通过政府干预的手段来矫正外部性，对于正的外部影响应予以补贴，对于负的外部影响应处以罚款，以使生产者的私人成本等于社会成本，从而提高整个社会的福利水平。二是科斯手段，即通过明晰产权、依靠市场力量来解决外部性问题。科斯认为外部性问题的实质在于双方产权界定不清，在产权明晰和交易成本为零的情况下，外部性可以完全通过市场解决。

京津冀区域中首都“两区”建设区的生态建设对于区域内京津两市等周边地区产生正外部性，需要通过各级政府进行干预，出台发展绿色低碳农业的激励机制与相关配套政策调控生态产品供给的外部效应内部化行为。

二、北京市农业产业对“两区”建设区农业产业的依赖性

利用统计数据，通过计算京津冀区域农林牧渔产业区位熵，结合农产品产值、产量或规模比较分析京津冀区域农业产业优势，分析首都北京市对京津冀区域首都“两区”建设区张家口市农业的依赖程度。

（一）产业专业化程度分析方法

产业专业化程度通常应用区位熵来分析。在区域经济学中，区位熵（Location Quotient）作为判断一个产业是否构成地区专业化部门的指标应用较为广泛。本研究通过产业区位熵来判断京津冀区域中各地农业产业的地位与作用。哈盖特提出区位熵的计算方法为：区位熵是地区特定部门的产值在地区工业总产值中所占的比重与全国该部门产值在全国工业总产值中所占比重之比。计算公式为 $LQ_{ij}=\dfrac{X_{ij}/\sum_{i=1}^{m}X_{ij}}{\sum_{j=1}^{n}X_{ij}/\sum_{i=1}^{m}\sum_{j=1}^{n}X_{ij}}$。其中，$i$ 指某产业；j 指某地区；X 指总产值。LQ_{ij} 表示 j 地区 i 产业的区位熵，也可以表达 j 地区 i 产业的专业化程度。当 $LQ_{ij}>1$ 时，说明 i 产业是 j 地区的专业化部门，具有比较优势；当 $LQ_{ij}=1$ 时，表明 i 产业在 j 地区是均势产业；当 $LQ_{ij}<1$ 时，说明 i 产业在 j 地区是非专业化生产部门，属于劣势产业，竞争能力弱。

利用区位熵的计算方法，核算判断一个产业的专业化程度，进而比较各种产业的优势与竞争能力。

（二）京津冀区域农业专业化程度

将上述区位熵模型进行拓展应用，核算与判断京津冀区域农业产业的专业化程度，进而比较农林牧渔各种产业的优势与竞争能力，该方法应用于京

津冀区域农业产业区位熵的计算为：

某年京津冀区域内 i 地区农业产业的区位熵=(某年区域内 i 地区农业产值/某年区域内 i 地区全部产业总产值)/(某年京津冀区域农业产值/某年京津冀区域全部产业总产值)。

某年京津冀区域内 i 地区农林牧渔产业的区位熵=(某年区域内 i 地区农林牧渔产值/某年区域内 i 地区农业全部产业总产值)/(某年京津冀区域农林牧渔产值/某年京津冀区域农业全部产业总产值)。

三、京津冀区域农牧业产业专业化优势比较

应用区位熵比较分析京津冀区域各地区农业专业化程度和农业内部农牧业专业化程度与优势。

（一）京津冀区域各地区农业专业化优势

通过利用《中国统计年鉴 2021》的统计数据，应用区位熵模型计算 2020 年京津冀三地农业产值与农业区位熵，京津冀区域北京市、天津市和河北省农业产业专业化程度与发展趋势见表 7-1。

表 7-1 显示，2020 年北京市、天津市与河北省三省市的农业与其他产业相比较，京津两市的农业区位熵都较小，北京市、天津市与河北省的农业区位熵值分别为 0.094、0.208 和 2.210。河北省的农业区位熵大于 1，说明在京津冀区域河北省与北京市、天津市相比，其农业专业化程度较高，而北京、天津的农业区位熵不仅小于 1，而且与河北省相差很大。通过横向比较说明京津两市农业专业化程度都较低，农业对外依赖性很强。

表 7-1　2020 年京津冀三地区的农业产值与农业区位熵

地区	农业产值（亿元）	全部产业产值（亿元）	农业占比	农业区位熵
北京市	263.4	36 102.6	0.007 3	0.094
天津市	228.49	14 083.73	0.016 2	0.208
河北省	6 243.49	36 206.9	0.172 4	2.210
京津冀区域	6 735.38	86 393.23	0.078 0	—

资料来源：《中国统计年鉴 2021》。

在京津冀区域，北京市与天津市农业对河北省的依赖较强，而与京津两市比较，河北省农业产业优势突出。因此，河北省成为保障满足京津两大城

市主要农产品需求的供给地。

(二)京津冀区域农林牧渔产业专业化优势

依据区位熵模型,利用《中国统计年鉴 2021》的统计数据,计算京津冀三省市大农业中农林牧渔业的区位熵结果见表 7-2 与表 7-3 显示。

1. 北京市牧业产值在农业总产值中占比较小

表 7-2 为 2020 年京津冀三省市农林牧渔产业在农业总产值中的占比情况。从京津冀区域来看,农林牧渔产业在农业总产值中占比最大的是农业产业,为 53.7%,其次是牧业产值占比为 35.8%,林业与渔业产值在农业总产值中占比差不多,都不到 5%。但是,北京市较为特殊,林业产值占农业总产值的比例较大,为 37.1%,牧业产值占农业总产值的比例较小,为 17.2%。

表 7-2 2020 年京津冀三省市农业总产值中农林牧渔产值占比

单位:亿元

项目	北京市	各业占比	天津市	各业占比	河北省	各业占比	区域总值	区域各业占比
总产值	263.4	—	476.44	—	6 243.49	—	6 983.33	—
农业	107.6	0.409	228.49	0.480	3 413.34	0.547	3 749.43	0.537
林业	97.7	0.371	15.73	0.033	255.35	0.041	337.32	0.048
牧业	45.2	0.172	145.10	0.305	2 309.72	0.370	2 500.02	0.358
渔业	4.1	0.016	68.64	0.144	243.22	0.039	315.96	0.045

资料来源:《中国统计年鉴 2021》。

河北省与天津市农林牧渔产业产值在农业总产值中的占比与京津冀区域的变化规律基本一致,尤其是农业产值与牧业产值占比的规律与京津冀区域的占比规律一致。但是北京市较为特殊,在农业总产值中,农业占比较高,为 40.9%,林业产值占比次之,为 37.1%,牧业产业占比最小,仅为 17.2%,与河北省牧业占比 37.0%、天津市牧业产值占比 30.5%比较,北京市畜牧业占比较小,这也充分说明,北京市的牧业对京津冀区域河北省与天津市的依赖性较强。

2. 北京市农牧业区位熵较小

表 7-3 显示,京津冀三省市农林牧渔的区位熵比较可知,河北省农牧业区位熵较高,其专业化程度较高,且河北省农业区位熵为 1.018,牧业区位熵为 1.033,都大于 1,说明在京津冀区域河北省农业与牧业为优势产业。

表7-3显示，北京市林业产业的区位熵较大，为7.729，其专业化程度很高，具有专业化优势。而农业、牧业和渔业的区位熵都不高，小于1，说明北京市在农业、牧业和渔业方面对外依赖性较强。

天津市的渔业产业的区位熵较大，为3.202，其专业化程度较高。农业与牧业产业区位熵都不足0.5，林业产业区位熵不足0.1，这些产业对外依赖性较强。

表7-3　2020年京津冀三省市农林牧渔业区位熵

项目	北京市各业占比	区位熵	天津市各业占比	区位熵	河北省各业占比	区位熵	区域各业占比
总产值	—	—	—	—	—	—	—
农业	0.409	0.761	0.480	0.893	0.547	1.018	0.537
林业	0.371	7.729	0.033	0.688	0.041	0.852	0.048
牧业	0.172	0.481	0.305	0.851	0.370	1.033	0.358
渔业	0.016	0.356	0.144	3.202	0.039	0.866	0.045

资料来源：《中国统计年鉴》(2021年)。

上述分析结果显示，京津冀区域三省市相比，河北省的农业与牧业产业具有区域产业比较优势，北京市的林业具有区域产业比较优势，天津市的渔业具有区域产业比较优势，所以，在京津冀区域京津两大城市人民的基本生活消费必然依靠河北省的农牧业生产提供农畜产品。

四、张家口市农牧业产业比较优势

张家口市位于京津冀区域河北省的西北部，是河北省特色农牧业产业生产地之一，且张家口市的畜牧业产业优势较为突出。因此，京津两大城市对河北省的畜牧业的依赖程度较高与张家口市的畜牧业较发达有较密切的关系。

1. 张家口市农业专业化程度较高

在京津冀区域，张家口市的牧业是优势产业和特色产业，利用统计数据，应用区位熵模型，计算张家口市农牧业区位熵结果见表7-4。

表7-4显示河北省的牧业区位熵为1.033，而张家口市的牧业区位熵为1.058，说明在京津冀区域，与河北省的牧业专业化程度比较，张家口市的牧业专业化水平较高。所以，京津冀区域的牧业主要依赖于张家口市。

从上述计算与分析结果可知，河北省的农业与牧业具有比较优势，而张家口市的林业和牧业具有比较优势，尤其是张家口市的牧业不仅对河北省牧业产值作出巨大贡献，而且张家口市也是供给京津两大城市畜产品的主要基地，其农牧业生产可以满足京津两大城市人民生活消费所需畜产品。

表 7-4　2020 年河北省与张家口农牧业产值占比与区位熵

单位：亿元

项目	京津冀区域	占比	张家口市	占比	区位熵	河北省	占比	区位熵
总产值	6 983.33	—	484.9	—	—	6 243.49	—	—
农业	3 749.43	0.537	259.9	0.536	0.998	3 413.34	0.547	1.018
林业	337.32	0.048	25.77	0.053	1.107	255.35	0.041	0.852
牧业	2 500.02	0.358	183.66	0.379	1.058	2 309.72	0.370	1.033
渔业	315.96	0.045	1.61	0.003	0.074	243.22	0.039	0.866

资料来源：《中国统计年鉴 2021》、《河北经济年鉴》(2021)。

2. 张家口市农畜产品优势

利用《中国统计年鉴 2021》、《河北经济年鉴》（2021）的统计数据计算京津冀区域北京市、天津市、河北省与张家口市的人均粮食、人均肉类、人均奶类的占有量的计算结果如表 7-5，计算的目的是分析京津冀区域各地区食物生产人均产量（人均占有量）与人均消费量，如果一个地区人均食物占有量大于人均消费量，其余部分可以供给京津冀区域的其他地区。如果一个地区人均食物占有量小于人均消费量，说明该地区的居民消费要靠京津冀区域内的其他地区供给。

表 7-5　京津冀与张家口市农牧业产品产量与人均占有量

单位：万人、万吨、吨/人

项目	北京市	人均	天津市	人均	河北省	人均	张家口市	人均
人口	2 189	—	1 386.6	—	7 463.84	—	460.20	—
粮食	30.5	0.014	228.16	0.165	3 795.9	0.509	185.46	0.403
肉类	3.5	0.002	29.61	0.021	419.2	0.056	26.86	0.058
奶类	21.2	0.010	50.7	0.037	488.3	0.065	102.50	0.223

资料来源：《中国统计年鉴 2021》、《河北经济年鉴》(2021)。

表7-5显示张家口市粮食、肉类、奶类的人均占有量分别为403千克/人、58千克/人、223千克/人，远远高于北京市与天津市的粮食、肉类、奶类的人均占有量。

同时，在河北省内，张家口市的畜产品人均拥有量也远远高于河北省平均数，河北省肉类、奶类人均占有量分别为56千克/人、65千克/人，而张家口市肉类、奶类人均占有量分别为58千克/人、223千克/人，所以，张家口市成为京津冀区域肉类产品与奶类产品市场的主要供给者。

3. 张家口市为北京市农畜产品供给基地

依据《中国统计年鉴2019》的统计数据核算2018年全国居民人均年消费粮食、肉类和奶类状况，如表7-6所示。

与表7-6中全国城镇居民人均消费牛奶的平均数16.5千克/人、农村居民人均牛奶消费量为6.9千克/人比较，张家口市的人均奶类占有量为223千克/人，北京市人均奶类占有量为10千克/人，张家口市的人均奶类占有量远远高于全国居民人均消费奶类数量，且按照全国居民人均消费量来看，北京市奶类生产量人均占有水平远远不能满足消费需求。而张家口市奶类生产量人均占有水平不仅远远高于全国居民人均消费量，而且远远高于北京市奶类人均占有量，同时高于河北省人均水平。这充分说明张家口市牧业生产为京津冀做出较大贡献，尤其是张家口市的肉类产品与奶类产品的生产方面在京津冀区域具有比较优势。张家口市成为京津冀畜牧业生产与畜产品供给基地当之无愧。

表7-6　2018年全国居民人均消费食品状况

单位：千克/人

	粮食		猪肉		牛羊肉		牛奶	
	城镇	农村	城镇	农村	城镇	农村	城镇	农村
人均	110.0	148.5	22.7	23	4.2	2.2	16.5	6.9

资料来源：《中国统计年鉴2019》。

通过上述比较分析可知：京津冀区域内河北省的农业专业化水平较高，京津两大城市的农业对外依赖性较强，而张家口市是河北省主要错季蔬菜生产基地，也是畜牧业生产基地，畜牧业专业化水平高于河北省平均水平，张家口市的畜产品，无论是肉类产品还是奶类产品优势突出，肉类与奶类人均占有量远远大于河北省、北京市、天津市的人均占有量。因此，张家口市成为京津两大城市蔬菜与畜产品的主要供应基地。

第二节　农业产业多功能价值评价

农业产业经营的多功能价值包括经济效益、生态效益和社会效益等综合效益，这里就其产生的经济价值和生态环境功能价值进行核算，目的是为找出生态优先发展原则指导下京津冀区域首都“两区”建设区农业公共产品外部效应内部化的开放发展途径。

一、农田生态系统生态功能价值核算方法

农业产业提供生态产品的价值采用农田生态系统生态功能价值进行核算，农田生态系统包括农林牧产业经营。农田生态系统生态功能价值的核算方法较多，综合考虑了张家口市农业产业特征、资料可获得性和统计指标一致性等原则，本研究主要参照谢高地[1]、孙能利等人[2]关于农田生态系统农业生态产品与服务功能价值当量核算模型与方法，对研究区农业产业生态功能价值进行核算。

1. 农田生态系统现实生态价值量模型

农业产业生态功能价值测算涉及的模型有 4 个函数关系式，包括农业现实生态价值量 E_r 模型、社会发展阶段系数 l 模型、农业产业理论生态价值 E_t 模型、单位当量因子的价值量 E_a 模型。依据农田生态系统农业生态产品与服务功能价值当量核算模型与方法，对张家口市农业产业生态功能价值测算的农业产业现实生态价值量 E_r 测算模型为 $E_r = E_t \times l$。其中，E_r 为农田生态系统现实生态价值量，反映农田生态系统生态功能价值，是评价生态环境支撑功能价值的依据；E_t 为农田生态系统理论生态价值量（元）；l 为社会发展阶段系数，即主体对生态社会效益的支付意愿。

2. 社会发展阶段系数模型

农田生态系统现实生态价值量模型中的社会发展阶段系数 l 的核算模型为 $l = \frac{1}{1+e^{-t}}$。其中，$t = T-3$，$T = 1/E_n$，E_n 为恩格尔系数，e 为自然对数。

3. 农田生态系统理论生态价值量模型

在农田生态系统现实生态价值量模型中，农田生态系统理论生态价值量

E_t的核算模型为$E_t = \sum_{j=1}^{n} A_j C_j E_a$。

其中，E_t为农田生态系统理论生态价值量（元）；A_j为农业土地面积（公顷）；C_j为农业土地单位价值当量因子；j为农业土地利用类型；E_a为单位当量因子的价值量（元/公顷）。农田生态系统土地单位当量因子的核算参照中国科学院谢高地等制定的我国生态系统生态服务价值的当量因子表。

4. 农田生态系统单位当量因子的价值量模型

农田生态系统理论生态价值模型中，农田生态系统生态当量因子的价值量模型（参考孙能利等人研究）为$E_a = \sum_{i=1}^{n} m_i p_i q_i / M$。其中，$E_a$为单位当量因子的价值量（元/公顷）；$i$为农作物种类；$p_i$为第$i$种农作物全国平均价格（元/千克）；$q_i$为第$i$种农作物单产（千克/公顷）；$m_i$为第$i$种农作物的播种面积（公顷）；$M$为$n$种农作物的播种面积（公顷）。

依据上述4个模型，利用首都“两区”建设区张家口市的统计数据资料，可以计算出张家口市农田生态系统现实生态环境功能价值。

二、农田生态系统生态功能价值核算

在上述定性描述、模型设定与指标确定的基础上，量化评价张家口市农田生态系统生态环境功能价值。

1. 农田生态系统理论生态价值量比较

依据当量因子价值量模型测算农业单位当量因子价值量E_a（元/公顷），计算得出2015年、2017年、2019年和2020年张家口市农业产业单位当量因子价值量[7]分别为15 952.0元/公顷、16 696.1元/公顷、21 995.8元/公顷、58 890.14元/公顷。

依据农业单位当量因子价值量E_a与各种生态功能当量因子系数C_j（依据谢高地核算结果）计算不同用地单位面积生态功能价值量（$C_j \times E_a$）（表7-7）。

表7-7显示研究区2015年、2017年、2019年和2020年的林地、草地、农田和荒漠4类用途土地单位面积生态功能价值量比较，林地单位面积生态功能价值最大，草地单位面积生态功能价值排第二大，荒漠单位面积生态功能价值最小。从2015年到2020年，林地、草地、农田与荒漠的单位面

积生态功能价值呈现逐渐增加的趋势。

表 7－7　个别年份不同用地单位面积生态功能价值量（$C_j \times E_a$）表

单位：元/公顷

年份	林地	草地	农田	荒漠
2015	348 551.2	115 492.5	110 228.3	6 699.8
2017	364 809.8	120 879.8	115 370.1	7 012.4
2019	480 612.6	159 039.0	151 992.4	9 238.3
2020	1 286 750.0	426 364.6	406 930.9	24 733.9

在不同用地单位面积生态功能价值量（$C_j \times E_a$）的核算结果的基础上，结合农业不同类别用地面积 A_j，依据农田生态系统理论生态价值量模型计算农田生态系统理论生态总价值量 E_t（元），结果见表 7－8。从不同农业用地理论生态总价值量计算结果来看，从 2015 年到 2020 年，林地、草地、农田与荒漠的生态功能总理论价值呈现逐渐增加的趋势。

但是，从表 7－8 显示研究区 2015 年、2017 年、2019 年和 2020 年的林地、草地、农田和荒漠四类土地用途生态功能总理论价值量来看，林地生态功能总理论价值最大，农田生态功能总理论价值排第二大，荒漠生态功能总理论价值最小。因此，不同农用地理论生态价值量还需要将不同阶段的社会经济发展加以考虑，通过应用地区社会发展阶段系数对张家口市农田生态系统进行现实生态功能价值量进行核算。

表 7－8　个别年份不同用地总理论生态价值量（E_t）表

单位：万元

年份	林地	草地	农田	荒漠
2015	38 331 800	12 249 400	10 271 000	684 120.66
2017	40 103 800	12 791 200	12 397 400	714 007.82
2019	52 834 100	13 065 000	14 179 900	938 613.31
2020	141 422 312.4	10 260 592.36	37 963 638.66	2 512 960.06

2. 张家口市农田生态系统现实生态功能价值量核算

通过计算社会发展阶段系数可以测算出农田生态系统现实生态功能价值量。

（1）张家口市社会发展阶段系数核算

依据社会发展阶段系数模型计算社会发展阶段系数 l，即主体对生态社会效益的支付意愿。

模型为 $l=\frac{1}{1+e^{-t}}$。其中，$t=T-3$，$T=1/E_n$，E_n为恩格尔系数，e 为自然对数。

依据《张家口经济年鉴》数据核算不同年份张家口社会发展阶段系数 l，计算结果依据前期研究成果所得[7]。

（2）农田生态系统现实生态功能价值量比较

依据农业现实生态价值量模型 $E_r=E_t\times l$ 测算农田生态系统现实生态价值量 E_r，测算结果见表 7－9。

表 7－9 显示 2015 年、2017 年、2019 年和 2020 年农田生态系统现实生态功能价值总量逐渐增加，2019 年农田生态系统现实生态功能价值总量比 2017 年农田生态系统现实生态功能价值总量增加了 959.216 0 亿元，增长了 22.7%，2020 年农田生态系统现实生态功能价值总量比 2015 年农田生态系统现实生态功能价值总量增加了 8 346.82 亿元，增长了 212.3%。增长的主要原因与林草地面积增加、居民支付意愿水平的提高有关，这充分说明农业生态环境建设逐渐受到社会与政府的重视，尤其是 2020 年增长的速度较快，这充分说明在京津冀区域 2019 年首都“两区”建设规划出台后，农田生态系统的发展以生态建设为优先选择，生态价值增长较快。

表 7－9　个别年份不同用地现实生态功能总价值量（E_r）表

单位：万元

年份	林地	草地	农田	荒漠	农田生态系统现实生态功能价值总量
2015	24 494 020.2	7 827 366.6	6 563 169.0	437 153.1	39 321 708.9
2017	25 626 328.2	8 173 576.8	7 921 938.6	456 251.0	42 178 094.6
2019	33 760 989.9	8 348 535.0	9 060 956.1	599 773.9	51 770 254.9
2020	90 368 857.6	6 556 518.5	24 258 765.1	1 605 781.5	122 789 922.7

三、农业产业经营综合效益

首都“两区”建设区农业产业经营综合效益主要包括经济效益、生态效益和社会效益，其生态效益与社会效益产生的正外部性较明显。

1. 农业产业的综合效益与外部经济特性

虽然研究区农业产业在国民经济中的经济价值贡献较小，但是由于农业产业具有公共品属性，除了提供人类衣食住的基本生活消费需求外，还具有改善生态环境、保持水土、涵养水源、净化空气、美化环境、休闲旅游等多种社会功能。因而农田生态系统的农业产业经营不仅仅能带来经济效益，而且可以带来生态效益与社会效益，并且生态效益与社会效益大部分均具有正外部性。

2. 农业产业生态价值远远大于经济价值

在首都“两区”建设背景下，农业产业产生的水源涵养功能与生态环境支撑功能也非常显著，且农业产业的生态价值远远大于其产生的经济价值。

通过应用生态当量因子价值量模型核算2020年张家口市农业产业理论生态价值量为19 816亿元，现实生态环境保护功能价值量为12 279亿元。通过应用水源涵养功能价值模型核算张家口市2020年农业产业水源涵养功能价值为44.25亿元。2020年张家口市农林牧渔总产值为484.93亿元，农业产业的生态功能价值是农业产业经营经济价值的25.32倍。农业产业的生态总价值加上农作物的水源涵养价值，总量为12 323.25亿元，是农业总产值的25.41倍。

通过上述比较可知，虽然张家口市农业产业经营带来的经济价值贡献较小，但是其生态功能价值较大。同时，张家口市农业产业还为张家口市居民与京津两大城市供给特色、无公害、无污染的优良农畜产品，满足居民的生活需求。

通过核算2015年、2017年、2019年和2020年的农业产业生态功能价值量与水源涵养功能价值量，发现张家口市农业产业生态功能价值与水源涵养功能价值呈上升趋势，说明自京津冀协同发展国家重大战略实施以来，张家口市在生态环境支撑功能方面发挥了重大作用。

第三节　农业生态产品外部效应内部化区域开放发展途径

在京津冀区域首都“两区”建设区农业生态功能价值外部性、北京市对张家口市农牧业依赖程度分析的基础上，通过构建区域现代低碳农业协同发展体系，寻求京津冀区域“两区”建设区域开放发展途径。

一、农田生态系统生态功能价值形成结构

前文比较结果显示农业生态功能价值远远大于农业经济价值，但是依据第一节分析结果可知这些生态功能价值具有正外部性，其功能价值的实现较难，本节内容通过对农田生态系统生态功能价值进行分类，便于寻求京津冀区域首都“两区”建设区低碳农业生态功能价值实现的开放发展途径。

1. 农田生态系统生态功能价值中的直接经济价值

图 7-1 显示了农田生态系统生态功能价值中各部分价值形成的结构。农田生态系统生态功能价值包含直接经济价值与间接经济价值，农业生态产品价值涵盖了产生经济效益、生态效益、社会效益的功能指标。

农田生态系统提供的生态功能价值可以带来直接经济价值的指标包括产生经济效益与生态效益两大类指标。

如图 7-1 所示，农田生态系统生态功能可以产生经济效益的指标主要有原材料与食物生产两大指标；农田生态系统生态功能产生生态效益指标主要指土壤形成与保护指标的价值。农田生态系统生态功能价值的直接经济价值所涉及的生态价值实现较容易，如原材料与食物生产的价值可以直接通过市场交易而得以实现。土壤形成与保护的价值实现可以用节约了保护土壤的机会成本替代，也较易实现。

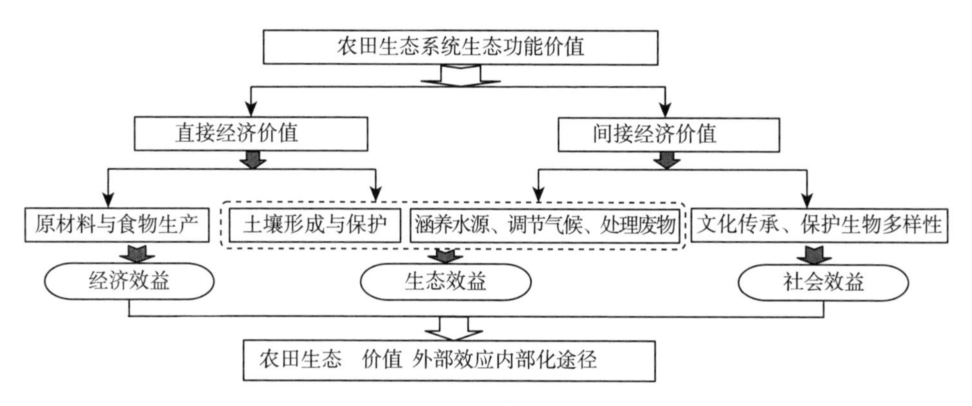

图 7-1　生态价值外部效应内部化开放发展途径逻辑框架

2. 农田生态系统生态价值中间接经济价值

农田生态系统提供的生态功能价值可以带来间接经济价值的指标包括产

生生态效益与社会效益两大类指标。

图 7－1 显示，农田生态系统提供的生态功能价值可以产生生态效益的指标主要包括涵养水源、调节气候、废物处理 3 部分指标；农田生态系统提供的生态功能价值可以产生社会效益的指标主要包括文化传承与保护生物多样性指标。

农田生态系统提供的生态功能间接经济价值的实现较难，如气候调节、涵养水源、气体调节、净化空气、废物处理，以及文化娱乐和生物多样性保护等指标的功能具有公共品属性，产生的生态效益与社会效益具有外部经济性。这就意味着这些指标的生态功能为社会带来的边际收益远远大于经营者的私人边际收益，而社会边际成本远远小于经营者私人边际成本，势必导致农田生态系统提供生态功能的生态产品供给小于全社会对农田生态系统提供生态功能的生态产品的需求，市场配置资源的效率降低。

图 7－1 显示的农田生态系统产生的生态价值中直接经济价值较易实现，而间接经济价值由于正外部性的原因而较难实现，通过寻找农田生态功能价值外部效应性内部化开放发展途径解决该问题。

二、农田生态系统产生的生态功能价值量化比较

依据第五章对农田生态系统生态功能价值的核算结果，对一个项目的现实总生态价值量进行直接经济价值与间接经济价值的比较，便于寻找区域农业产业提供生态产品的生态经济外部效应内部化的合理途径，以及为提出区域农业产业生态建设的有生态经济外部效应内部化的对策。

（一）农田生态系统功能单位面积直接经济价值与间接经济价值

依据前述运用生态系统生态服务价值当量因子核算生态系统服务价值的核算方法，核算京津冀区域首都“两区”建设区张家口市的农田生态系统生态产品各指标单位价值与总价值的直接经济价值与间接经济价值。

1. 农田生态系统生态产品直接经济价值

依据表 7－10 研究区 2020 年农田生态系统不同用地单位面积生态功能价值带来经济效益的直接经济价值核算结果显示，2020 年首都“两区”建设区张家口市农田生态系统中林地的生态功能单位面积产生的直接经济价值：原材料为 15.31 万元/公顷，食物生产为 0.59 万元/公顷，合计为 15.90 万元/公顷。农田生态系统中草地的生态功能单位面积产生的直接经济价值：

原材料为 0.30 万元/公顷，食物生产为 1.77 万元/公顷，合计为 2.06 万元/公顷。农田生态系统中农田的生态功能单位面积产生的直接经济价值：原材料为 0.59 万元/公顷，食物生产为 5.89 万元/公顷，合计为 6.48 万元/公顷。农田生态系统中荒漠的生态功能单位面积产生的直接经济价值：原材料为 0 万元/公顷，食物生产为 0.059 万元/公顷，合计为 0.059 万元/公顷。2020 年首都“两区”建设区张家口市农田生态系统生态产品直接经济价值中食物生产的总价值为 8.30 万元/公顷，直接经济价值中原材料的总价值为 16.20 万元/公顷，农田生态系统生态产品生态功能的直接经济价值总计为 24.50 万元/公顷。

表 7－10　2020 年研究区不同用地单位面积生态功能直接经济价值

单位：元/公顷

	林地	草地	农田	荒漠	总计
食物生产	5 889.01	17 667.04	58 890.14	588.90	83 035.09
原材料	153 114.36	2 944.51	5 889.01	0	161 947.88
合计	159 003.37	20 611.55	64 779.15	588.90	244 982.97

依据表 7－11 可知，农田生态系统中林地、草地、农田和荒漠单位面积产生生态功能价值带来社会效益的土壤形成与保护直接经济价值分别为 22.97 万元/公顷、11.48 万元/公顷、8.60 万元/公顷和 0.12 万元/公顷。农田生态系统生态功能带来社会效益的直接经济价值总计为 43.17 万元/公顷。

表 7－11　2020 年研究区不同用地单位面积生态功能直接经济价值

单位：元/公顷

	林地	草地	农田	荒漠	总计
土壤形成与保护	229 671.55	114 835.77	85 979.60	1 177.80	431 664.72

综上可知，农田生态系统单位面积生态功能价值属于直接经济价值的部分总计为产生经济效益的 24.50 万元/公顷和产生生态效益的 43.17 万元/公顷，总计 67.67 万元/公顷，这部分直接经济价值通过市场交易较容易得以实现。

2. 农田生态系统生态产品间接经济价值

依据第五章农田生态系统生态功能价值计算 2020 年张家口市不同用地

单位面积生态功能间接经济价值，核算结果如表 7－12 所示。

表 7－12 显示 2020 年农田生态系统生态功能提供的间接经济价值包括林地、草地、农田和荒漠。

表 7－12　2020 年研究区不同用地单位面积生态功能间接经济价值

单位：元/公顷

	林地	草地	农田	荒漠	总计
气体调节	206 115.49	47 112.11	29 445.07	0	282 672.67
气候调节	159 003.38	53 001.13	52 412.23	0	264 416.74
水源涵养	188 448.45	47 112.11	35 334.08	1 766.70	272 661.34
废物处理	77 146.08	77 146.08	96 579.83	588.90	251 460.89
生物多样性保护	191 981.86	64 190.25	41 812.00	20 022.65	318 006.76
娱乐文化	75 379.38	2 355.61	588.90	588.90	78 912.79
合计	898 074.64	290 917.29	256 172.11	22 967.15	1 468 131.19

农田生态系统中林地单位面积提供的气体调节生态价值为 206 115.49 元/公顷，提供的气候调节生态价值为 159 003.38 元/公顷，提供的水源涵养生态价值为 188 448.45 元/公顷，提供的废物处理生态价值为 77 146.08 元/公顷，提供的娱乐文化生态价值为 75 379.38 元/公顷，提供的生物多样性保护生态价值为 191 981.86 元/公顷。农田生态系统中林地生态产品的间接经济价值总量为 898 074.64 元/公顷。

农田生态系统中草地单位面积提供的气体调节生态价值为 47 112.11 元/公顷，提供的气候调节生态价值为 53 001.13 元/公顷，提供的水源涵养生态价值为 47 112.11 元/公顷，提供的废物处理生态价值为 77 146.08 元/公顷，提供的生物多样性保护生态价值为 64 190.25 元/公顷，提供的娱乐文化生态价值为 2 355.61 元/公顷。农田生态系统中草地生态产品的间接经济价值总量为 290 917.293 元/公顷。

农田生态系统中农田单位面积提供的气体调节生态价值为 29 445.07 元/公顷，提供的气候调节生态价值为 52 412.23 元/公顷，提供的水源涵养生态价值为 35 334.08 元/公顷，提供的废物处理生态价值为 96 579.83 元/公顷，提供的生物多样性保护生态价值为 41 812.00 元/公顷，提供的娱乐文化生态价值为 588.90 元/公顷。农田生态系统中农田生态产品的间接经济价值总量为 256 172.111 元/公顷。

农田生态系统中荒漠单位面积提供的气体调节生态价值为 0 元/公顷，提供的气候调节生态价值为 0 元/公顷，提供的水源涵养生态价值为 1 766.70 元/公顷，提供的废物处理生态价值为 588.90 元/公顷，提供的生物多样性保护生态价值为 20 022.65 元/公顷，提供的娱乐文化生态价值为 588.90 元/公顷。农田生态系统中荒漠生态产品的间接经济价值总量为 22 967.15 元/公顷。

由 2020 年农田生态系统生态功能提供的间接经济价值核算结果可知，单位面积各类农用地提供的气体调节功能总价值量为 28.27 万元/公顷、单位面积各类农用地提供的气候调节功能总价值量为 26.44 万元/公顷、单位面积各类农用地提供的水源涵养功能总价值量为 27.27 万元/公顷、单位面积各类农用地提供的废物处理功能总价值量为 25.15 万元/公顷、单位面积各类农用地提供的生物多样性保护功能总价值量为 31.80 万元/公顷、单位面积各类农用地提供的文化娱乐功能总价值量为 7.90 万元/公顷。农田生态系统生态功能提供的间接经济价值总计为 146.81 万元/公顷。

（二）农田生态系统功能直接经济价值与间接经济价值

依据第五章农田生态系统生态功能各项指标，对总现实生态价值中直接经济价值与间接经济价值的计算结果进行比较分析。

1. 农田生态系统生态产品直接经济价值

依据表 7－13 和表 7－14，2020 年张家口市不同用地生态功能总经济价值量表显示农田生态系统提供的生态功能价值指标可以带来总现实生态功能直接经济价值的有食物生产功能、原材料功能、土壤形成与保护功能 3 项指标。

（1）体现经济效益的直接经济价值

表 7－13 显示 2020 年张家口市农田生态系统可以实现经济效益的生态功能指标有原材料功能指标与食物生产功能指标两类指标。

表 7－13　2020 年研究区不同用地总现实生态功能直接经济价值

单位：元

	林地	草地	农田	荒漠	总计
食物生产	413 587.70	271 678.94	3 510 675.12	38 232.89	4 234 174.65
原材料	10 753 300.00	45 279.82	351 067.51	0	11 149 647.33
合计	11 166 887.70	316 958.76	3 861 742.63	38 232.89	15 383 821.98

不同农业用地的这两类指标总现实生态功能直接经济价值核算结果显示：林地的生态功能产生的总直接经济价值中，原材料功能价值为 1 075.33 万元，食物生产功能为 41.36 万元，合计为 1 116.69 万元。

农田生态系统中草地的生态功能产生的总直接经济价值中，原材料为 4.53 万元，食物生产功能为 27.17 万元，合计为 31.70 万元。

农田生态系统中农田的生态功能产生的直接经济价值中，原材料为 35.11 万元，食物生产功能为 351.07 万元，合计为 386.17 万元。

农田生态系统中荒漠的生态功能产生的直接经济价值中，原材料为 0 万元，食物生产功能为 3.82 万元，合计为 3.82 万元。

农田生态系统中林地、草地、农田和荒漠产生的直接经济价值（包括原材料功能和食物生产功能）为 1 538.38 万元。

（2）体现社会效益的直接经济价值

依据表 7－14 可知，带来社会效益的生态功能指标是土壤的形成与保护功能指标。农田生态系统中林地、草地、农田和荒漠产生生态功能价值的土壤形成与保护功能直接经济价值分别为 1 613.00 万元、176.59 万元、512.56 万元和 7.65 万元。

表 7－14　2020 年研究区不同用地总现实生态功能直接经济价值

单位：元

	林地	草地	农田	荒漠	总计
土壤形成与保护	16 129 900	1 765 913.13	5 125 585.68	76 465.79	23 097 864.6

农田生态系统中土壤形成与保护功能直接经济价值总量合计为 2 309.79 万元。

依据表 7－13 和表 7－14 可知，农田生态系统总现实生态功能价值属于直接经济价值的部分中，产生经济效益的总计为 1 538.38 万元，产生生态效益的总计为 2 309.79 万元，总计 3 848.18 万元，这部分直接经济价值通过市场交易较容易实现。

2. 农田生态系统生态产品间接经济价值

依据上述计算农田生态系统生态功能的方法计算带来间接经济价值的各类指标的生态功能价值，计算结果见表 7－15。

（1）间接经济价值的生态功能指标生态效益与社会效益分类

表7-15显示2020年农田生态系统生态功能提供的间接经济价值大部分生态功能指标都带来的是生态效益，其中气候调节功能指标、气体调节功能指标、水源涵养功能指标、废物处理功能指标带来生态效益，而生物多样性保护功能指标与娱乐文化功能指标带来的社会效益更多一些。这些指标产生的都是间接经济价值，分为农田生态系统中林地、草地、农田和荒漠不同农用地产生的生态功能的间接经济价值。

表7-15 2020年研究区不同用地总现实生态功能间接经济价值

单位：元

	林地	草地	农田	荒漠	总计
气体调节	14 475 600	724 477.18	1 755 337.56	0	16 955 414.74
气候调节	11 166 900	815 036.83	3 124 500.86	0	15 106 437.69
水源涵养	13 234 800	724 477.18	2 106 405.07	114 698.68	16 180 380.93
废物处理	5 417 998.85	1 186 331.39	5 757 507.20	38 232.89	12 400 070.33
生物多样性保护	1 348 300	987 100.16	2 492 579.34	1 299 918.34	6 127 897.84
娱乐文化	413 587.70	271 678.94	3 510 675.12	38 232.89	4 234 174.65
合计	46 057 186.55	4 709 101.68	18 747 005.15	1 491 082.8	71 004 376.18

（2）带来生态效益的生态功能指标的间接经济价值

农田生态系统生态功能气体调节功能总现实生态价值为1 695.54万元，其中林地提供的气体调节功能总现实生态价值为1 447.56万元，草地提供的气体调节功能总现实生态价值为72.45万元，农田提供的气体调节功能总现实生态价值为175.53万元，荒漠提供的气体调节功能总现实生态价值为0万元。

农田生态系统生态功能气候调节功能总现实生态价值总量为1 510.64万元，其中林地提供的气候调节功能总现实生态价值为1 116.69万元，草地提供的气候调节功能总现实生态价值为81.50万元，农田提供的气候调节功能总现实生态价值为312.45万元，荒漠提供的气候调节功能总现实生态价值为0万元。

农田生态系统生态功能水源涵养功能的总现实生态价值总量为1 618.04万元，其中林地提供的水源涵养功能的总现实生态价值为1 323.48万元，草地提供的水源涵养功能的总现实生态价值为72.45万元，农田提供的水源涵养功能的总现实生态价值为210.64万元，荒漠提供的水源涵养功能的总现实生态价值为 11.47 万元。

农田生态系统生态功能废物处理功能的总现实生态价值总量为 1 240.01 万元，其中林地提供的废物处理功能的总现实生态价值为 541.80 万元，草地提供的废物处理功能的总现实生态价值为 118.63 万元，农田提供的废物处理功能的总现实生态价值为 575.75 万元，荒漠提供的废物处理功能的总现实生态价值为 3.82 万元。

（3）带来社会效益的生态功能指标的间接经济价值

农田生态系统生态功能娱乐文化功能的总现实生态价值总量为 423.42 万元，其中林地提供的娱乐文化功能的总现实生态价值为 41.36 万元，草地提供的娱乐文化功能的总现实生态价值为 27.17 万元，农田提供的娱乐文化功能的总现实生态价值为 351.07 万元，荒漠提供的娱乐文化功能的总现实生态价值为 3.82 万元。

农田生态系统生态功能生物多样性保护功能的总现实生态价值总量为 612.79 万元，其中林地提供的生物多样性保护功能的总现实生态价值为 134.83 万元，草地提供的生物多样性保护功能的总现实生态价值为 98.71 万元，农田提供的生物多样性保护的总现实生态价值为 249.26 万元，荒漠提供的生物多样性保护功能的总现实生态价值为 129.99 万元。

依据表 7－15 可知，农田生态系统中林地生态产品的总现实生态价值间接经济价值总量为 4 605.72 万元，草地生态产品的总现实间接经济价值总量为 470.91 万元，农田生态产品的总现实间接经济价值总量为 1 874.70 万元，荒漠生态产品的总现实间接经济价值总量为 149.11 万元。农田生态系统不同用地生态功能价值属于间接经济价值的部分总现实价值为 7 100.44 万元，这部分间接经济价值大部分是属于生态效益与社会效益，具有正外部性，并难以实现。

三、农田生态系统生态价值与经济价值的实现途径

农田生态系统生态价值与经济价值的实现包括农田生态系统生态功能价值实现方式、经济价值实现方式与水源涵养功能价值实现方式。

（一）农田生态系统生态功能价值实现方式

依据上述农田生态系统生态功能各指标价值理论框架与农田生态系统生态功能价值核算结果，分析农田生态系统生态功能价值实现的方式。

1. 生态功能直接经济价值通过市场交易或替代成本方法实现

京津冀区域首都“两区”建设区农田生态系统生态功能的直接经济价值包含带来经济效益的指标与带来生态效益的指标的总现实生态价值。

2020 年农田生态系统生态功能产生经济效益的指标包含原材料功能与食物生产功能，表 7－16 显示，2020 年原材料的总现实生态价值为 1 114.96 万元，食物生产功能的总现实生态价值为 423.42 万元，合计为 1 538.38 万元。

表 7－16 研究区农田生态系统生态功能总现实直接经济价值

单位：万元

指标	经济效益		生态效益	总值
	原材料	食物生产	土壤形成与保护	
价值	1 114.96	423.42	2 309.79	3 848.17

2020 年农田生态系统生态功能产生生态效益的指标主要是土壤形成与保护功能指标，表 7－16 计算结果显示土壤形成与保护功能指标生态服务价值为 2 309.79 万元。

2020 年农田生态系统生态功能的总现实直接经济价值为产生经济效益与产生生态效益的指标价值之和为 3 848.17 万元。原材料功能与食物生产功能两项指标总现实价值 1 538.38 万元通过相关市场交易就可以形成并得以实现，土壤形成与保护功能指标总现实价值 2 309.79 万元通过节约保护土壤的机会成本可以实现。

2. 生态功能间接经济价值通过生态补偿等机制保障价值实现

农田生态系统生态功能间接经济价值包含产生生态效益与产生社会效益的指标的总现实生态价值。

2020 年农田生态系统生态功能产生生态效益的指标包括气体调节功能、气候调节功能、水源涵养功能、废物处理功能 4 项指标的价值。依据上述计算结果表 7－17 显示气体调节功能的总现实生态价值为 1 695.54 万元、气候调节功能的总现实生态价值为 1 510.64 万元、水源涵养功能的总现实生态价值为 1 618.04 万元、废物处理功能的总现实生态价值为 1 240.01 万元，合计产生生态效益的总现实间接经济价值为 6 064.23 万元。

表 7-17 研究区农田生态系统生态功能总现实间接经济价值

单位：万元

指标	生态效益				社会效益		总值
	气体调节	气候调节	水源涵养	废物处理	生物多样性	娱乐文化	
价值	1 695.54	1 510.64	1 618.04	1 240.01	612.79	423.42	7 100.44

2020 年农田生态系统生态功能产生社会效益的指标包括娱乐文化功能与生物多样性功能指标的价值。依据表 7-17 计算结果，娱乐文化功能指标的总现实生态价值为 423.42 万元、生物多样性功能指标的总现实生态价值为 612.79 万元，合计产生社会效益的总现实间接经济价值为 1 036.21 万元。

2020 年农田生态系统生态功能的间接经济价值为产生生态效益的指标的生态价值与产生社会效益的指标的总现实生态价值之和为 7 100.44 万元。

上述计算结果显示 2020 年农田生态系统生态功能的总现实直接经济价值与间接经济价值分别为 3 848.17 万元、7 100.44 万元，其总价值为 10 948.61 万元。从 2020 年农田生态系统生态功能总现实生态价值来看，间接经济价值约是直接经济价值的 1.85 倍。在 2020 年农田生态系统生态功能价值实现实践中，直接经济价值的实现较容易，而间接经济价值的实现较难。所以需要通过构建补偿制度体系保障 2020 年农田生态系统生态功能价值的实现。

（二）农田生态系统经济价值实现方式

1. 农田生态系统水源涵养功能价值的实现

京津冀首都“两区”建设区张家口市农田生态系统涵养水源功能价值量不仅仅体现在可以替代水利工程，而且主要功能是保护首都水源，起到水源涵养的功能，因为水源涵养功能的行为或活动也产生正外部性。

所以，张家口市农田生态系统涵养水源功能价值量的实现途径或方式应当包括两方面：一方面为替代成本实现法，即替代水利工程的造价可以节省，节省的成本即是农田生态系统水源涵养功能价值的实现；另一方面按照划算农田生态系统水源涵养功能价值给予行为者或研究区水源涵养功能活动补贴，使得水源涵养功能实现行为外部效应内部化。

2. 农田生态系统经济价值的实现

依据农业产业的经济价值所包括的生产、加工、旅游等产业经营产值来看，农林牧渔产业的经济价值实现较为容易。

在2020年张家口市农林牧渔总产值为484.93亿元，其中：农业产值259.937亿元，林业产值25.765亿元，牧业产值183.645亿元，渔业产值1.606亿元，农林牧渔服务业产值13.978亿元。这些经济价值的实现可以通过各产业生产、加工等产品出售交易实现价值，也可以通过各产业提供服务进行交易产生价值。

研究区农业产业的主要农作物包括粮食、油料、马铃薯、豆类与蔬菜等作物。粮食作物包括谷子、小麦、莜麦和玉米等，油料作物包括油菜籽、葵花籽和胡麻等，豆类作物主要是大豆等，蔬菜作物包括大白菜、圆白菜和番茄等。这些作物可以通过生产的产品在市场上进行交易实现经济价值，其加工品同样可以在市场上交易实现其价值。

（三）推进农业生态工程建设

继续实施相关生态建设工程。继续实施三北防护林、京津风沙源治理、水土流失治理、太行山绿化以及湿地保护与恢复等生态文明示范工程建设。构建环中心城区、县区和重点乡镇的生态涵养区；坝上高原农田牧场防护林网和坝下川区农田防护林网；沿冀蒙边界防风阻沙林带；森林和野生动物自然保护区、湿地保护区、森林公园和自然保护区、公益林保护区。加强生态资源保护。加强生态林、自然保护区、水源涵养区、重要地质遗迹、湿地、草地、滩涂和生物物种资源的保护。

巩固退耕还林还草成果，加强森林管护，保护天然草场植被。加大沙化和退化土地治理力度，对主要沙尘源区、沙尘暴频发区实行封禁管理。以小流域为单元，采取工程和生物等措施，加大水土流失治理力度。通过林业工程建设形成功能较为完备的生态防护体系。同时争取扩大京张合作水源涵养林建设项目的实施范围。逐步完善森林生态补偿机制，提高生态补偿标准，扩大补偿规模，为生态经济发展提供制度基础。

四、研究区现代低碳农业区域开放发展途径

首都“两区”建设区张家口市作为首都生态环境支撑区和水源涵养功能区，以及作为北京市农副产品供给基地，具有向北京市及周边地区开放发展的条件与机遇，对于满足北京市生态环境需求与居民消费需求起着不可替代的作用。

（一）研究区现代低碳农业开放发展条件与机遇

首都“两区”建设区张家口市农业产业、资源条件、生态环境优势，以及京张的合作为区域农业生态系统开放发展提供了一定的基础条件与良好的机遇。

1. 首都“两区”建设区现代低碳农业开放发展条件

（1）京张农牧业产业协同发展具有良好的基础

早在“十一五”期间，中央政府就把京津冀区域作为区域规划试点，在之后的几个发展阶段，京津冀协同发展一直很受重视。《京津冀协同发展规划纲要》强调京津冀协同发展是实现京津冀优势互补、促进环渤海经济区发展、带动北方腹地发展的需要，是一个重大国家战略。这给京津冀三地的农业协同发展提供了契机。河北省张家口市每年供应北京市场的肉、蛋、奶10万多吨，夏秋两季蔬菜在北京市场的占有率达45%以上。张家口市大力发展葡萄、蔬菜、乳业、肉类、马铃薯等农业特色产业，有建设成北京农副产品供应第一市的前景。

但长期以来由于市场体系和要素流动受到行政区划的制约，京张的优势互补作用远远没有发挥，尤其是张家口市围绕北京市的区位、丰富的资源和特色农业产业优势均未充分发挥，且北京市的广阔市场和便利交通条件优势没有充分利用。这给京张区域农业协同发展体系创新提出了新的课题。

（2）北京市具有得天独厚的经济优势

北京市为中华人民共和国首都，全国政治、文化和国际交往的中心，经济发达，集聚了大量的人才、技术、资金等现代生产要素。2022年北京市居民人均可支配收入为77 415元，居民恩格尔系数为21.6%。城镇居民人均可支配收入为84 023元，恩格尔系数为21.1%；农村居民人均可支配收入为34 754元，恩格尔系数为27.4%。2022年全年实现地区生产总值41 610.9亿元。三大产业构成为0.3∶15.9∶83.8。按常住人口计算，全市人均地区生产总值为19.0万元。这些指标都远远高于研究区各项指标数值，但是农业产业比例呈现下降的趋势。

（3）北京市主要粮食种植规模在缩小

从表7-18数据趋势来看，2010—2021年，北京市粮食及细分农产品种植面积均整体呈现波动下降趋势。北京市粮食及细分农产品种植面积从

2010 年到 2019 年逐渐缩小，2020 年与 2021 年有小幅增加。

表 7-18　北京市粮食及细分农产品种植面积变化趋势

单位：万亩

	2010 年	2011 年	2012 年	2013 年	2014 年	2015 年	2016 年	2017 年	2018 年	2019 年	2020 年	2021 年
粮食	335.2	314.1	290.8	238.4	180.3	156.7	128.3	100.3	83.5	69.8	73.4	91.4
豆类	11.12	9.4 2	8.25	7.34	7.23	6.09	3.57	4.31	3.95	2.91	2.52	2.61
玉米	224.6	210.8	198.0	171.7	132.9	114.4	96.4	74.6	60.1	50.5	53.5	64.2
小麦	92.4	87.2	78.3	54.3	35.4	31.2	23.8	16.9	14.7	12.1	12.6	19.6
稻谷	0.45	0.35	0.30	0.29	0.27	0.30	0.30	0.18	0.26	0.23	0.30	0.47
薯类	3.63	3.53	3.20	2.16	1.97	2.10	1.52	1.64	1.77	1.74	2.10	2.45

资料来源：国家统计局。

2010—2021 年，豆类种植面积稳定呈现波动下降趋势，薯类种植面积稳定在 2 万亩左右，等。这几类粮食作物 2021 年的播种面积都小于 2010 年的播种面积，而且下降的速度较快。这些粮食及细分农产品种植面积减少的大趋势表明北京市的粮食对外依赖性增强。

2. 京张农牧业产业协同发展机遇

通过分析机遇与问题，厘清京张农牧业产业经济发展的状况，便于找到发展优势与两市协同发展的影响因素。

（1）京张区域合作基础良好

国务院早在 1994 年就确定了北京与张家口之间的对口支援与合作关系，从 2000 年开始，张家口市与北京市开始了蔬菜信息工作合作，建立了京张蔬菜产销信息平台，带动了张家口市蔬菜产业数据分析、发展决策能力和水平的提高，扭转了菜农信息少、盲目生产的困境，形成了依据监测数据分析、通过信息进行引导的现代化管理服务方式。在 2003 年京张首次提出“建立战略合作伙伴关系”，两地农业和生态协作关系突出，北京农林院校与张家口市相关企业和部门开展了长期技术合作，携手实施了“稻改旱”工程、节水灌溉、湿地保护、生态涵养林建设等工程。2014 年京津冀协同发展战略实施后，京张蔬菜产销信息平台建设又被列入河北省科技支撑计划项目，将对农业区域合作发挥积极作用。

（2）首都经济圈农畜产品需求呈现刚性

北京市面临着农畜产品生产能力逐渐下降，人口不断增加的发展趋势，因而农畜产品消费需求呈现出刚性。同时，随着人们生活水平的提高，对无污染、高品质的农产品需求将迅速增加，这为张家口市农畜产品提供了广阔的市场，张家口市优质农畜产品短途运输优势可以进一步保证农畜产品的新鲜品质。而且北京市与河北省的合作框架协议支持北京市农业生产流通企业在河北省建设蔬菜、畜禽等保障首都市场供应的农副产品生产和加工基地，搭建京冀合作农副产品产销信息服务平台，这为张家口市的农畜产品进入北京市场提供了制度依据。同时，京张两市联合举办 2022 年冬奥会，有利于张家口市打造更多中国知名农畜产品品牌，扩大优质农畜产品的知名度、提高消费量。

京张现代农业协同发展需要在农牧业产业及相关产业等诸多方面采取协同发展的理念，构建区域联合规划、产业融合经营、社会化服务协同发展的体系。

（二）低碳农业区域开放发展途径

基于上述研究结论，在京津冀区域实施各方面协同化是农业生态系统生态功能发挥作用的区域开放发展有效途径。

1. 区域农牧业发展规划制定与实施协同化

借助京津冀协同发展的历史机遇，立足区位优势与产业优势，通过各级政府、相关机构与部门、科研院所专家的充分论证，在区域、产业、产品、特色、品牌布局等方面制定京张农牧业协同发展规划，使京张两地以及所辖各县区发挥各自的特色与优势，形成现代绿色低碳农业发展开放系统，并在京津冀区域实施绿色低碳农牧业协调发展规划，促使京津冀区域绿色低碳农牧业发展协同化。

2. 构建区域协同化社会服务体系

充分利用北京市的高科技、信息化对农业产业的支撑作用，提高张家口市的农业产业与农畜产品的竞争力。京张两市在农畜产品生产、加工等产业链上可以通过互相引进资金、人才和科技，尽快建立京张协同化农牧业专业化服务体系、技术服务体系、金融服务体系、产品和要素自由流动市场服务体系、交通运输一体化服务体系、信息系统服务一体化体系等现代绿色低碳农牧业区域开放协同创新体系，促使京津冀区域农牧业社会服务体系协同化。

3. 区域农牧业产业综合经营体系协同化

实施农牧业产业的横向联合与一二三产业的纵向融合经营模式。农牧业横向联合包括种养业的横向结合、农户之间或家庭农场之间的横向联合、京张两市的农牧业产业横向联合；一二三产业的纵向一体化融合包括生产、加工、运输、销售，以及各环节信息传播的纵向连接的协同发展体系。加强对京张的农牧业产业品种需求、种子供给、价格波动、新技术应用、农畜产品变动等信息的传播与搜集，提高农牧业产业各环节的效率，构建京津冀区域农牧业产业综合经营体系协同化的开放发展系统。

4. 农牧业产业制度保障的协同化

为了实现京张农牧业产业协调发展，需要协同制订相关产业方面的制度，加强京津冀区域农牧业产业制度保障的协同化，如：土地经营权股改革制度的建立与完善；农畜产品加工制造业、农业环保产业、农业信息产业、农业旅游业、农产品检测与贸易、农业保险业联合发展制度的构建；京张农业风险基金制度、农产品责任制度、农业金融服务制度区域开放体系的建立与实行；等等。

5. 集约节约利用资源区域协同化

积极探索资源集约节约和持续利用的有效途径，建立完善资源开发保护长效机制，推进土地、水资源高效利用。按照功能分区，统筹土地资源的开发利用和保护，推动土地集约化利用、规模化经营。有序推进盐碱荒滩地等未利用地集中成片开发，防止乱占滥用。开展基本农田整理、中低产田改造、撂荒地复垦、盐碱涝洼地综合治理，加快高标准农田建设，提高农业用地综合效益。大力推进节水型社会建设，提高水资源集约利用水平。加大城市节水力度，强制推行节水设备和器具，鼓励再生水、中水回用，限制发展高耗水产业，支持企业实施节水技术改造。积极推广农业旱作技术，大力发展节水灌溉农业，提高地面蓄水能力。加快更新改造供水配水管网，提高工业用水重复利用率和再生水回用率。加强水土流失预防监督工作，控制人为水土流失，增强集约节约利用资源的区域协同化。

6. 构建区域低碳、生态、绿色农业协同发展体系

通过改革农业传统的灌溉方式，大力发展节水型农业，推广滴灌、渗灌等先进技术，提高作物水分效率和水资源利用率。建设“名特优新”产品基地，发展有机、绿色和无公害农业。完善有机、绿色和无公害食品认证制度。合理布局农业产业，优化农业产业结构和产品结构。加强农林牧业经营规模向集中和区域化发展。运用生物技术，提高畜禽粪便资源化利用率。研究和推广秸秆还田技术，提高土壤有机质含量。减少农药、化肥和其他资源的消耗。构建生态农业循环体系。加快发展畜牧业、林特业和农产品加工业，多方面拓宽农业功能，发展以旅游、休闲为主的观光农业。形成农业生态系统内部和外部的各种联合发展，实现种植、养殖、加工相互促进，延长农业生产的产业链，促进低碳、生态、绿色农业体系在京津冀区域协同化。

本章小结：本章以“开放”发展为主题，首先研究了京津冀区域首都“两区”建设区发展农业产业存在多重功能的特征，以及农业产生的生态效益具有正外部性特征，结论显示：京津冀区域作为开放的系统可以享受到首都“两区”建设区张家口市的农业产业带来的经济效益、生态效益和社会效益等综合效益，但是不用承担任何成本，研究区的农业生态产品价值产生正外部效应。其次研究了京津冀区域农业专业化程度，研究结论显示：首都北京市的农业对外依赖性较强，因此，首都“两区”建设区还成为北京市主要的农畜产品供给基地。

同时，在首都“两区”建设区张家口市，将农田生态系统草地、林地、农田与荒漠提供的生态功能价值分为气体调节功能、气候调节功能、水源涵养功能、生物多样性保护功能、文化娱乐功能、废物处理功能、土壤形成与保护功能、提供原材料功能和食物生产功能等 9 个功能指标，再将 9 个产生生态功能价值的指标按照可以带来经济效益、生态效益与社会效益的不同效益分为产生直接经济价值和间接经济价值的功能指标，即将农田生态系统提供的原材料功能、食物生产功能与土壤形成与保护功能归属于产生直接经济价值的功能指标中，将农田生态系统提供的气体调节功能、气候调节功能、水源涵养功能、生物多样性保护功能、废物处理功能和文化娱乐功能归属于产生间接经济价值的功能指标中。研究与核算结果显示产生直接经济价值的生态功能指标的价值实现较容易，而产生间接价值的生态功能指标的价值实现较难，因此，针对这些问题提出了产生直接经济价值的生态功能价值通过市场交易或替代成本方法实现、产生间接经济价值的生态功能通过生态补偿等机制保障价值实现等农田生态系统生态产品生态价值实现方式。

基于研究结论提出：首都“两区”建设区应当通过合适的开放发展途径解决低碳农业、生态农业、绿色农业发展外部效应内部化问题，并提出区域农牧业发展规划协同化，社会服务体系协同化，农牧业产业综合经营体系协同化，农牧业产业制度保障的协同化，集约节约利用资源区域协同化，构建区域低碳、生态、绿色农业协同发展体系等实现区域低碳农业开放发展的途径，为区域生态建设与低碳农业协调发展机制构建提供依据。

参考文献：

[1] 谢高地，鲁春霞，冷允法，等．青藏高原生态资源的价值评估［J］．自然资源学报，2003，18（2）：189－196．

[2] 孙能利，巩前文，张俊飚．山西省农业生态系统价值测算及其贡献［J］．中国人口·资源与环境，2011，21（7）：128－132．

[3] 李晶，张微微．关中-天水经济区农田生态系统涵养水源价值量时空变化［J］．华南农业大学学报，2014，35（3）：52－57．

[4] 聂亿黄，龚斌，衣学文．青藏高原水源涵养能力评估［J］．水土保持研究，2009，16（5）：210－213．

[5] 吕一河，胡健，孙飞翔，等．水源涵养与水文调节：和而不同的陆地生态系统水文服务［J］．生态学报，2015，35（15）：5191－5196．

[6] 部金凤．中外生态价值发展阶段系数的理论探讨及比较研究［D］．北京：北京工商大学，2006．

[7] 孙芳，丁玎，孟凡艳，等．“两区”建设视阈下冀西北生态农业生态功能价值测算与产业体系构建［J］．河北北方学院学报（社会科学版），2022，38（4）：46－52．

第八章
生态建设与低碳农业协调发展区域共享机制

本章以“共享”发展为主题，在前文关于“创新”理论、“协调”关系、“绿色”模式、“开放”途径研究的基础上，通过研究区生态建设与低碳农业协调发展区域共享机制的构建，为实现京津冀区域生态建设与低碳农业协调发展提供制度保障。本章主要包括国外生态建设与低碳农业协调发展策略借鉴、研究区生态建设与低碳农业产业的重点发展方向，以及生态建设与低碳农业协调发展区域共享机制构建等内容。

第一节　国外生态建设与低碳农业协调发展策略借鉴

生态建设与低碳农业协调发展是指在发展农业产业时能够节约资源与能源，挖掘生产潜力，提高综合生产能力，应当选择达到提高经济、生态、社会综合效益的目标的低碳型循环经济发展模式，国外相关发展经验值得借鉴。

一、建立完善的生态农业与循环农业政策与制度体系

国外农业较发达的国家一般都本着可持续发展理念，遵循保护生态环境、节约利用资源、减少碳排放、发展生态农业与可持续农业的原则，推行与实施生态农业与循环农业经营体系。

（一）实施农业可持续发展的环境政策

农业较发达的国家都很重视以可持续发展理念为农业发展的指导原则，如欧洲国家都很重视农业的可持续发展。以荷兰为例，荷兰现代农业的发展

非常重视可持续发展，在1989年，荷兰由4个部联合制定了“国家环境政策计划”，要求从结构调整、总量控制、畜粪排放处理方面控制对环境的污染。荷兰政府制订的农业政策重点还包括通过控制化肥和农药的使用，防止土壤污染；通过不适宜农作物生产的土地退耕进行自然保护或作为户外娱乐活动场所等。

又如中东地区的以色列，水土资源配比较为特殊，是极度缺水的国家，但是以色列较重视农业发展的资源利用与环境保护、资源配置统筹协调，因此以色列现代农业发展较为成功。其重要举措是发展农业，非常重视维护生态平衡，通过有计划地开发荒地、坡地和沼泽、滩涂，以改善生态环境，通过增加植被，绿化沙漠，科学使用农药、化肥等改善土质土层结构，以色列基本形成了粮食和经济作物、林业、畜牧业和渔业协调发展的现代农业产业结构。

（二）立足生态农业出台相关技术政策

一些发达国家积极运用现代环境保护科学技术发展现代生态农业，促进持续发展。如巴西政府重视农业技术的研究和应用，其农业部下属的农牧业研究公司是发展中国家最大的农业科研机构之一，它与巴西农牧技术推广公司具体负责农业科研和技术推广工作，该研究公司向社会推出的农业科研成果很多。巴西政府还制订科技行动计划，目标是在不扩大种植面积的情况下，增强粮食的生产能力，以此来提升农业发展水平。目前巴西农业生物技术、生物工程技术、转基因技术、有机农业技术已经比较成熟并广泛应用。

美国也是一个农业科技较发达的国家，美国政府非常重视发展现代农业，以现代科学技术为基础，依靠现代工业、商业和新技术，建立高科技含量、高产出和高商品率的农业体系，农业发展实现高度集约化、社会化和国际化，形成涉及生物学、遗传学、气象学、生态学、经济学、社会学等诸多自然科学和社会科学，并兼顾农业产前、产中和产后的各个部门和多个行业的系统化现代产业综合体。美国的机械化、信息化最发达，通过应用高新技术成为第一大农产品出口国。

（三）出台与实施循环农业发展制度

所谓循环农业，就是采用循环生产的方式，其基本特征是以资源高效利用和循环利用为核心，以“3R”（即减量化、再利用、再循环）为原则，达到低消耗、低排放、高效率。运用可持续发展思想和循环经济理论与生态工程学方法，结合生态学、生态经济学、生态技术学原理及其基本规律，在保护农业生态环境和充分利用高新技术的基础上，调整和优化农业生态系统内部结构及产业结构，提高农业生态系统物质和能量的多级循环利用，严格控制外部有害物质的投入和农业废弃物的产生，能最大限度地减轻环境污染。

虽然国外生态循环农业发展各国的举措有所差异，但是大多数国家都出台了有利于可持续农业发展的法律法规、政策，制定了可持续农业发展的规划和计划。如美国 1988 年出台了“低投入可持续农业计划”，1990 年又出台了“高效持续农业计划”，都是围绕农业可持续发展的具体措施。日本在 1992 年主张发展“环境保全型农业”，1999 年出台了《可持续农业法》，2006 年又出台了《有机农业促进法》。韩国在 1997 年出台了“亲环境农业育成法”，在 2001 年出台了《环境亲和型农业育成法》，以法律规范农业生态环保经营行为。欧盟也在 1991 年出台了《欧洲有机法案》，1997 年又提出发展“多功能农业”的倡导。

（四）选择先进的生态循环农业发展模式

生态循环农业是相对于传统农业发展提出的一种新的发展模式，具体表现为：改善农业生产环境、保护农田生物多样性、适度使用对环境友好的“绿色”农用化学品，实现环境污染最小化、利用最新技术优化循环经济，实现资源利用最优化、通过要素耦合方式与相关产业形成较长的产业链。具体模式包括：

1. 水土资源循环节约高效利用模式

水土资源循环节约高效利用模式发展最为成功的典型案例是以色列。以色列属于半干旱气候特征的国家，60%的土地是沙漠，受资源环境的限制，因此，以色列比任何国家都注意土地和淡水的高效利用。以色列长期坚持发展生态循环农业，最大限度循环节约高效利用水、土等稀缺资源。以色列针对干旱地区，实施精准灌溉，节约资源，因地制宜地选择合适的生态农业类型，积极发展花卉、水果、蔬菜等区域优势生态型农产品，充分利用各种废弃物补充农业生产所需物质，资源得到循环利用。

采用资源节约利用与循环利用的技术与措施主要有：一是水循环净化技术。以色列针对所有城市污水及其他污水都进行处理，处理后用于农业灌溉。同时，以色列在全国建设污水净化利用系统，补充农业水资源不足，每年约有 4 亿立方米处理后的污水用于农业灌溉。二是农田节水灌溉技术。针对影响当地农业生产的土地退化、病虫草害等因素，采取各种技术措施进行合理调控，改善农业生态环境和生产条件，增强农林抗御自然灾害的能力。因此，以色列水土资源循环节约高效利用模式的成效显著，不仅改变了粮食、蔬菜、水果长期依靠进口的状况，而且还能大量出口。

2. 农业产业集约化精简经营模式

农业产业集约化精简经营模式以荷兰最为典型。荷兰位于欧洲西北部，国土面积较小，属于人多地少，耕地资源短缺的国家，但是其降水丰富且均匀，土壤多为沙壤性淤积土，土壤和气候条件十分适宜蔬菜、花卉及牧草的生产。农业以畜牧业与园艺业为主。

荷兰采用集约化精简经营模式，其在无土栽培、精准施肥、雨水收集、水资源和营养液的循环利用等方面进行了大量的技术创新，并推进种植和养殖业向清洁生产方向发展，坚持“以地定畜、种养结合”的防治理念，不断创新循环农业发展模式。2016 年荷兰提出了“循环经济 2050”计划，将发展循环农业视为解决气候变化和资源紧缺的重要途径；2018 年发布了“循环农业发展行动规划”，构建种植、园艺、畜牧和渔业产业间大循环体系，减少对环境的影响，显著提升废弃物利用率。荷兰积极探索低污染农业，特别是畜禽粪便得到了有效资源化利用，化肥农药使用量明显下降，高效低残留农药和生物农药得到广泛利用。病虫害防治以生物防治为主，物理防治、化学防治为辅，农业环境污染得到有效控制。

具体做法与措施包括：一是采用集约化设施农业经营方式。荷兰将信息化、工业化技术与生产技术相结合，利用 7%的耕地建立了面积近 17 万亩的由电脑自动控制的约占全世界温室总面积 1/4 的现代化温室，实现了全部自动化控制，温室包括光照系统、加温系统、液体肥料灌溉施肥系统、二氧化碳补充装置以及机械化采摘、监测系统等，保证生产出的农作物高效优质。该温室主要用于花卉（60%）和果蔬（40%）栽培，蔬菜、花卉的出口量占世界第一。二是畜牧粪污处理再利用措施。荷兰注重合理利用粪污资源。开发新技术降低饲料中磷酸盐浓度；生产性价比更高的饲料；有机肥替换化肥使用；对粪污加工升级，制造与化肥相当的粪肥产品，使用可再生资源，减少碳排放。

3. 环保型可持续发展模式

环保型可持续发展模式以日本为例。日本是典型的人多地少国家，自然资源比较匮乏，土壤贫瘠，耕地面积不断减少。20世纪90年代，日本正式提出“环境保全型农业”概念，充分发挥农业的资源循环功能，通过土壤复壮、减少化肥农药的使用等手段，减轻对环境的负荷，保证农业发展的持续性。

主要做法与经验包括：

一是农业废弃物再利用措施。农业废弃物再加工利用，使其变成有用的农业生产资料，改善土地的有机质含量，同时减轻环境负荷。运用工厂化快速堆肥发酵技术，把猪、牛、鸡的粪便与稻壳混合后，制成高效有机肥；农作物秸秆与酒糟混合养牛；牲畜粪液无害化处理、污水处理、作为再生水进行农业灌溉。

二是发展复合型生态农业经验。将处于不同生态位且具有不同特点的各生物类群复合在一个系统中，建立起一个空间上多层次、时间上多序列的产业结构。发展多样的水稻种植模式，稻作-畜产-水产三位一体，即在水田种植稻米、养鸭、养鱼和繁殖固氮蓝藻的同时，形成稻作、畜产和水产的水田生态循环可持续发展模式。农场结合生产打造农业景观，创造诗情画意的田园风光，独具特色的服务设施，一二三产业融合快速发展。

三是发展高技术的有机农业。在农业生产中最大限度地降低农业生产环境的不良影响，遵循自然规律和生态学原理，不使用人工合成的化学肥料、农药、生长调节剂和畜禽饲料添加剂等物质，而采用有机肥、有机饲料满足作物与畜禽的营养需求。种植抗性品种，采取物理、生物措施防止病虫草害，秸秆还田、施用绿肥和厩肥保持养分循环，合理耕种防止水土流失，保护生物多样性。

上述具体措施的实施具有健全的制度加以保障。一是增加农业补贴，日本政府每年对农业补贴金额高达4万亿日元以上。二是出台相关法律制度规范环保行为，1999年日本颁布了《食物、农业、农村基本法》，同年制定《可持续农业法》《家畜排泄法》《肥料管理法》防治农业导致的环境污染，增进农业的自然循环机能。此后又陆续颁布了诸多与循环农业相关的法律。

二、建立完善的生态建设与现代农业市场体系

一些发达国家通过应用政策引导经营主体在兼顾生态环境的前提下，建立完善的生态建设与现代农业市场体系。

（一）兼顾生态建设的现代农业产业体系构建

农业较发达国家除了重视农业可持续发展、采用高新技术发展农业外，大多数国家都在兼顾生态环保的原则下构建现代农业产业体系。

1. 兼顾生态建设的现代农业产业体系是多部门的复合体

兼顾生态建设的现代农业产业体系是在农产品生产、加工、销售过程中由关联效应较强的各种涉农主体，包括生产、经营、市场、科技教育、政策、服务等方面通过必要的利益联结机制，通过相互作用、相互衔接、相互支撑，实现农业产前、产中和产后协调发展的有机整体的目的。兼顾生态建设的现代农业产业体系是以一定的农产品为基础，为满足特定市场需求，由市场化农业与其相关产业构成的一种新型的农业组织形式和经营机制，该体系是一个涵盖农产品价值形成和分配的多部门复合体。

2. 构建完善的现代农业产业体系经验

注重生态优先发展的现代农业较发达的国家一般均建有完善的市场体系，而且政府一般实施兼顾生态环境的现代农业政策指导。如荷兰、美国等国家非常重视完善市场体系。荷兰政府制定了严格的市场准入和公平交易制度，为现代农业发展提供了良好的市场环境。该国的农产品从生产者到消费者形成了“生产者＋拍卖场＋批发商＋零售＋消费者”的统一体。该产销结合方式有效地降低了销售成本与交易费用。其中，拍卖场具有合作社性质，是生产者与市场联结的纽带，其成员为生产者，成员的所有农产品将通过拍卖场销售，市场总供给和总需求直接挂钩。拍卖场还提供储存、冷藏、标准化包装及运输等服务，按标准核定产品类型、质量等级、竞拍价格，为买卖双方提供市场信息服务等。

美国在农业市场体系建设方面也较成功，美国在充分发挥其现代农业商品化程度较高的优势条件下，建立完善的产业与要素市场体系，其具体做法是：各种中间产品、劳务和消费品，以及各种农业机械、农用化学品、良种和兽医服务等，形成了完善的农产品要素市场。同时，现代农业中各环节由原来的农场完成的耕地、播种、收获、灌溉、运输、仓储、农产品初加工和农场建筑等等，全部由各环节的专业公司来完成。

（二）促进合作社和中介组织参与的产业化经营政策

1. 农业中介组织合作社服务齐全

现代农业发展较快的国家均重视农业中介组织的作用，并出台相关的政策加以推动和规范。如巴西在1969年就成立了全国农业合作总社。1988年巴西通过宪法明确了合作社的法律地位，并给予资金支持，培育中介组织，各州设有农业生产者协会，隶属巴西“全国农业联合会”，其主要职能是收集农业生产者对农产品贸易的意见，供政府有关部门参考。20世纪90年代初，巴西已发展4 000多个合作社，分别为供销合作社、渔业合作社和农村电气化合作社。供销合作社为农民供应生产资料，提供农产品的分级分等、包装、仓储、运输、销售和出口等服务，同时提供市场信息、经营管理咨询、技术培训等服务。

欧洲一些国家的农业中介组织的作用与功能也非常强大，如荷兰农业合作社在服务现代农业发展方面也有较大的作用，其中介组织的主要形式有采购合作社、信用合作社、销售合作社、服务合作社。农民通过这些组织合作社订购种子、肥料、饲料、贷款、拍卖农产品，以及享受其他服务。荷兰农业中介组织成功的做法是：首先，在立法方面较完善，其次，形成较完备的农业社会化服务体系。同时，法国在19世纪中叶就开始重视发展农业合作社，法国政府出台了发展合作社的优惠政策，如成立合作社为农民提供中介服务可免交33.3%公司税等政策。由于合作社提供产前、产中、产后各环节的服务，以及在资金、技术等方面的条件，法国大部分农户加入合作社，现代农业发展效果较好。

2. 农协在农业产业体系中发挥全能作用

美国也非常重视中介组织的服务功能，农场主可以加入与参与的组织有合作社与农协。农场主通过加入合作社与农协组织，使农副产品的批量、质量以及规格在激烈的市场竞争中具有较强的竞争力。美国农业合作社主要在流通及农产品初加工、储运和销售环节提供服务，分散的农户通过组织与大市场对接，增强了农业抵御各种风险的能力。

日本政府推动分散、脆弱的农户发展为法制化的农民合作组织——农协。农协通过为农民提供各种资金和信用服务，提供保险服务，帮助农民销售农产品、购买生产资料和部分生活用品等，成为日本社会化服务体系的主体[1]。农协在日本政府财力物力支持下，起到在产前、产中、产后诸环节上使小农户同大市场对接的作用，除了完成经济职能外，还兼有帮助政府贯彻农业政策、代表农民向政府施加压力的双重职责，在日本农业现代化过程中发挥了重要作用。

韩国的农协发展也较有成效。韩国在1961年成立综合农协，后来农协逐渐发展成为农业社会化服务体系的载体。韩国政府采用法律保障和政府扶持的方法保证农协在现代农业建设中发挥作用。农协的职能包括指导和参与农业流通业、物资供应、加工、销售、金融、保险、福利等。日本、韩国等地的农民合作组织，都是由政府立法推进，通过经济和社会政策，将分散的小农户融入农业现代化建设中，并发挥其主动性潜能。

（三）构建区域化、规模化、专业化的综合产业政策体系

农林牧渔业的发展离不开区域的自然条件、社会经济条件与人文环境，所以农业区域化布局是产业发展的规律，尤其是特色农业、优势农产品的合理布局，形成规模化生产、专业化经营会产生较高的经济效益、生态效益和社会效益。

许多发达国家都采用区域化、规模化、专业化综合的产业政策发展现代农业，并形成政策体系。每一个国家或地区都有自己独特的农业资源禀赋。如荷兰农业发展的一个重要原因就是按照比较优势原则进行农业资源配置和结构组合，大力发展条件较好的畜牧和园艺产业，荷兰大多数农业企业都采用规模化、专业化生产方式。奶牛和肉牛、肉猪和母猪、蛋鸡和肉鸡由不同的农场饲养；农业合作社依据服务对象和内容不同而从事单一项目生产服务，便于产品的质量改进、科研开发、深度加工和市场营销。荷兰由一个农产品进口国成为第二大农产品出口国、第一大园艺产品出口国。

美国也是一个非常重视农业区域化、规模化、专业化发展的国家，其农业产业化的一个重要特征是专业化程度高，因而形成著名的玉米带、小麦带、棉花带等生产带，且成为第一大农产品出口国。

第二节　生态建设与低碳农业产业重点发展方向

为实现京津冀区域首都“两区”建设区要使生态建设与绿色低碳农业产业耦合协调发展，区域生态建设与农业产业发展的合理布局是关键。

一、首都“两区”建设区生态建设重点发展方向

（一）农用地生态林功能区建设重点

研究区的农用地在生态林建设方面重点布局有坝上及沿坝地区防风阻沙

林区、坝下浅山丘陵区水保经济林区和深山区水源涵养林区三大生态林功能区。

1. 农用地防风阻沙生态林功能区建设

在研究区坝上及沿坝地区，重点建设与巩固防风阻沙生态林功能区，该功能区主要建设“两带一网”生态林功能建设区。“两带”是指基于京津风沙源治理、退耕还林等国家重大生态建设工程，在研究区坝上及沿坝地区建设北部冀蒙边界防风阻沙带和南部坝缘山地防护林带。“一网”是指在研究区坝上中部建设农田牧场防护林网，即建设坝上地区生态防护屏障，即防风阻沙带、防护林带和防护林网——“两带一网”生态林功能建设区。该生态林建设功能区通过政府、社会组织、市场主体等多元主体参与，采取造林绿化、抚育管护、改造更新等多种措施相结合，配套节水灌溉、清洁能源、现代农业、湿地保护等措施，构建生态布局合理、生态功能完善、综合效益显著的生态防护林体系，最终达到生态效益、经济效益、社会效益兼顾的目的。

此外，在坝上及沿坝地区建设防风阻沙林还需要大力实施荒山荒地造林、退耕还林、通道绿化、织网补带、补植补造、坝上退化林场改造等，推广灌木和针叶树为主的节水树种，扩大林地覆盖范围，提高水土涵养能力。

2. 农用地水保经济林功能区建设

在研究区坝下浅山丘陵区，应重点建设水保经济林功能区。依托京津风沙源治理、退耕还林等国家重点生态工程，该功能区经济林建设应该通过新建经济林、调整林种树种结构（建设特色林果基地等），扩大原有经济林的规模，发展特色农林产业，保护水源，进行生态修复，提高经济效益和生态效益。

此外，应当在桑洋河谷地区重点建设葡萄基地，在浅山丘陵区重点建设杏扁经济林、优质杂果经济林和生物质能源经济林。“桑洋河谷”一带重点发展葡萄产业，浅山丘陵区重点发展仁用杏（杏扁）、林下经济和生物质能源产业。

3. 农用地水源涵养林功能区建设

在研究区的深山区应重点建设水源涵养林功能区。该功能区是基于京津风沙源治理、退耕还林等国家重点生态工程，以及京冀生态水源保护林建设工程，采取人工造林、封山禁牧、森林抚育、有害生物防治、森林防火和生物多样性保护等措施建设的。

该功能区还应当以强化管护、巩固成果为重点，通过封山禁牧、森林抚育、有害生物防治、森林防火和荒山造林等措施，加强资源管护，提高森林质量，实现资源增长。

同时，应通过整合现有空心村、自然村，形成集中连片生态涵养区，增强自然修复能力，并通过在水源涵养林功能区增加森林面积，提高森林质量，提升生态功能，达到构建首都北部功能强大的水源涵养林区的目的。

（二）首都“两区”建设区田园生态旅游功能区

依托研究区坝上草原、崇礼滑雪、桑洋河谷等生态建设与旅游产业，在研究区建设葡萄产业产游结合生态旅游区、滑雪温泉生态旅游区、草原风情生态旅游区、民俗精品生态旅游区、历史文化生态旅游区等 5 个生态旅游大区。

1. 葡萄产业产游结合生态旅游区建设

葡萄产业产游结合生态旅游建设区主要由一基地技术能手和多功能发展的旅游胜地与旅游资源组成。

葡萄产业生态旅游一基地建设区是以下花园区、怀来县、涿鹿县为主的建设区。基于怀来百里酒庄，葡萄醉乡的美称，依托容辰、盛唐、紫晶葡萄酒庄园，建设以特色化、规模化、市场化为导向的葡萄种植基地、葡萄酒加工基地和葡萄酒庄园、葡萄酒文化体验等生态旅游区，构建一二三产业融合的综合性葡萄采摘、葡萄酒文化生态旅游基地。

葡萄产业产游结合生态旅游的多功能发展是依托官厅水库湖泊资源优势以及帝曼、大唐等以温泉疗养为主的度假村、卧牛山、永定河峡谷漂流、鸡鸣驿城、烈士纪念馆、天漠等旅游资源，在该片区建设以葡萄酒文化、葡萄采摘、农业休闲和滨水休闲度假为主要特色，兼具生态观光、温泉疗养、运动、文化体验、农业采摘等多功能的葡萄产业生态旅游大区。

2. 坝上高原草原风情生态旅游区建设

研究区坝上地区是内蒙古高原草原向南延伸的地带，是内蒙古草原风情的传承带。坝上的张北县有音乐草原、度假天堂的美誉，一年一度的“草原音乐节”久负盛名；沽源县有湿地草原、神韵沽源的美誉，五花草甸描绘了草原彩色梦境；康保县有史诗康保、草原传奇的美誉，蓝天白云下翩翩起舞的风筝为草原“风筝节”增添无尽的遐想，可以陶冶草原浪漫情怀；尚义县处于避暑胜地，盛大的草原“赛羊节”可以寄托拼搏奋发的草原梦想。

该区建设重点应当以张家口市坝上地区张北县、尚义县、沽源县、康保县、察北管理区、塞北管理区为主，依托已有的气候、草场及塞外风情等特色资源与生态旅游基地，以“草原文化”为题，在保留继承原有的原生态草原观光基础上，结合市场需求，引入时尚休闲度假理念，建设以草原为主要特色，集消夏避暑、休闲观光、草原度假、会议会展、户外拓展等功能于一体的坝上高原草原风情生态旅游区，塑造音乐草原、风筝草原、赛羊草原、五彩草原等旅游品牌。

二、绿色低碳农业产业区域重点建设方向

低碳绿色农业产业重点区域布局涉及现代农业种植业重点发展区域建设、特色生态畜牧业重点区域建设和生态林业重点区域建设。

（一）现代农业产业重点区域建设

现代农业产业重点区域建设主要包括特色区域的蔬菜产业、马铃薯产业、特色小杂粮产业和食用菌产业等重点产业区域建设。

1. 蔬菜产业“两片区六基地”重点建设区

首都“两区”建设区张家口市建设坝上绿色有机蔬菜、坝下特色精细蔬菜种植两片区和标准化蔬菜生产六基地。

“两片区”是指坝上绿色有机蔬菜片区和坝下特色精细蔬菜片区。应当在研究区坝上沽源县、康保县、尚义县和张北县重点建设绿色有机蔬菜生产及加工基地，提高绿色有机认证率，实现高质量标准化，打造“坝上蔬菜”品牌，形成首都经济圈绿色有机蔬菜生产供给加工优势产区。在研究区坝下赤城县、崇礼区、怀安县、蔚县、宣化区、怀来县等地重点推动大路蔬菜种植基地的设施化、集约化、规模化和标准化经营，建立蔬菜栽培配套的生产栽培技术模式和操作规程，全面推行蔬菜种植的无公害产品认证，同时，建设坝下特色精细蔬菜片区，提高蔬菜产区总量水平，增强蔬菜保障供应能力。

“六基地”是指在万全区、涿鹿县、阳原县、高新区、察北管理区、塞北管理区等区县重点建设高效节水、高附加值精细品种、无公害产品认证的规模化、标准化蔬菜种植基地，并建设安全的绿色、有机蔬菜和错季蔬菜的加工储藏基地。

2. 马铃薯优势生产与加工集聚区重点建设区

在研究区建立种薯、商品薯和加工专用薯种植相对集中连片的规模化产业种植带、生产基地和优势加工区。

在塞北管理区、沽源县、康保县等县，应当以塞北管理区马铃薯综合性加工区为建设重点，以沽源和康保等县加工企业为主，建设马铃薯精深加工核心支撑区，构建集繁育、生产、加工、流通、销售为一体，种薯、鲜食、工业原料等多种用途供应的大型化、规模化、现代化的马铃薯加工产业集聚区。

在坝上沽源县、康保县、尚义县、张北县和察北管理区、塞北管理区，建设塞北管理区、沽源和康保马铃薯种薯生产供应与加工产区，构建马铃薯组培中心、温网棚、良种繁育基地和种薯仓库多位一体的现代化种薯基地，增加优质种薯供应总量，建设绿色马铃薯种薯、商品薯兼备的优势产区。

在坝下怀安县、怀来县、阳原县、赤城县、涿鹿县、宣化区丘陵地带，采用标准生产、高效节水、机械作业等现代化生产模式，建设坝下薯块形状好、干物质含量高、耐贮藏的商品薯和加工专用薯的商品薯优势产区和生产基地。建设仓储设备自动化、现代化水平高的首都北部优质马铃薯生产供应、仓储及加工区。

3. 特色杂粮“五区”产业集聚区建设

在研究区建设小杂粮生产、加工、销售一体化的“五区”产业空间格局，在“五区”中包含有四个基地和一个园区。

“五区”之一是建设精品燕麦优势发展区。充分利用坝上地区自然资源和气候条件，重点构建沽源县、康保县、尚义县、张北县和崇礼区燕麦优势产区及加工基地，培育赤城县、涿鹿县和蔚县以燕麦为主的杂粮作物生产基地，提升面向首都杂粮及其制成品市场的供应服务能力。“五区”之二是建设优质谷子重点发展区。重点建设蔚县、宣化区和赤城县为主产区的谷子生产及加工基地，提高涿鹿县、阳原县和尚义县等县谷子生产水平，稳定形成商品化谷子生产加工核心区，构建我国北方杂交谷子重点产区和我国杂交谷子优质品种、新品种研发推广和输出地。“五区”之三是建设特色杂豆集中发展区。建设崇礼区、万全区、沽源县部分地区的“崇礼蚕豆”，阳原县、蔚县、下花园区的“鹦哥绿豆”生产及加工基地，扩大沽源县、尚义县、康保县、张北县和塞北管理区、察北管理区的芸豆、豌豆规模，广泛采用先进技术，相对集中培育品质优良、高产品种。“五区”之四是建设鲜食糯玉米重点种植区。以万全禾久集团为龙头企业的鲜食糯玉米产业为依托，在万全区、宣化区、怀安县等县建设鲜食糯玉米种植与加工基地。“五区”之五是建设小杂粮初精加工园区。在沽源县、康保县、尚义县和张北县等燕麦主产区，蔚县、宣化区等优质谷子主产区，崇礼区、万全区、沽源县部分地区蚕豆主产区，以及阳原县、蔚县、下花园区的“鹦哥绿豆”主产区，建设辐射半径大、带动能力强、加工精度高、产品质量好的核心型加工园区。

4. 食用菌“两带三区三基地”产业区域建设

在研究区坝上建设特色突出、高端精细的坝上口蘑“两生产带三加工区三野生基地”现代食用菌产业园区，扩大食用菌栽培新区。

“两带”之一是在尚义县、张北县、沽源县、崇礼区、赤城县坝上区域及边缘建设白灵菇等高档品种错季生产带，形成具有较高生产加工能力的高档食用菌生产产区；“两带”之二是在怀安县、万全区、宣化区、涿鹿县、怀来县等沿洋河流域建设错季双孢菇、口蘑生产带。

“三区”之一是以尚义县、康保县、沽源县、张北县、察北管理区等县区为主建设口蘑生产区与食用菌加工厂；“三区”之二是在赤城县、崇礼区、宣化区等县区建设错季香菇、平菇生产区与食用菌加工厂；“三区”之三是在怀来县、涿鹿县、蔚县、阳原县等县建设杏鲍菇、白灵菇、平菇等食用菌生产区与食用菌加工厂。

“三基地”之一是在尚义县、张北县、崇礼区、沽源县等县建设野生口蘑生产基地；“三基地”之二是在涿鹿县、蔚县等山区建设野生台蘑生产基地；“三基地”之三是在赤城县建设野生牛肝菌生产基地。基地建设要求标准化和规范化，达到品种突出、质量上乘、相对集中、效益较好的目标，建设成为服务首都菌类市场特色品种的直供基地。

（二）特色畜牧业重点区域建设

特色畜牧业重点区域建设主要包括奶牛养殖与乳制品加工基地建设、肉牛和肉羊养殖与加工基地建设、生猪养殖与屠宰加工基地建设、肉鸡与蛋鸡养殖基地建设等。

1. 奶业生产及乳制品加工“一核二片”基地建设

综合考虑首都“两区”建设区张家口市的生态条件、资源保障、产业基础等因素，按照奶源生产和乳制品加工相衔接的要求，优化奶牛养殖和奶制品加工区域布局，重点构建“一核二片”的奶产业建设区。

“一核心”基地建设是在首都“两区”建设区张家口市，以高端化、特色化为方向，采用散栏式工业化养殖，扩大高端液态奶生产和乳粉加工，同时开发干酪、奶油、干酪素等乳制品，建设察北蒙牛、塞北蒙牛、察北恒盛等一批现代牧场，将塞北管理区、察北管理区建设成为该区域奶牛养殖和乳制品加工核心基地。

“二片区”基地之一是在坝上张北县、沽源县、康保县，种植有机牧草和建设现代牧场，乳制品加工以高端液态奶、婴幼儿配方乳为主，适度发展乳清粉、乳糖等加工，建设优质奶源核心片基地。“二片区”基地之二是在坝下宣化区、涿鹿县、怀来县，建设标准化奶牛养殖场，控制发展巴氏杀菌乳、酸乳等乳品加工支撑片基地，为核心区提供优质奶源。

2. 肉牛、肉羊生产及加工“一带两基地”建设区

在研究区综合考虑各地饲草料资源禀赋、牛羊生产基础等条件，加快标准化养殖基地建设，稳步推进肉牛肉羊加工，建设“一带两基地”肉牛、肉羊生产及加工产业区。

肉牛、肉羊生产及加工“一带”是在桑干河、洋河两岸粮食主产区，加强农作物秸秆利用，以肉牛标准化规模养殖为主，发展积极以分割加工为主的牛肉加工，适度发展牛肉制品加工和副产物综合利用，建设肉牛育肥与加工产业带。

肉牛、肉羊生产及加工“两基地”之一是在张家口市西北部坝上张北县、沽源县、察北管理区、塞北管理区等地，建设肉牛繁育、肉羊育肥与加工产业基地。肉牛、肉羊生产及加工“两基地”之二是在康保县、尚义县、怀安县、阳原县等县区，积极推进规模化舍饲养殖，推广母羊高效繁殖、全混合日粮饲喂、羔羊育肥等技术，扩大优质肉羊养殖规模，建设肉羊及加工产业基地。

3. 生猪养殖及肉类加工“一带三基地”建设

在研究区按照饲料资源、养殖基础、猪肉加工等条件，严格实行禁养区、禁建区和适度养殖区的规定，构建生猪养殖及肉类加工“一带三基地”特色区域。

生猪养殖及肉类加工“一带”是在万全区、怀安县、宣化区、涿鹿县、怀来县，转变传统养殖方式，采取农牧结合方式，采用优质瘦肉型猪标准化规模养殖，扩大屠宰加工能力，增加冷鲜肉、小包装分割肉生产，谋划建设生猪加工产业园，适度发展猪肉制品加工，加强副产物综合利用，建设沿洋河生猪产业带。

生猪养殖及肉类加工“三基地”之一是在蔚县、阳原县、康保县在现有养殖规模基础上，推进生猪标准化养殖，提高生猪分割加工能力，建设西南部蔚县、阳原县生猪养殖及肉类加工示范基地。生猪养殖及肉类加工“三基地”之二是在康保县现有养殖规模基础上，建设北部康保县生猪养殖及肉类加工示范基地。生猪养殖及肉类加工“三基地”之三是在赤城县依托中法生态产业园，大力发展生猪良种繁育，推进标准化规模化生猪养殖，做大做强龙头企业，加强猪肉精深加工，将东部赤城县建成为全市生猪养殖及肉类加工产业示范基地。

4. 肉鸡蛋鸡产业及肉蛋“四加工组团”构建

依据现有养殖加工基础，按照因地制宜、集中连片、集约发展的原则，在怀涿区域（包括怀来县、涿鹿县）、万怀区域（包括万全区、怀安县）、蔚阳区域（包括蔚县、阳原县）三个盆地中心区域，沿三河（永定河、洋河、桑干河）重点粮食区，以及坝上康保县发展肉鸡和蛋鸡产业，构建肉鸡蛋鸡产业及肉蛋“四加工组团”。

“四加工组团”之一是以怀来县为中心，辐射涿鹿县、赤城县、宣化区东部地区、下花园区，建设东南部肉鸡和蛋鸡养殖加工集群——怀来组团。

“四加工组团”之二是以万全区为中心，辐射怀安县、崇礼区、尚义县坝下地区，建设西北部肉鸡养殖加工产业集群——万全组团。

“四加工组团”之三是以蔚县为中心，辐射阳原县、宣化区西部地区，建设西南部肉鸡养殖加工产业集群——蔚县组团。

“四加工组团”之四是在坝上地区，以康保县为中心，辐射张北县、沽源县、尚义县坝上地区，建设东北部肉鸡和蛋鸡养殖加工集群——康保组团。

（三）区域特殊片区农林产业重点区建设

区域特殊片区林业重点区建设包括区域生态林区建设、区域经济林区建设和林产品加工区建设。

1. 区域林体系建设

按照基地做大、特色做优、企业做强的区域产业发展要求，借助京津冀协同发展、京张联合申办冬奥会和建设中国绿色发展综合改革试验区的机遇，重点建设以生态建设为依托的产业化基地，以及建设以产品加工和品牌培育为核心的产业化经营，实现生态建设产业化、产业建设生态化的目的。通过退耕还林后续产业建设、果树结构调整、林业项目贷款贴息、招商引资、社会融资等多元化投入，快速推进林业产业化体系建设，努力争取林业生态效益、经济效益和社会效益的最大化、最优化。

坝上平原大力发展柠条、沙棘、枸杞、欧李、玫瑰等灌木经济树种，重点培育灌木资源加工业，同时实行林苗一体化，发展种苗产业；沿坝山区重点发展森林旅游业，在适宜的地区发展特色杂果业。

在坝下浅山丘陵区的“桑洋河谷”川区，以“两河（洋河、桑干河）一湖（官厅湖)”为骨架，重点发展葡萄产业；在浅山丘陵区重点发展仁用杏（杏扁)、林下经济和生物质能源产业。在深山区重点发展森林旅游、林下经济、林产品加工以及干鲜杂果产业。

2. 积极发展林产品加工业

依托首都“两区”建设区张家口市巨大的灌木资源，在继续扩大以沙棘、柠条、枸杞为主的灌木林基地的基础上，抓好林纸、林板、林化产品、经济林果品及沙生灌木产品加工，推动产业化发展，把林业资源优势转化为林业产业优势。充分利用林区得天独厚的生态优势和资源优势，发展天然无污染的山野菜、山野果、食用菌等林产品绿色食品加工业。

在优质饲料、果汁饮品等常规加工利用的基础上，引进先进技术和工艺进行林木产品的深加工，重点向高档保健品、生物医药等产业方向推进，提升灌木林资源经济价值，实现基地建设促进产业发展，产业发展带动基地建设的目标。

第三节　生态建设与低碳农业协调发展区域共享机制构建

本节主要包括提出构建现代绿色低碳农业产业体系与建立生态建设与农业协调发展区域共享机制的建议。

一、建立现代绿色低碳农业产业体系发展机制

通过分析农业产业经营体系相关理论、研究存在的问题、分析农业产业

水源涵养与生态功能综合效益、阐述具体经营模式以及借鉴国外发展生态农业、低碳农业、循环农业、绿色农业和可持续农业的经验，提出研究区建立绿色低碳农业经营体系的发展机制。

（一）建立调优农业产业结构机制

通过继续推行农业供给侧结构性改革，构建调优农业产业结构机制，农业供给侧结构性改革包括农林牧业结构优化、农业内部作物结构调整、农业用地结构重组等。

1. 建立扩大特色农业经营规模激励机制

由于研究区属于首都“两区”建设区，又具有农牧交错区的特征，其产业布局具有特殊性，因此，特色农业的发展是将来主要的发展趋势。各级政府应通过建立扩大区域特色农业经营规模的补贴、优惠等激励机制，引导农业经营主体扩大特色农业经营规模，为建设特色农产品优势区提供条件。

由于特色农业生产环节经济效益不高，如研究区坝上的莜麦、胡麻是抗旱耐寒作物，坝下的杂粮杂豆等作物生产效益不高，但是有利于节约水资源，可以增强土壤肥力，发挥涵养水源功能与生态环境改善功能的作用。同时，产品保健与营养价值较高，区域特色明显，只有扩大种植规模，才能发挥其特色与优势。但是这些作物种植产量较低，价格提高的空间较小，所以，需要政府的激励机制给予支持与扶持。

通过建立鼓励与激励机制，调整和优化农业产业结构，通过建立土地流转激励机制扩大特色农业产业的经营规模，突出区域农业产业特色与优势，并形成“特色＋优势”农产品品牌，增加经济价值与社会价值。

2. 建立健全农业用水节水机制

由于研究区属于干旱半干旱地区，节水农业发展机制的建立非常重要。应当建立健全农业用水价格调控机制，通过调整农业用水价格等方式减少耗水作物的栽培规模，增加旱作作物栽培，达到用旱作农业替代耗水农业、增强水源涵养功能价值的目的。同时，健全节水灌溉机制，鼓励采用滴灌、喷灌的节水灌溉技术，并给予采用节水新技术或机械的经营主体一定比例的补贴。此外，还需要引导农业经营主体调整农业内部结构，调减蔬菜种植面积，增加旱作作物种植，改良农作物品种，如大力发展燕麦、亚麻等抗旱耐寒作物，发展有机燕麦。推进农业集约节约利用水资源的经营水平，提高农业水资源利用效率。

3. 建立退耕还草造林行为激励机制

通过计算农业产业的水源涵养功能价值和生态环境功能价值，结果显示林地与草地的涵养水源和生态环境功能价值大于农田产生的生态价值。所以，各级政府应当继续强调退耕种草造林的重要性，将鼓励退耕种草造林制度作为持续调整农业用地的长效机制。同时，制定相关制度，引导各地区合理安排乔灌草的地面结构、林上林下经营空间结构、林果林木经济结构，既提高经济价值，又兼顾生态功能价值提升，还能提高消费者观光、旅游、休闲、度假和采摘的社会价值，最终实现优化配置资源和提高资源利用效率的目的。此外，可以继续实施退耕种草造林的补贴政策。

（二）构建农业产业纵横结合经营体系与体制

由于研究区农牧业并重的产业特征，所以，发展农牧业与加工业、服务业等三产融合是产业发展的关键，通过出台农业三产融合经营配套政策与制度，加强农业产业纵横结合经营体系建设与体制机制构建。

1. 建立延长农业“产加销”各产业融合经营机制

农业“产加销”结合经营可以降低生产成本、减少交易成本，提高规模效益。所以，通过建立延长农业产业链条的激励与鼓励机制，引导农业产业经营者从事农业产业的前向一体化和后向一体化经营，即实施一二三产业融合经营。该机制的建立既可以在产业链条上扩大农业产业的规模与范围，实现规模经济与范围经济，又可以通过产业融合经营，降低生产成本、交易成本，提高各个环节的增值空间。

2. 增强实施“产加游”一体化经营制度供给

建立在特色农业产地或产地周边集聚加工区制度，引导农业产业经营者大力提升特色农产品生产、加工。同时，建立特色农产品生产、加工与休闲、旅游、观光一体的园区或小镇，打造特色、优势、知名的区域农副产品供应基地、产品加工、农业休闲旅游产加游结合经营模式，提升特色农业产业的市场竞争力。

目前鼓励特色农业一二三产业融合发展的制度较少。所以，各级政府在发展特色产业方面，应当从“产加游”环节的资金激励制度切入，出台一系列激励政策，对采用一二三产业纵向融合经营的农业产业经营主体采取融资优先、融资优惠策略，并出台配套激励制度加以保障实施，以便达到经营主体延长产业链条，实施三产纵向融合经营，扩大增值空间，提升产业竞争力与规模经济效益的目的。

3. 建立健全农业与可再生能源等新兴产业结合经营的体制机制

通过建立农业生产、可再生能源之间结合经营制度，健全已有的合作经营机制，尤其是农业生产与光伏产业的结合经营机制的建立健全，实现产业之间的互补效应。同时，加强农业与大数据产业的融合经营，利用农业大数据规范产前、产中和产后的各种行为与标准。通过发展智慧农业，促进农业产业转型升级，向生态化、绿色化、节约集约化、规模化、产业化、立体化、综合化的清洁农业、智慧农业的方向发展，优化农业资源配置，提高农业效率。

二、构建农田生态建设与低碳农业协调发展机制体系

农田生态建设与低碳农业协调发展机制体系构建包括生态农业产业经营体系激励机制建立、农田生态系统生态价值实现的制度体系构建和农业碳排放与经济协调发展机制构建。

（一）建立生态农业产业经营体系激励机制

生态农业产业经营体系的构建需要建立农业产业结构调整行为、农业与其他产业横向一体化结合经营行为，以及农业纵向融合一体化经营行为的激励机制。

1. 建立农业用地结构调整激励机制

基于林草地生态功能价值大于农田生态功能价值，区域内各地各级政府应当建立继续退耕种草造林、持续调整农业用地结构、调优乔灌草空间利用结构的区域生态补偿制度、产业生态补偿制度等长效机制，持续激励生态建设行为。

通过相关机制支持与鼓励研究区坝下地区调优杏扁等特色生态经济兼用林，扩大葡萄产业规模，激励坝上地区扩大种植沙棘、枸杞等灌木林，同时，发展林下菌菇等种植业与家禽散养等养殖业。通过制度激励农地结构调整，充分利用地上地下空间，既能发挥阻挡风沙、净化空气、改善生态环境、涵养水源功能，又可以将资源优势转化为经济优势。

2. 建立农牧业结构调整激励机制

各级政府应该通过建立扩大特色农业经营规模的财政补贴、信贷优惠等

激励机制，引导农业产业经营者大力发展特色农产品生产、加工，扩大特色农业经营规模，提升特色农业产业的市场竞争力。

激励坝上地区通过调整农牧业结构，减少粮食与蔬菜作物种植，扩大饲草种植面积，大力发展草食畜牧业，突出农牧业的区域优势。鼓励坝下地区通过实施“粮改饲”策略，用全株青贮玉米替代粮食玉米，为养殖业提供饲草饲料，大力发展奶牛养殖，降低成本，改善生态环境，提高经济、生态、社会综合效益。

3. 建立种植业结构调整激励机制

相关部门与机构应当建立健全种植业内部结构调整机制，调整农业内部结构，重点是通过调减蔬菜种植面积，改良农作物品种，用旱作农业替代耗水农业。激励坝上地区大力发展燕麦、亚麻等抗旱耐寒作物，坝下地区培育以“张杂谷”为代表的杂粮杂豆、杏扁、鲜食玉米等特色农作物。通过结构调整，促进节约、集约、高效利用水资源，提高农业资源利用效率，增强特色农业竞争力。

4. 建立种养加纵横一体化经营激励机制

各级政府应当建立延长农牧业各环节产业链条激励机制，引导经营主体采用农牧业横向一体化经营、农牧业与加工业纵向一体化经营，即实施“种养加”纵横一体化经营，种植业为养殖业提供物质，养殖业畜禽粪便沤制有机肥为种植业提供肥料。该机制的制定与实施可以降低农牧业生产成本、改善生态环境，提高经济效益与生态效益。畜产品提供给食品加工业，既可以降低各环节的生产成本与交易成本，又可以提高附加值，同时可以保证食品加工上游的原料质量。

5. 建立产加销游纵向融合经营激励机制

各级政府应当建立“产加销游”各环节产业一体化经营资金激励机制，为深化一二三产业纵向融合经营的农业产业经营主体采取融资优先、融资优惠策略实施提供制度保障。通过建立延长“产加销游”产业链条经营机制，可以提高特色农业的效率，如生产加工杂粮黄酒、杂粮速食产品、燕麦加工保健品、亚麻加工品。同时，大力实施特色林果业的生产、加工、销售与休闲旅游结合经营，延长产业链条，如葡萄、杏扁等的生产、加工、销售、观光、采摘、体验等环节融合与不同方式结合经营，提升特色农产品的市场竞争力与经济效益。

（二）构建农田生态系统生态价值实现的制度体系

依据农田生态系统生态功能价值测算与分析结果，农田生态功能价值实现需要构建“监管体系—政策体系—法律体系”，即制定生态效益正外部性内部化的京津冀区域共享激励机制、政策引导共享机制和法律规范共享机制为一体的制度体系来解决区域生态建设与农业协调发展问题。

1. 农田生态系统生态功能价值实现的监管体系

农田生态系统生态功能价值实现需要构建“创新模式—建立机制”的监管体系，该体系包括创新监管模式拓宽农田生态系统生态功能价值实现渠道和健全创新农田生态功能价值实现的激励机制。

（1）创新监管模式拓宽农田生态功能价值实现渠道

通过畅通农田生态功能价值实现的渠道，开辟农田生态功能价值实现的新途径，创新农田生态功能价值实现的监管模式。首先，通过农田生态功能价值保值增值的领导与协调的行政机构、农田生态功能价值决策咨询机构等管理机构，以及农田各类用地数量、质量和区域空间分布测量、分析、研究的科研机构，为农田生态功能价值实现提供综合服务。其次，通过完善所有权、承包权、经营权“三权”分离经营制度，创新农田生态功能经营主体，实施规模化经营，实现规模效益，提高农田生态功能价值。

（2）健全与创新农田生态功能价值实现的激励机制

针对农田生态功能的间接经济价值难以实现的问题，以及基于农田生态系统多功能性与公共品特征，其经营者的行为产生正外部性的特征，通过完善生态补偿的激励机制，对经营管理者进行行为激励，使经营者的私人边际成本与社会边际成本相等，农田生态系统经营者的边际收益与社会边际收益相等，消除农田生态系统的外部经济性，使得外部效益内部化，增加农田生态系统经营者的收益，促使农田生态系统的间接经济价值得以实现。

2. 农田生态功能价值实现的政策体系

政府应当出台补偿农田生态功能价值实现的配套政策，纠正市场失灵，使农田生态功能的供求达到均衡，提高资源配置效率，实现农田生态系统资源配置的帕累托最优状态。

（1）出台农田生态功能增数量与保质量的相关政策

2023 年 1 月 19 日国务院新闻办公室发布的《新时代的中国绿色发展》

白皮书提到，绿色发展是用最少资源环境代价取得最大经济社会效益的发展，是高质量、可持续的发展。可持续发展是绿色发展的主要形式，农业的可持续发展是现代农业发展的目标。《新时代的中国绿色发展》白皮书针对农业可持续发展提出转变农业生产方式的战略措施：创新农业绿色发展体制机制，拓展农业多种功能，发掘乡村多元价值，加强农业资源保护利用。逐步健全耕地保护制度和轮作休耕制度，全面落实永久基本农田特殊保护，耕地减少势头得到初步遏制。

为了保证农田生态系统资源数量不减少、农田生态系统资源生态质量不下降，以及保障农田多重功能充分发挥作用，各级政府以及相关部门应当出台增数量、保质量和优功能的相关政策。同时，应当在生态优先理念指导下以保护农田生态系统生态为主，兼顾农业产业的发展，确定农田生态系统生态保护红线，制定农田生态系统生态保护各项指标的标准，保证农田生态系统资源数量、质量与功能提升，为农田生态价值保值增值提供政策保障。

（2）完善农田生态功能价值补偿的配套政策

农田生态系统服务功能较多，在保证农田生态产品经济价值实现的基础上，应当完善相关政策鼓励农田生态系统经营者为社会提供农田生态价值，提高生态补偿资金在国民经济预算中的比例，增加农地生态补偿的额度。通过完善生态补偿机制的配套政策，促使农田生态系统经营者的私人边际成本与社会边际成本相等。农田生态系统经营者的私人边际收益与社会边际收益相等，使农田生态产品外部效应内部化的目标顺利实现。

3. 农田生态价值实现的法律法规体系

（1）修订与完善农田生态建设与保护的法律法规

虽然目前具有《中华人民共和国草原法》《中华人民共和国森林法》《中华人民共和国环境保护法》等与农田生态系统生态保护相关的法律法规，但是随着农田生态系统服务功能的多元化，其多功能生态价值实现较难，因此，与农田生态保护与生态系统服务功能发挥作用相关的法律需要不断完善、修改与补充。首先，需要修订目前农田生态建设与保护相关法律，增加促进农田生态价值实现的条款。其次，完善农田生态建设与保护相关的行政法规、部门法规，使相关部门对农田生态建设、保护，以及生态价值实现有法可依。再次，健全与完善农田生态建设与保护的地方性法规与地方性规章制度，便于不同地区或区域在遵循因地制宜的原则下，规范实施农田生态建设、保护与生态价值实现的行为。

（2）完善农田生态价值补偿法治体系

通过完善农田生态系统功能价值实现的相关法律法规，加大生态补偿力度，保障农田生态系统经营者的合法权益，提高农田生态系统生态效益、经济效益和社会效益。首先，健全农田生态补偿的筹资与投资渠道的法律法规。其次，不断完善补偿对象、补偿主体、补偿范围、补偿原则与补偿标准的法律法规[2]。通过相关法律法规进一步明确补偿对象、受偿主体、补偿范围，增加农田生态建设与保护投资，提高农田生态补偿标准，加大农田生态建设与保护的补偿力度，为农田生态系统功能价值实现提供法律保障。建立健全农田生态系统生态价值实现的立法、执法和司法紧密结合的法治体系，为农田生态价值实现提供法治保障。

（三）农业碳排放与经济协调发展机制构建

基于首都“两区”建设与“双碳”目标，依据前述理论分析与实证分析结论，提出农业碳排放与经济协调发展对策。

1. 各级政府应当引导经营主体调整和优化农业产业结构

为了降低农田生态系统碳排放增加碳汇功能，维持碳循环的平衡，需要调整农业产业结构，构建低碳农业经营体系发展低碳农业。

首先，发展“特色＋优势”高效化精品农业模式。该模式可以将特色农业变为优势产业，采用集约化经营。如燕麦、亚麻、杂粮、杂豆的碳吸收率较高，又具有区域特色，可以将其特色转化为优势，提升特色农业生态效益与经济效益。

其次，发展“节水＋减污”资源节约型旱作农业模式。农田生态系统的玉米、蔬菜和薯类碳吸收量较大，其主要原因是规模与产量较大，而蔬菜和薯类是水资源、化肥、农药与农膜投入量较大的作物，化肥、农药与农膜的碳排放量又最大。因此，发展该模式减少蔬菜和薯类的种植面积，增加耐旱作物播种规模，既可以降低碳排放量，又能节约水资源，便于实现涵养水源和改善生态环境的目的。

最后，发展“田＋草＋林”结合的立体化农业模式。通过合理安排农田、草地、林地空间结合立体化农地利用结构，充分利用空间，发挥农田、草地、林地的综合碳吸收功能，将资源优势转化为生态和经济优势。

2. 各级政府应当建立低碳农业经营行为激励机制

中国在20世纪七八十年代就提出了发展生态循环农业模式，并开展了生态循环农业相关的试点研究和经验总结。2018年农业农村部农业生态与资源保护总站总结出版了《中国生态农场案例调查报告》。2021年农业农村部等6部门联合印发《“十四五”全国农业绿色发展规划》，该规划对农业可持续发展、绿色循环农业发展提供了顶层设计。发展绿色循环农业需要调整和优化农业产业结构，建立引导与激励经营主体行为的相关机制。

第一，建立种植业结构调整行为补偿激励机制。通过种植业内部结构调整，可以促进低碳、节约、高效利用资源，增强特色农业竞争力，改善生态环境。但是在减少化肥、农药、农膜等使用量时，经营主体具有经济损失。因此，各级政府应该建立低碳农业经营行为补偿激励机制，补偿低碳农业经营行为的直接经济损失。

第二，建立农地结构调整行为补贴激励制度。农地结构调整可以充分利用资源，既能发挥阻挡风沙、净化空气、改善生态环境、涵养水源功能，又可以将资源优势转化为经济优势。同时结构调整产生机会成本与正外部性，政府通过建立补贴与津贴等激励制度，引导和鼓励经营主体调整结构，提高经济、生态、社会综合效益。

3. 各级政府应当构建生态优先发展低碳农业的补偿体制

依据农业碳排放与经济脱钩弹性和耦合协调测算结果，从碳排放量增加与农业经济增长的脱钩弹性值大趋势来看，农业碳排放量不断减少的同时，农业经济却在不断增长，尤其是2019年和2020年碳排放量减少得较多，农业经济增长较快，说明首都“两区”建设区已经摆脱了依靠农业资源消耗增长农业经济的状态。

从农业碳排放与农业经济两个系统耦合协调系数来看，从2010年到2020年农业碳排放与农业经济两个系统呈现出从严重失调到良好协调发展，再到优质协调发展状态，表明首都“两区”建设区实现低碳农业经济持续增长具有了坚实的基础。

为了实现低碳农业与农业经济的持续协调发展，所采取的各方面降碳增效的措施可能产生正外部性、机会成本与经济损失。因此，为了实现生态优先的经济发展的持续性，政府应当构建生态补偿等一系列配套机制体制，对生态优先发展、绿色发展、低碳发展行为进行补偿，激励研究区低碳农业与经济协调推进行为，最终达到生态效益与经济效益双赢的目的。

三、构建京津冀区域特色生态农业协作共享机制

京津冀区域农业协作共享机制构建包括区域特色农业合作机制构建和河北省特色农产品优势区建设路径机制构建。

（一）京津冀区域特色农业合作机制构建

特色农业产业经营模式与京津冀区域特色农业产业合作模式的选择与采用主要取决于行为主体的观念与经营者的理念，以及京津冀区域特色农业行业标准的统一。

1. 树立京津冀区域农业参与者合作的新经营理念与发展观念

通过树立新经营理念与发展观念，促使京津冀区域农业参与者在合作模式方面达成共识。研究区要改变特色农业传统的经营方式，寻找较优的特色农业产业经营模式、促成区域特色农业产业合作经营，必须将特色农业传统的经营观念转变为现代特色农业经营观念。

同时，为了实现京津冀区域特色农业产业融合经营，还需要在经营理念方面进行创新，并使区域合作者和经营者在合作模式方面达成共识。为此，区域特色农业经营主体、服务组织、合作部门等必须增进交流和了解，培养合作意愿，互信互利，共同创造公平、稳定的高效率、高回报特色农业产业高层次的合作环境，进而实现京津冀区域特色农业产业合作者与经营主体实现多赢。

2. 加强京津冀区域特色农业产业标准与制度等市场机制统一

为达到京津冀区域特色农业产业融合经营的目的，必须加强京津冀区域特色农业行业标准的统一，即使不能做到特色农业产业方方面面的标准完全统一，至少在协商的基础上，做到京津冀的参与者能够接受特色农业合作方面的不同标准。

特色农业产品的检验检疫等方面的标准，能够统一的可以制定或调整为统一标准，不能统一的也要达成接受对方标准的共识。通过京津冀区域双方协商相互认可对方的检验检疫制度、物流标准、制度与手续。同时，通过统一市场机制、完善合作协议，协调京津冀市场各方利益机构的关系，协调解决不同经营主体、参与者等不同利益集团和部门之间的关系，规范京津冀区域特色农业产业经营者、服务机构与组织等不同主体的行为。

3. 选择可操作的京津冀区域特色农业产业合作模式

为了增进京津冀区域合作与交流，研究区应该出台具体措施，在政策层面为区域特色农业发展提供保障，有利于京津两市将资金、科技、人才投入河北省，乃至张家口市的特色农业发展，也鼓励以项目的形式进行合作。同时，可以引进京津两市的先进经营管理经验和可参考、可复制的经营模式。

各级政府、各相关部门应当正确引导各类经营主体、各类服务组织、各个参与者选择或采用京津冀区域特色农业“资源＋要素＋产品＋项目”资源协作模式、“观念＋理论＋标准＋制度”行为协同合作模式、“生产＋加工＋销售＋旅游”产业融合经营模式、“农户＋企业＋合作社＋协会”多元主体合作经营模式，以及其他较优的合作模式。

4. 加强京津冀区域特色农业产业合作经营平台体系建设

为了使京津冀区域特色农业产业合作经营更加顺利、流畅，京津冀各地区政府都应当加强有利于区域特色农业产业合作经营的服务平台建设，设置特色农业产业合作经营方方面面的服务专门机构，并配备专门的管理、技术等工作人员进行组织、协调、管理与技术指导，加强人员、财力、技术、管理、机构等平台建设和人员配备，便于区域特色农业产业合作经营顺利进行。

（二）特色农产品优势区建设路径机制构建

研究区特色农产品优势区建设路径机制涉及特色农业的自然禀赋条件和习俗以及历史传承等路径依赖，技术进步、制度变迁、产业转型升级和管理方式改进等路径突破，以及京津冀区域生产要素整合和产品市场协同发展等路径创造。

1. 建立农产品优势区建设路径的良好机制

加强体制机制建设，为农产品优势区建设路径建立良好机制。建立健全基地建设、品牌认定、优势区评选和考核等管理体制，完善特色农产品优势区建设的权利运行机制，充分利用现有主观与客观因素，激化内生与外生变量，充分利用内部与外部条件，为特色农产品优势区建设路径创造良好机制。

2. 补齐农产品优势区建设路径创造的运行体系短板

加快支撑体系构建，补齐农产品优势区建设路径创造的运行体系短板。加快构建京津冀国家战略区域技术利用体系、省县乡 3 级技术互促支撑体系；创建品牌建设和产品质量监控系列程序化且规范化的体系；建立京津冀和省内外联结的市场营销网络体系，补齐特色农产品优势区建设路径创造的短板。

3. 改善农产品优势区建设路径创造的客观条件

加大基地建设投入力度，改善农产品优势区建设路径创造的客观条件。加大农业生产标准化基地、农产品加工基地和仓储物流基地建设的投入力度；改善特色农产品生产、加工和流通的环境条件；规范技术、生产及安全卫生操作规程；完善农产品冷藏库、气调库和冷链配送设施条件，为优势区建设创造条件。

4. 拓展农产品优势区建设路径创造的空间

加速京津冀区域产品和要素市场一体化，拓展农产品优势区建设路径创造的空间。充分利用京津冀区域协同发展机遇，借助京津两市丰富的人才、资金、技术和信息等要素优势，以及广阔的市场优势和环京津区位优势，整合特色农产品生产、加工、流通与交换资源，增强特色农业区域合作与协作力量，拓展优势农产品市场空间，加速京津冀区域特色农业要素与产品市场一体化，拓展优势区建设路径创造的空间。

本章小结：本章以“共享”发展为主题，在上述内容研究的基础上，基于“创新”理论、“协调”关系、“绿色”模式、“开放”途径的研究，本章首先研究了实施可持续发展的环境政策、出台立足生态农业的技术政策、实施循环农业发展政策、选择生态循环农业发展模式经验等完善的生态农业与循环农业建设体系构建；兼顾生态建设的现代农业产业体系，出台促进合作社和中介组织的产业化经营政策，构建区域化、规模化、专业化的综合产业政策体系等完善的生态建设与现代农业市场体系。

同时，厘清了研究区生态建设与低碳农业产业重点发展方向，包括生态林功能区建设重点、研究区田园生态旅游功能区等首都“两区”建设区生态建设重点发展方向，现代农业产业重点区域建设、特色畜牧业重点区域建设、区域特殊片区农林产业区建设等绿色低碳农业产业区域重点建设方向。

基于上述研究结论，提出构建调优农业产业结构的激励机制、农业产业纵横结合经营体系与体制建设等现代绿色低碳农业产业体系发展机制体系，建立生态农业产业经营体系激励机制、农田生态系统生态价值实现的制度体系，以及农业碳排放与经济协调发展机制等农田生态建设与低碳农业协调发展机制体系，完善与健全区域特色农业合作机制、首都“两区”建设区特色农产品优势区建设路径机制等区域生态农业协作共享机制。通过研究区域生态建设与低碳农业协调发展区域共享机制的构建，为实现京津冀区域首都“两区”生态建设与低碳农业协调发展提供制度保障。

参考文献：

[1] 刘玉梅，田志宏．我国发展现代农业的国际经验借鉴：基于东亚地区农业社会化服务体系的经验 [J]. 农业经济，2009 (5)：33-34.

[2] 丁玎，任亮．基于外部性理论构建草地生态产品价值实现制度体系 [J]. 草地学报，2023，31 (5)：1072-1078.